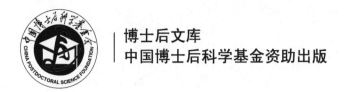

博士后文库
中国博士后科学基金资助出版

大兴安岭森林碳汇计量评价

孙志虎　孙海龙　金光泽　著

科学出版社

北 京

内 容 简 介

本书以大兴安岭森林(含黑龙江大兴安岭和内蒙古大兴安岭)为对象,在系统研究其植被分布、地类动态和区域尺度森林物候期变化状况的基础上,依据不同区域临时样地每木检尺数据,结合各树种单木生物量模型和一元材积模型,估算了典型林分生物量和蓄积量并分析了二者间的关系;通过测定不同经纬度和海拔下典型树种各器官含碳量和含氮量,分析各树种含碳量和含氮量空间变化特征,并评价两种方法(干烧法和湿烧法)测定生态系统各组分含碳量的差异;量化土壤容重与有机碳关系;评价不同区域森林生产力提升潜力;依据天然林树种组成差异,评价其对枯落物储量和水分保持能力的影响;分析天然林间伐后冠层结构恢复动态;评价经营周期内间伐对人工林生态系统碳储量和碳分配特征的影响;利用生长锥获取典型树种锥芯,分析优势树种胸径生长过程,估算不同区域典型林分生产力(胸径、生物量、蓄积量和固碳量),并分区建立多种植被指数(LAI、NDVI 和 EVI)与林分生产力间的关系模型;结合 MODIS 各类植被指数产品,研究大兴安岭森林生产力的时空变化规律,评价不同植被分区的碳汇能力。

本书可供从事林学、生态学、环境科学、生态建设及生态恢复的科研、教学、工程技术人员和相关专业大专院校学生使用和参考。

图书在版编目(CIP)数据

大兴安岭森林碳汇计量评价/孙志虎, 孙海龙, 金光泽著. —北京: 科学出版社, 2017.9
(博士后文库)
ISBN 978-7-03-053122-3

Ⅰ. ①大… Ⅱ. ①孙… ②孙… ③金… Ⅲ. ①森林–二氧化碳–资源管理–研究–大兴安岭地区 Ⅳ. ①S718.5

中国版本图书馆 CIP 数据核字(2017)第 123278 号

责任编辑: 张会格 岳漫宇 田明霞 / 责任校对: 郑金红
责任印制: 肖 兴 / 封面设计: 刘新新

科学出版社 出版
北京东黄城根北街 16 号
邮政编码: 100717
http://www.sciencep.com

北京科印技术咨询服务有限公司数码印刷分部印刷
科学出版社发行 各地新华书店经销
*
2017 年 9 月第 一 版 开本: 720×1000 1/16
2025 年 1 月第二次印刷 印张: 17 1/4
字数: 348 000
定价: 128.00 元

(如有印装质量问题, 我社负责调换)

《博士后文库》编委会名单

《博士后文库》序言

1985 年，在李政道先生的倡议和邓小平同志的亲自关怀下，我国建立了博士后制度，同时设立了博士后科学基金。30 多年来，在党和国家的高度重视下，在社会各方面的关心和支持下，博士后制度为我国培养了一大批青年高层次创新人才。在这一过程中，博士后科学基金发挥了不可替代的独特作用。

博士后科学基金是中国特色博士后制度的重要组成部分，专门用于资助博士后研究人员开展创新探索。博士后科学基金的资助，对正处于独立科研生涯起步阶段的博士后研究人员来说，适逢其时，有利于培养他们独立的科研人格、在选题方面的竞争意识以及负责的精神，是他们独立从事科研工作的"第一桶金"。尽管博士后科学基金资助金额不大，但对博士后青年创新人才的培养和激励作用不可估量。四两拨千斤，博士后科学基金有效地推动了博士后研究人员迅速成长为高水平的研究人才，"小基金发挥了大作用"。

在博士后科学基金的资助下，博士后研究人员的优秀学术成果不断涌现。2013年，为提高博士后科学基金的资助效益，中国博士后科学基金会联合科学出版社开展了博士后优秀学术专著出版资助工作，通过专家评审遴选出优秀的博士后学术著作，收入《博士后文库》，由博士后科学基金资助、科学出版社出版。我们希望，借此打造专属于博士后学术创新的旗舰图书品牌，激励博士后研究人员潜心科研，扎实治学，提升博士后优秀学术成果的社会影响力。

2015 年，国务院办公厅印发了《关于改革完善博士后制度的意见》（国办发〔2015〕87 号），将"实施自然科学、人文社会科学优秀博士后论著出版支持计划"作为"十三五"期间博士后工作的重要内容和提升博士后研究人员培养质量的重要手段，这更加凸显了出版资助工作的意义。我相信，我们提供的这个出版资助平台将对博士后研究人员激发创新智慧、凝聚创新力量发挥独特的作用，促使博士后研究人员的创新成果更好地服务于创新驱动发展战略和创新型国家的建设。

祝愿广大博士后研究人员在博士后科学基金的资助下早日成长为栋梁之才，为实现中华民族伟大复兴的中国梦做出更大的贡献。

中国博士后科学基金会理事长

前　　言

东北森林带作为"两屏三带"生态安全战略格局中唯一的森林带，在维系区域生态安全、促进生态文明建设等方面具有无可替代的作用。大兴安岭森林是东北森林带的重要组成部分，也是我国寒温带针叶林的重要分布区。该区森林具有复杂的结构和多样的功能，曾为国家提供了大量的木质和非木质林产品，而且在维持生物多样性、保护生态环境、减免自然灾害、调节全球碳平衡和生物地球化学循环等方面起着重要作用。当前，大兴安岭森林已停止了商业性采伐，在此背景下，量化大兴安岭现有林碳储量和碳汇功能尤为必要。

本书第一作者自 1999 年开始从事东北森林经营与碳循环研究以来，在东北林业大学完成了硕士、博士学位论文及博士后研究，发表学术论文 40 余篇，出版专著 2 部，对长白山林区、大兴安岭林区天然林和三江平原丘陵区落叶松人工林作了较深入的研究。本书合作者孙海龙和金光泽近年也均以东北人工林和天然林经营及碳循环为研究内容。本专著以这些翔实的研究成果为基础，系统评价了大兴安岭森林不同区域的碳汇功能。

本书以大兴安岭森林（含黑龙江大兴安岭和内蒙古大兴安岭）为对象，基于 500m 分辨率 4 天尺度的叶面积指数数据，系统揭示了大兴安岭不同植被分区 2000～2016 年区域尺度物候期变化；在系统研究其植被分布、地类动态基础上，依据不同区域临时样地每木检尺数据，结合各树种单木生物量模型和一元材积模型，估算了典型林分生物量和蓄积量并分析了二者之间的关系；通过测定不同经纬度和海拔下典型树种各器官含碳量和含氮量，分析了各树种含碳量和含氮量空间变化特征并评价了两种方法（干烧法和湿烧法）测定生态系统各组分含碳量的差异；量化了土壤容重与有机碳关系；评价了不同区域森林生产力提升潜力；分析了大兴安岭天然林树种组成对枯落物储量和水分保持能力的影响；揭示了间伐干扰后天然林冠层结构的恢复特征；评价了经营周期内间伐对生态系统碳储量和碳分配特征的影响；利用生长锥获取了典型树种锥芯，分析了优势树种胸径生长过程，估算了不同区域典型林分生产力（胸径、生物量、蓄积量和固碳量）；依据大兴安岭植被分布，分区建立了多种植被指数（LAI、NDVI 和 EVI）与林分生产力（生物量、蓄积量、固碳量）之间的关系模型；结合 MODIS 的植被指数产品，研究了大兴安岭森林生产力的时空变化规律，评价了大兴安岭不同植被分区的碳汇能力。

本书编写分工如下：第一章与第二章由孙志虎和金光泽编写，第三章至第五章由孙志虎编写，第六章至第九章由孙志虎和孙海龙编写；孙志虎负责全书的修改、加工、统稿及定稿。

　　本书的基础是国家科技支撑计划课题（2011BAD37B010204）"内蒙古现有林碳汇的计量评价"、国家科技支撑计划课题（2011BAD08B010102）"水源涵养林流域生态系统经营技术"、林业公益性行业科研专项（200804001）"森林碳循环及源汇格局变化的驱动机制"、中国吉林森工集团课题"长白山林区中幼龄天然林优化抚育经营技术研究"、国家自然科学基金面上项目（31470714）"基于机器微视觉的林木固碳计量方法研究"、黑龙江省科技攻关计划课题（GA09B201-08）"森林生态系统碳汇生产与碳汇贸易机制研究"、黑龙江省博士后资助项目（LBH-Z05021）"东北森林群区与大气圈之间碳交换：地面实测、遥感和空间模型的耦合"、黑龙江省博士后科研启动金项目（LBH-Q09180）"土壤水分空间异质性及其对落叶松幼苗生长的影响"、黑龙江省自然科学基金项目（C201107）"嫩江源头典型林分植物截留特征研究"、中央高校基本科研业务费专项（2572014EB03-03）"气孔行为对活体叶片气体交换特征影响的研究"的研究成果。借本书出版之际，感谢东北林业大学毕永娟硕士、代武君硕士和刘芳蕊硕士在野外调查和室内分析阶段所付出的辛勤劳动；感谢王秀琴硕士、孔令伟硕士、朱浩硕士和刘力铭硕士在碳氮分析和森林冠层结构调查方面所给予的帮助。感谢毕业以来佳木斯市孟家岗林场给予的长期无私帮助；感谢中国吉林森工集团松江河林业有限公司营林处和设计处、吉林省白石山林业局营林处和设计处工作人员给予的大力帮助。感谢参加工作以来东北林业大学生态研究中心王传宽教授提供的参与东北森林碳循环研究的机会；感谢林学院陈祥伟教授近年来给予的参与大兴安岭天然林经营和生态系统水循环研究的机会与帮助；感谢林学院王庆成教授、张彦东教授和生态研究中心牟长城教授多年来一起分享的长白山区森林经营知识与经验。感谢黑龙江大兴安岭林业集团公司农业林业科学研究院李为海书记和东北林业大学生态研究中心王兴昌博士所提供的数据资料。

　　由于水平有限，书中不足之处在所难免，敬请读者不吝赐教。

著 者
2017 年于哈尔滨

目　　录

1 绪 论

1.1 研 究 背 景

森林是陆地生态系统的主体，是生物圈的重要组成部分，在全球碳循环中占有重要地位，其碳汇功能是缓解气候变化的有效途径之一（Piao et al.，2009）。因此，开展森林碳循环研究具有重要意义，准确评估森林碳储量已成为生态学和林学研究的热点（方精云等，2006；张全智和王传宽，2010）。森林生物量和生产力既是评价森林生态系统结构和功能的重要指标，又是评估森林碳储量和碳平衡的基础（Fang et al.，2001）。

东北国有林区拥有广袤的森林，其森林面积在全国林分面积中占 25.9%（李文华，2011）。经过多年开发，地处我国中高纬度的大兴安岭森林，虽然具有较高的森林覆盖率，但大部分林分现处于中、幼龄林阶段，林分蓄积量和固碳能力等均有很大的提升空间（李文华，2011）。目前，虽然森林经营目标已经由单一木材生产转向多目标经营，以固碳为目标的森林经营已经被提到议事日程上来，但是对于东北林区，尤其是大兴安岭森林的碳储量和碳通量研究不多（戚玉娇，2014；郭颖涛，2015）。

1.2 林木生物量估计

森林乔木层中的林木是森林生态系统生产者的重要组成部分，测定其生物量是估计森林生态系统碳储量的重要内容。林木生物量是树木活有机体的总量，以干物质重表示，可分为地上和地下两部分。地下部分是指根的重量；地上部分则包括干、枝、叶、皮、花和果等。林分中单株个体生物量的确定有两种方法：一种是称重法，即实测法；另一种为模型法（张志等，2011）。

1.2.1 称重法

称重法是直接估计林木生物量的重要方法，虽然耗时，但与其他方法相比较为准确（张志等，2011）。称重法通常将立木伐倒后，分别测定干、枝、叶、根的重量，由于花、果、立木枯死枝所占比例少，可以忽略不计。称重法的关键是选取标准木，即伐倒木，通常采用五级木法选取标准木。受野外调查多种因素的影响，也可依据林分平均胸径选取 1～3 株平均木进行林木各器官重量的调查。

（1）树干生物量

伐倒立木，修去枝丫，按照树干解析方法对树干进行分段后，分别称量各段的湿重，结合树干不同部位取样测定的含水率和树皮比例，从而计算出单株树干生物量。该法估计树干生物量的关键是树干不同高度的含水率和树皮比例，尤其是当树干边材和心材含水率存在明显差异时，野外取样工作量会大大增加。由于该法通常与树干解析工作结合进行，因此若伐倒木分段截留较多较厚圆盘时，所截取的圆盘总湿重不应忽略。

利用伐倒木所获得的树干不同高度圆盘，通过测量不同高度圆盘的径向生长量，结合树干解析程序，可获得伐倒木的材积生长过程，结合树干材积密度可估测出伐倒木历年树干生物量。

（2）树枝和树叶生物量

对于枝叶量较少的幼苗、幼树，如冠下更新层苗木，多采用全株摘取枝叶，估测单株枝叶量；对于枝叶量较大的郁闭林分林冠层立木来说，尤其是树叶难以摘取的针叶树种，多采用标准枝法估测单木树枝和树叶生物量。此时标准枝的选取尤为重要，可将树冠分层后，分层测定所有枝条的长和基径，依据平均基径与平均枝长选取代表枝条，测其枝重、叶重，计算枝叶比，结合不同层次冠层枝条的总湿重，即可估测出伐倒木树枝和树叶生物量。对于枝条量较大的新生梢头部位，野外多采用目测法选取标准枝。

（3）树根生物量

单木树根生物量多采用单株树根全挖法进行调查，虽然取根时多依据根径进行分组调查，但细根仍有较多丢失，该法适用于乔木根桩生物量和灌草根系生物量估测；对于细根（直径小于 2mm）生物量多采用根钻法（孙志虎等，2009）。

1.2.2　模型法

由于称重法存在耗时费力的缺陷，众多学者依据称重法获得的少部分对象木（标准木）生物量数据，建立了简单实用的单木生物量模型，包括线性模型、非线性模型和多项式模型，其中非线性模型应用最为广泛，尤以相对生长模型最具代表性。它们均是通过建立林木易测因子（如胸径和树高）与林木各器官生物量之间的回归关系而建立，因此应用模型法估测林木生物量时应注意模型的适用范围，尤其是胸径的适用区间。虽然现已发表了众多树种的单木生物量模型（刘云彩等，2008；刘斌等，2010；明安刚等，2011；曾伟生等，2015），但仍有部分树种单木生物量模型缺失，对于缺失单木生物量模型的树种，可借鉴属于同一树种组其他树种的单木生物量模型。

1.3　林分生物量估计

依据森林的垂直结构，林分生物量应包括乔木生物量和灌草生物量，前者多采用模型法，后者多使用称重法。因为乔木是森林生产者的主体，所以林分生物量的确定以乔木生物量为主。

1.3.1　每木检尺法

每木检尺法是确定林分生物量的常用方法，该法是在所研究的林分中，选取一定数量的代表性标准地（通常为 3～5 块），进行每木检尺（起测径级多为 6cm），依据检尺数据，结合称重法基础上的自建单木/林分生物量模型或文献资料基础上的单木/林分生物量模型，估测林分生物量。应用该法时尤其要注意标准地的代表性，地势平坦时可设置少量、面积大的标准地，地形起伏明显时可依据地势设置多个面积小的标准地进行调查；标准地选取时应远离林缘、道路等有较多边缘木的区域；天然林由于树种组成复杂，林木分布格局变化明显，应设置面积大的规则样地，多为 20m×30m 或 30m×30m 样地，样地边界的确定应考虑边界木的冠幅。人工林由于立木成行明显，设置样地时应在样地中有 8～10 行树木的基础上，通过确定样地边长（一般为 15～20m），灵活设置样地面积（样地内主林层林木应有30～40 株），确定样地边界木应多考虑边界木的株距。对于林分中存在较多胸径小于 6cm 的树木时（如更新层存有较多幼苗、幼树时），可在林分中设置多个小面积（通常为 25m² ）的样方进行调查。

具体应用每木检尺法估计林分生物量时，有 3 种方法：一是将单株林木各项特征指标（如胸径和树高）代入单木生物量模型求出样地内各立木生物量，合计为林分生物量；二是将标准地林分因子平均值（如平均胸径和树高）代入单木生物量模型，求出平均木的单株生物量，乘以林分密度，即为林分生物量；三是将样木各项形态测定指标代入立木各器官单木生物量模型，进而将各部位之和累计，求出林分生物量。

1.3.2　材积源法

相比林分生物量，估测林分蓄积量较为容易，而林分蓄积量与林分生物量，尤其是树干生物量之间存在很好的相关关系，因此众多学者通过研究两者之间的关系，利用林分蓄积量估测林分生物量（徐晓和杨丹，2012；郭屹等，2015）。由于林分蓄积量，尤其是区域尺度林班/小班蓄积量可通过每 10 年 1 次的森林资源二类调查数据库和森林资源规划设计调查获得，该法较多应用于区域尺度林分生物量的估算。

（1）生物量转换因子法

生物量转换因子（biomass expansion factor，BEF）法，是指利用树干生物量与林分蓄积量之间的比值（生物量转换因子）乘以林分蓄积量得到林分生物量的方法。林分尺度森林蓄积量的确定，可利用一元或二元材积模型和每木检尺数据进行估计。应用生物量转换因子法估计林分生物量时的关键是确定林分生物量，尤其是地下生物量与树干生物量之间的关系和生物量转换因子。

（2）生物量转换因子连续函数法

生物量转换因子连续函数法是为弥补生物量转换因子法将林分生物量与林分蓄积量的比值作为常数的不足而提出的确定森林生物量的模型方法。该方法是将单一不变的生物量转换因子看作林分因子（主要为林分蓄积量，V）的函数，以便更加准确地估算森林生物量。常用的模型形式有双曲线（王玉辉等，2001）、倒数（方精云等，1996）和幂函数（Brown et al.，1999）等。方精云等（1996）基于收集到的全国各地林分生物量和林分蓄积量的 758 组研究数据，把中国森林类型分成 21 类，分别计算了每种森林类型的 BEF 与林分蓄积量的经验关系。对某些树种而言，方精云等（1996）关于林分生物量与林分蓄积量之间的函数模型存在样本数不足的缺陷。例如，桦木、栎类、桉树等树种的林分生物量和林分蓄积量的线性关系模型，所用的样本数分别为 4、3 和 4，而对于热带森林所有树种采用的样本数也仅有 8 个。

1.4 区域森林生物量估计

通过遥感和地理信息系统等手段可以测定从林分到区域等不同空间尺度的森林生物量。利用遥感法估测森林生物量的方法已很成熟，简单实用的常用方法是利用回归方法建立林分生物量与各类植被指数［如叶面积指数（leaf area index，LAI）和归一化植被指数（normalized differential vegetation index，NDVI）］之间的回归模型。大尺度确定森林生物量的另外一种常用方法是利用大面积的森林资源连续清查资料，结合已有的林分生物量模型研究结果，进行区域尺度森林生物量的估计（续珊珊和姚顺波，2009；邓蕾和上官周平，2011；黄国胜等，2014），如肖兴威（2005）利用我国第六次森林资源连续清查 53 102 块固定样地、第六次森林资源连续清查中全国和各省分树种的蓄积量、全国历次森林资源连续清查分优势树种的蓄积量，建立了中国森林生产力多因子模型。

利用森林资源连续清查资料进行区域森林生物量的估计亦存在一些不足，主要表现在两个方面：①虽然林业部门提供了大量的固定样地调查资料，但这些森林资源连续清查资料仅测定了用于木材生产的乔木层，对于小于某一胸径的乔木、草本、灌木生物量均未测定；②尽管许多国家进行了连续的森林资源连续清查，但由于各国所采用的方法不一致（如起测径级不统一，美国为 10cm，中国为 4cm），这些资料之间缺乏可比性。在幼龄的阔叶林中，胸径小于 10cm 的林木占整个森林生物量的 70%（Schroeder et al.，1997），森林凋落物和动物取食的生物量占森林生物量的 2%～7%；成熟林中，枯立木和倒木占整个森林生物量的 10%～20%。尽管关于枯立木和倒木已有一些研究，但区域乃至全球尺度的森林枯立木和倒木研究还未见报道，采伐迹地上采伐剩余物（如根桩等）的研究亦较少，而该类现存量往往占有很大一部分，如部分地段落叶松林主伐后 21 年内，地面仍然存有大量未分解的根桩。

1.5　生态系统碳储量估计

估测生态系统碳储量的常用方法是利用生态系统各组分的生物量或现存量和含碳率相乘估算生态系统碳储量。测定生态系统各组分含碳率的方法比较简单，有干烧法和湿烧法，前者简单快速，后者烦琐，目前多采用元素分析仪或碳氮分析仪等仪器利用干烧法直接测定。估计生态系统碳储量时地下碳储量的计算需要确定所研究生态系统的土层厚度和容重，通常假设土层厚度均一，土深多为 100cm以内（王绍强等，2000），但是在大兴安岭地区土层较薄，一般计算土深为 20～30cm（植物根系的主要分布层）（齐光等，2013；魏亚伟等，2015）。

1.6　研究目的与意义

大兴安岭林区是我国寒温带针叶林的唯一分布区，该区森林具有复杂的结构和多样的功能，不仅为国家提供了大量的木质和非木质林产品，而且在维持生物多样性、保护生态环境、减免自然灾害、调节全球碳平衡和生物地球化学循环等方面起着重要和不可替代的作用。受数据来源和林分类型影响，该区森林碳循环研究与其他地区相比，主要集中于区域尺度碳储量评价方面，缺少林分生产力，尤其是固碳能力评价研究。为此，本书以大兴安岭森林（包括黑龙江大兴安岭和内蒙古大兴安岭）为对象，深入研究其植被分布规律，在不同区域设置临时样地，分析典型林分生物量与林分蓄积量的关系，建立林分尺度的生物量转换因子连续函数等模型；对比分析两种测碳方法（传统方法和现代方法）的差别，探讨典型树种各器官含碳量的空间变化规律；建立土壤有机碳与容重的关系模型；评价间伐对天然林群落结构和人工林生态系统碳储量和碳分配的影响；利用不同区域典型森林碳密度和碳通量样地调查数据库，结合遥感方法估测大兴安岭森林碳储量和碳通量。通过此项研究，以期能为东北地区未来的碳贸易，以及以天然林的碳吸收抵消我国温室气体的排放等提供参考，为国家制定有效的减排增汇措施与对策、应对国际环境和气候谈判等战略需求提供决策依据和技术支持，也为中国森林碳汇功能评价提供重要的资料和数据。

参 考 文 献

邓蕾, 上官周平. 2011. 基于森林资源清查资料的森林碳储量计量方法[J]. 水土保持通报, 31(6): 143-147.

方精云, 刘国华, 徐高龄. 1996. 我国森林植被的生物量和净生产量[J]. 生态学报, 16(5): 497-508.

方精云, 刘国华, 朱彪, 等. 2006. 北京东灵山三种温带森林生态系统的碳循环[J]. 中国科学: 地球科学, 36(6): 533-543.

郭屹, 项文化, 刘聪, 等. 2015. 湖南省马尾松林生物量动态特征及其对龄组结构变化的响应[J]. 中南林业科技大学学报, 35(7): 81-87.

郭颖涛. 2015. 大兴安岭北部林区主要树种生物量和碳储量研究[D]. 哈尔滨: 东北林业大学硕士学位论文.

黄国胜, 马炜, 王雪军, 等. 2014. 东北地区落叶松林碳储量估算[J]. 林业科学, 50(6): 167-174.

李文华. 2011. 东北天然林研究[M]. 北京: 气象出版社.

刘斌, 刘建军, 任军辉, 等. 2010. 贺兰山天然油松林单株生物量回归模型的研究[J]. 西北林学院学报, 25(6): 69-74.

刘云彩, 姜远标, 陈宏伟, 等. 2008. 西南桦人工林单株生物量的回归模型[J]. 福建林业科技, 35(2): 42-46.

明安刚, 唐继新, 于浩龙, 等. 2011. 桂西南米老排人工林单株生物量回归模型[J]. 林业资源管理, (6): 83-87.

戚玉娇. 2014. 大兴安岭森林地上碳储量遥感估算与分析[D]. 哈尔滨: 东北林业大学博士学位论文.

齐光, 王庆礼, 王新闯, 等. 2013. 大兴安岭林区兴安落叶松人工林土壤有机碳贮量[J]. 应用生态学报, 24(1): 10-16.

孙志虎, 金光泽, 牟长城. 2009. 长白落叶松人工林长期生产力维持的研究[M]. 北京: 科学出版社.

王绍强, 周成虎, 李克让, 等. 2000. 中国土壤有机碳库及空间分布特征分析[J]. 地理学报, 55(5): 533-544.

王玉辉, 周广胜, 蒋延龄, 等. 2001. 基于森林资源清查资料的落叶松林生物量和净生长量估算模式[J]. 植物生态学报, 25(4): 420-425.

魏亚伟, 周旺明, 周莉, 等. 2015. 兴安落叶松天然林碳储量及其碳库分配特征[J]. 生态学报,

35(1): 189-195.

肖兴威. 2005. 中国森林生物量与生产力的研究[D]. 哈尔滨: 东北林业大学博士学位论文.

徐晓, 杨丹. 2012. 湖南省马尾松林生物总量的空间分布与动态变化[J]. 中南林业科技大学学报, 32(11): 73-78.

续珊珊, 姚顺波. 2009. 基于生物量转换因子法的我国森林碳储量区域差异分析[J]. 北京林业大学学报(社会科学版), 8(3): 109-114.

曾伟生, 白锦贤, 宋连城, 等. 2015. 内蒙古柠条和山杏单株生物量模型研建[J]. 林业科学研究, 28(3): 311-316.

张全智, 王传宽. 2010. 6 种温带森林碳密度与碳分配[J]. 中国科学: 生命科学, 40(7): 621-631.

张志, 田昕, 陈尔学, 等. 2011. 森林地上生物量估测方法研究综述[J]. 北京林业大学学报, 33(5): 144-150.

Brown S L, Schroeder P, Kern J S. 1999. Spatial distribution of biomass in forests of the eastern USA[J]. Forest Ecology and Management, 123(1): 81-90.

Fang J, Ci L. 2001. Changes in forest biomass carbon storage in China between 1949 and 1998[J]. Science, 292(5525): 2320-2322.

Piao S, Fang J, Ciais P, et al. 2009. The carbon balance of terrestrial ecosystems in China[J]. Nature, 458(7241): 1009-1013.

Schroeder P, Brown S, Mo J, et al. 1997. Biomass estimation for temperate broadleaf forests of the US using inventory data[J]. Forest Science, 43(3): 424-434.

2 大兴安岭概况

2.1 大兴安岭地势地貌

大兴安岭是兴安岭的西部组成部分，又称内兴安岭、西兴安岭，包括内蒙古东北部和黑龙江北部（图2-1）。大兴安岭是内蒙古高原与松辽平原的分水岭，东北起自黑龙江南岸和额尔古纳河，南至赤峰市境内西拉木伦河上游谷地。东北——西南走向，山脉北段较宽，达306km，南段仅宽97km，平均宽200~300km，全长1220km，海拔1100~1400m，平均海拔573m，最高峰黄岗梁，海拔2029m；最低海拔180m，位于呼玛县三卡乡沿江村。大兴安岭面积约32.72万km^2，主峰索岳尔济山。

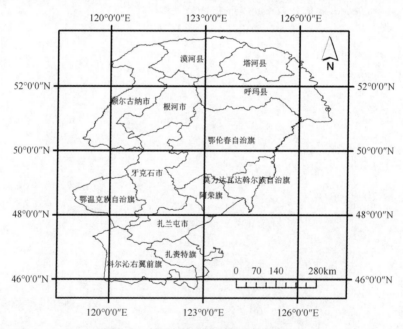

图2-1 大兴安岭山脉所覆盖的行政区

大兴安岭地势呈西高东低，位于我国地势第二阶梯东缘，第二阶梯与第三阶梯结合部，大兴安岭山脊以东为第三阶梯，以西为第二阶梯，属浅山丘陵地带。

　　伊勒呼里山为大兴安岭支脉，西东走向，横跨内蒙古鄂伦春自治旗和黑龙江呼玛县，是黑龙江水系和嫩江水系的分水岭。西与大兴安岭主脉相连，东南与小兴安岭相接，呈弧形，由东西走向转为东南走向。全长约 400km，海拔 700～1300m，伊勒呼里山主峰——呼中区大白山，海拔 1528.7m。以齐齐哈尔—古莲铁路为界，伊勒呼里山被分为两部分，东低西高，东部山区海拔 700～1000m，西部山区海拔 1000～1300m。北侧倾斜平缓，南侧陡峻，成为伊勒呼里高地，是嫩江上游和黑龙江支流呼玛河的分水岭。

　　大兴安岭中山区相对海拔 300～500m，分布于该区西部和中部的有新林区、呼中区、塔河县。山体地形起伏大，切割深。低山区相对海拔 200～300m，主要分布于岭东的呼玛县和岭南的松岭区、加格达奇区。山体浑圆，山坡和缓，坡角一般为 15°～30°。丘陵区相对海拔 50～200m，分布于东部、南部和北部。地面呈岗阜状起伏，坡长而缓，坡角一般为 10°～15°。

　　大兴安岭山地大部为火成岩，地势总体平，地形平滑，山体浑圆，山脊不明显，山顶缓平，山坡较平缓，其中<5°平坡占 43%，5°～20°缓坡占 47.4%，陡坡、险坡占 9.6%。山地中有面积较大的低山丘陵和山间盆地、山间冲积-洪积平原、河谷平原等。地貌由中山、低山丘陵和山间盆地构成，以低山丘陵和平原为主。

2.2　　大兴安岭气候

　　大兴安岭为重要的气候分带。西部为温带大陆性气候，东部为温带季风性气候和温带海洋性气候。冬季寒冷干燥，夏季温凉湿润，日照长，昼夜温差大。年平均气温为–3.5℃，极端最低气温为–52.3℃，年有效积温为 1700～2100℃，无霜期为 80～110 天。夏季海洋季风受阻于山地东坡，东坡降水多，西坡干旱，年降水量 500mm 以上（关于大兴安岭不同区域降水特征见第三章）。

　　大兴安岭山脉北段是中国东部最冷的地区，冬季严寒（平均气温为–28℃），有大面积多年冻土区。山脉中段与南段温暖干燥，1 月气温约为–21℃，年降水量为 250～300mm，雪量也较少。

2.3　　大兴安岭水文

　　大兴安岭是内蒙古高原与松辽平原及内、外流水系的重要分界线。与小兴安岭一般以嫩江河谷为界，但也有以北安—爱辉一线分界的。西北高东南低，东坡较陡，阶梯地形显著，逐级陡降到东北平原，被嫩江及松花江的许多支流切割，西坡和缓，逐渐没入内蒙古高原，海拔 790～1000m。

　　大兴安岭以兴安盟境内洮儿河为界，分为南北两段。北段长约 770km，地势由北向南逐渐升高，是以兴安落叶松占优势的针叶林地区，山地东西两侧是嫩江右岸支流和额尔古纳河水系的发源地。南段又称苏克斜鲁山，长约 600km，是中等山地，被森林草原植被占据。

2.4　大兴安岭植被

大兴安岭北部为寒温带针叶林带，南段逐渐转变成阔叶林，最后是散布于林间的草场。东南坡夏季受海洋季风影响，雨水较多，西北坡地较干旱，成为森林和草原的分界线。西部和南部为温带草原地带，东部为冷温带针阔混交林地带。关于大兴安岭详细的植被分布特征见第四章。

大兴安岭南部植物种类多样，北部区域乔木种类稀少，分别有兴安落叶松、樟子松、红皮云杉、白桦、蒙古栎、山杨等。

2.5　大兴安岭土壤

大兴安岭为多年冻土带，处于多年冻土带南部。盘古河以西及河源南向东直线以西为大片多年连续冻土带，其他为岛状多年冻土带。森林土壤类型主要有棕色针叶林土、暗棕壤、灰黑土、草甸土、沼泽土。

棕色针叶林土为该地区最具代表性的土壤类型，主要分布于大兴安岭北部和中部部分山地，该土壤类型的土层较薄（20～40cm），表层暗棕灰色/暗灰色，厚约 10cm；下层棕色，厚 20～40cm，含有较多的石砾。该土壤类型包括典型棕色针叶林土、灰化棕色针叶林土、表潜棕色针叶林土等亚类，其上分布有不同的兴安落叶松类型。

暗棕壤、灰黑土、草甸土、沼泽土等在大兴安岭地区分布较少，暗棕壤主要分布于大兴安岭山地外围的阔叶林下；灰黑土主要分布于大兴安岭西部，具有草原土壤的特点；草甸土和沼泽土分布于大兴安岭的谷地与河漫滩上。

3 降 水 特 征

3.1 引　　言

降水是影响植被分布和生产力的重要生态因子，也是影响区域水文、火灾等诸多方面的重要因素。关于区域降水特征，主要集中表现在极端降水变化规律、降水量历年变化趋势、降水量空间变化格局和干湿日变化规律等方面。日降水特征的变化规律，如湿日频率、降水强度、连续干/湿日长度等也引起了越来越多研究者的注意。Jamaludin 等（2010）以超过长期降水平均值的 95% 为标准，研究了马来西亚半岛不同季风期不同区域的极端降水频率和极端降水强度的长期变化规律，得出东北季风期的极端降水频率显著增加，而西南和东北季风期的极端降水强度却没有表现出显著的变化趋势。关于极端降水的逐年变化趋势，不同地区的研究结果不同。美国（Frich et al.，2002；Karl and Knight，1998）、意大利北部和中部（Brunetti et al.，2001）、澳大利亚东部和东北部（Suppiah and Hennessy，1998；Plummer et al.，1999）、南非（Mason et al.，1999）等地区的降水强度、暴雨和极端降水事件随时间的变化表现出显著增加的趋势。美国在 20 世纪初到 20 世纪 90 年代，日降水量超过 50.8mm 的天数表现出显著增加的趋势（Karl and Knight，1998）；澳大利亚日降水量超过历年平均值 90%～95% 的暴雨天数也表现出增加的趋势（Suppiah and Hennessy，1998）。Frich 等（2002）发现，20 世纪后半期，全球尺度上，极端降水量和暴雨事件数均表现出显著增加的趋势。意大利南部（Piccarreta et al.，2004）和中国北方（Gong et al.，2004）等地区的总降水量有降低的趋势。Hess 等（1995）发现总降水量减少的主要原因是雨季雨日数减少了 6～25 天。Brunetti 等（2000）得出年降水量和雨日数减少的同时，降水强度却增加。Easterling 等（2000）认为一个地区总降水量无论是增加还是减少，其降水量增加或减少的趋势均与暴雨和极端降水事件的降水量有直接关系。一般来说，总降水量和强降雨事件频率之间存在共同增加或减少的现象。Groisman 等（1999）利用伽马分布的方法研究了暴雨事件发生频率和总降水量增加之间的关系，认为降水量增加时，暴雨事件的发生频率会表现出不成比例的增加趋势，也有相反的研究结果，如西伯利亚地区的暴雨事件增加时，总降水量却表现出减少的趋势。Jamaludin 等（2010）采用非参数统计的 Mann-Kendall 检验法研究了马来西亚半岛不同季风期降水量的历年变化趋势，得出西南季风期，除了东部地区外，其他地区降水量减少的同时，湿日频率也显著降低，但是降水强度显著增大；东北季风期，降水量显著增加，降水强度也显著增大。1961～1998 年，东南亚地区的年降水量减少，雨日数也表现出显著减少的趋势（Manton et al.，2001）。Trenberth 和 Hoar（1997）认为，这一现象与厄尔尼诺事件密切相关。受厄尔尼诺事件的影响，马来西亚经历了严重的干旱，尤其是 1982～1983 年和 1997～1998 年。受长期天气干旱的影响，一些地区受到严重林火干扰的威胁。Jamaludin 等（2010）利用 1975～2004 年的日降水量数据，采用总降水量、湿日频率、降水强度、极端降水频率、极端降水强度等指标，研究了不同季风影响下马来西亚半岛不同区域的日降水量空间变化格局和发展趋势，得出季风确实能够明显影响不同区域的降水量及其变化趋势。受冷的东北季风的影响，马来西亚半岛南部在 2006 年 12 月末和 2007 年 1 月中旬均出现了异常的暴雨事件（Malaysian Meteorological Department，2006，2007）。

　　大兴安岭是中国东北多条河流的分水岭，以兴安盟境内的洮儿河为界，可分为南北两段。北段山地东西两侧是嫩江右岸支流和额尔古纳河水系的发源地，南段西坡的水注入蒙古高原。大兴安岭也是东侧的辽河水系、松花江和嫩江水系及其西北侧的黑龙江源头诸水系与支流的分水岭。大兴安岭伊勒呼里山西东走向，也是黑龙江水系和嫩江水系的分水岭。大兴安岭不同区域的降水量存在明显不同，其东南坡夏季受海洋季风影响，雨水较多，西北坡干旱，是森林和草原的分界线。关于大兴安岭气候特征的研究主要集中于温度方面，关于降水特征，尤其是不同区域降水特征的时空变化分析研究较少。本章利用大兴安岭不同区域多年降水资料，分析大兴安岭不同区域降水特征及其变化趋势，以期能对大兴安岭植被分布规律及气候变化的响应研究有所帮助。

3.2　研　究　方　法

3.2.1　气象数据来源

　　此次研究所采用的降水资料来源于中国地面国际交换站气候资料日值数据集（V3.0）。该数据集包含了中国 194 个站点 1951 年 1 月以来各站气压、气温、降水量、蒸发量、相对湿度、风向风速、日照时数和 0cm 地温要素的日值数据。

　　该数据集中 1951～2010 年的数据基于地面基础气象资料建设项目归档的"1951～2010 年中国国家级地面站数据更正后的月报数据文件（A0/A1/A）基础资料集"研制。2011 年 1 月至 2012 年 5 月的数据基于各省上报到国家气象信息中心的地面月报数据文件（A 文件）研制。2012 年 6 月至 2013 年 12 月的数据基于国家气象信息中心实时库数据研制。实时库中该部分数据来自实时上传的地面自动站逐小时数据文件（Z 文件）及日值数据文件。

3.2.2 气象数据质量

据数据集说明书介绍，1951～2010 年的数据经过了反复质量检测与控制，对发现的可疑和错误数据进行了人工核查与更正，并对数字化遗漏数据进行了补录，数据质量和完整性相对于以往发布的地面同类产品明显提高，各项数据实有率达 99%以上，数据正确率接近 100%。各省上报至国家气象信息中心的 2011 年 1 月至 2012 年 5 月地面月报数据文件，经过了严格的"台站—省级—国家级"三级质量控制。实时上传的地面自动站逐小时观测数据经过了台站质量控制。

3.2.3 气象数据日平均值统计方法

据数据集说明书介绍，由地面气象月报数据文件或实时库中提取得到的各要素逐日 4 次定时（2：00、8：00、14：00、20：00）观测数据统计日平均值，方法如下。

1）日平均气温、相对湿度、0cm 地温均为 4 次定时观测值的平均值。

2）日平均气压、日平均风速均由 4 次定时观测值平均，但当 3 次人工观测站在未配自记仪器的情况下，由 8：00、14：00、20：00 定时观测值平均。

3）按上述 1）、2）规定统计日平均值时，当参加统计的某定时值缺测时，则相应要素的日平均值缺测。

3.2.4 气象站点选择

从图 3-1 可以看出，在大兴安岭山脉范围内，中国地面国际交换站气候资料日值数据集（V3.0）中提供的气象资料所包括的气象站有阿尔山、博克图、图里河和呼玛。为了反映出大兴安岭山脉不同区域的降水状况，本章依据大兴安岭山脉的走向，除了选择上述 4 个气象站点的气象资料外，再另外选择大兴安岭山脉周边地区的海拉尔和嫩江气象站的气象资料分别代表大兴安岭山脉西部和东部的气象状况。各气象站的具体状况，见表 3-1。

3.2.5 四季划分

10 月到翌年 3 月主要受冬季风的影响；3 月末 4 月初冬季风影响减弱；7～8 月主要受夏季风影响；9 月冬季风开始向北推移，受冬、夏季风交替影响；据此划分季节标准：冬季为 10 月到翌年 3 月，春季为 4～5 月，夏季为 6～8 月，秋季为 9 月。

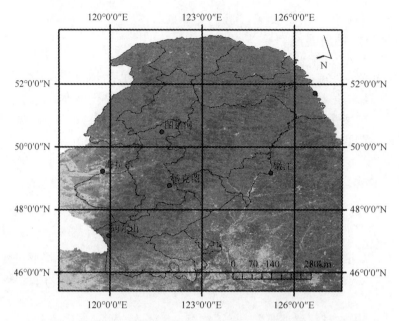

图 3-1　大兴安岭及其周边地区气象站位置（彩图请扫封底二维码）

表 3-1　大兴安岭及其周边地区气象站点状况

区域位置	站名	区站号	北纬（°）	东经（°）	海拔（m）
东部	嫩江	50557	125.23	49.17	242.2
中南部	博克图	50632	121.92	48.77	739.7
西部	海拉尔	50527	119.75	49.22	610.2
南部	阿尔山	50727	119.95	47.17	1027.4
中北部	图里河	50434	121.68	50.48	732.6
北部	呼玛	50353	126.65	51.72	177.4

3.2.6　降水数据的趋势性检验

参照 Jamaludin 等（2010）的方法，采用非参数统计中的 Mann-Kendall 检验法进行逐年和逐日降水数据的趋势性检验，研究降水量的历年变化趋势。

3.2.7　极端降水频率和强度

日降水量超过当年逐日降水量排序后 95%分位数的降水量定义为当年极端降水量临界值。

日降水量超过或等于历年极端降水量临界值平均值的降水事件数定义为逐年极端降水频率。

历年极端降水量与极端降水频率之比定义为逐年极端降水强度。

3.3 结果与分析

3.3.1 大兴安岭不同区域气象站逐日降水记录数据有效性/质量分析

中国地面国际交换站气候资料日值数据集（V3.0）中的 20 时至翌日 20 时逐日降水量记录结果可归纳为 6 种情况：有具体降水量数据（≥0mm，含晴天）、标记为"纯雾露霜"（以 32×××表示）、标记为"雨和雪的总量"（以 31×××表示）、标记为"雪量（仅包括雨夹雪，雪暴）"（以 30×××表示）、标记为降水"微量"（以 32700 表示）、标记为"缺失数据"（以 32766 表示），即前 4 种情况定量化了每日的降水量，第 5 种情况定性描述了当日发生了降水但是降水量为微量，第 6 种情况没有说清当日是否有明确降水。

3.3.1.1 大兴安岭不同区域气象站历年逐日降水量无效记录日数年际变化

（1）大兴安岭不同区域气象站降水记录缺失状况

大兴安岭不同区域气象站第 6 种情况的历年记录结果见表 3-2。从表 3-2 可以看出，6 个气象站在 2013 年均缺失 1 天记录，除此之外，嫩江气象站还在 1951～1953 年，海拉尔气象站还在 1978 年，均有降水记录缺失数据现象发生，其中嫩江气象站累计缺失降水记录天数最多，为 26 天。

表 3-2 大兴安岭不同区域气象站降水资料缺失情况

区域位置	站名	区站号	缺失数据年份	缺失数据天数
东部	嫩江	50557	1951 年、1952 年、1953 年、2013 年	3、5、17、1
中南部	博克图	50632	2013 年	1
西部	海拉尔	50527	1978 年、2013 年	1、1
南部	阿尔山	50727	2013 年	1
中北部	图里河	50434	2013 年	1
北部	呼玛	50353	2013 年	1

（2）大兴安岭不同区域气象站日"微量"降水天数历年变化

中国地面国际交换站气候资料日值数据集（V3.0）的降水逐日记录资料中的第 5 种记录结果虽然说明了当日有明确降水，但实际上没有具体的降水量记录。大兴安岭不同区域气象站第 5 种情况——历年"微量"降水日数的动态变化见图 3-2。从图 3-2 可以看出，6 个气象站的历年"微量"降水日数（y）随时间（t）变化均呈减少趋势，6 个气象站比较来看，大兴安岭西部（海拉尔）的趋势最明显（$y=-1.0481t+2130.3$，$R^2=0.7617$，$P<0.0001$），其次为中南部（博克图，$y=-0.8994t+1857.1$，

$R^2=0.5660$，$P<0.0001$）、中北部（图里河，$y=-0.6492t+1335.5$，$R^2=0.6481$，$P<0.0001$）、东部（嫩江，$y=-0.4377t+912.2$，$R^2=0.4164$，$P<0.0001$）、南部（阿尔山，$y=-0.3362t+725.5$，$R^2=0.2673$，$P<0.0001$），北部（呼玛，$y=-0.3328t+703.3$，$R^2=0.2579$，$P<0.0001$）的降低幅度最小。

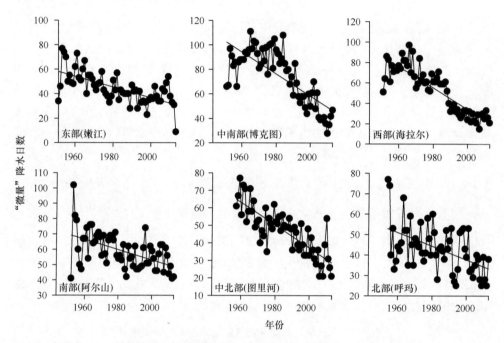

图 3-2　不同区域历年"微量"降水日数动态变化

3.3.1.2　大兴安岭不同区域气象站逐日降水量有效记录日数年际变化

（1）大兴安岭不同区域"纯雾露霜"日数年际变化

中国地面国际交换站气候资料日值数据集（V3.0）中大兴安岭不同区域气象站的 20 时至翌日 20 时逐日降水量记录标记为"纯雾露霜"的记录时间截至 1979 年，即自 1980 年起该数据集中再无降水标记为"纯雾露霜"的形式，分析其原因可能是改变了降水量的记录方式。

从 1950～1979 年大兴安岭不同区域气象站历年降水形式为"纯雾露霜"的日数（y）动态变化趋势（图 3-3）可以看出，随时间（t）变化，大兴安岭东部（嫩江，$y=-0.0995t+198.6574$，$R^2=0.1029$，$P=0.1101$）、中北部（图里河，$y=-0.3142t+630.0988$，$R^2=0.1507$，$P=0.0671$）、北部（呼玛，$y=-0.3092t+613.1877$，$R^2=0.3391$，$P=0.0023$）和西部（海拉尔，$y=-0.0913t+180.7087$，$R^2=0.1486$，$P=0.0628$）的年"纯雾露霜"日数表现出减少趋势，大兴安岭南部（阿尔山，$y=0.1138t-219.4822$，

$R^2=0.0466$，$P=0.2697$）和中南部（博克图，$y=0.0704t–135.697$，$R^2=0.0814$，$P=0.1336$）的年"纯雾露霜"日数表现出增加趋势。

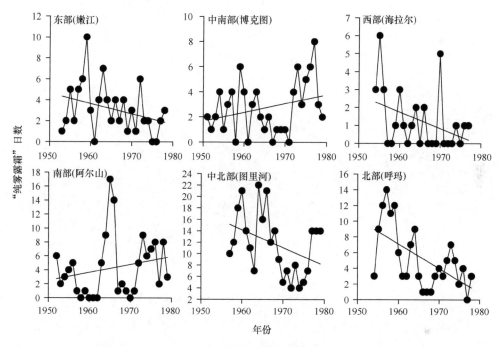

图 3-3　大兴安岭不同区域历年"纯雾露霜"日数动态变化

非参数统计检验的结果表明，仅大兴安岭北部（呼玛）的年"纯雾露霜"日数表现出显著减少的趋势（Mann-Kendall$=–0.354\,222$，$P<0.05$）。

（2）大兴安岭不同区域"雨和雪的总量"的日数年际变化

中国地面国际交换站气候资料日值数据集（V3.0）中大兴安岭不同区域气象站的 20 时至翌日 20 时逐日降水量记录标记为"雨和雪的总量"的记录日期截至 1979 年，并且时间分布主要集中于 10 月下旬至 3 月下旬，即自 1980 年起该数据集中再无降水标记为"雨和雪的总量"的形式，而以具体的降水量进行标记。

从 1950～1979 年大兴安岭不同区域气象站历年降水形式标记为"雨和雪的总量"的日数（y）动态变化趋势（图 3-4）可以看出，随时间（t）变化，仅大兴安岭中南部（博克图）的"雨和雪的总量"日数表现出显著减少的趋势（$y=–0.8675t+1743.5443$，$R^2=0.2767$，$P=0.0034$），其他区域气象站的"雨和雪的总量"日数表现出近似恒定的变化趋势。

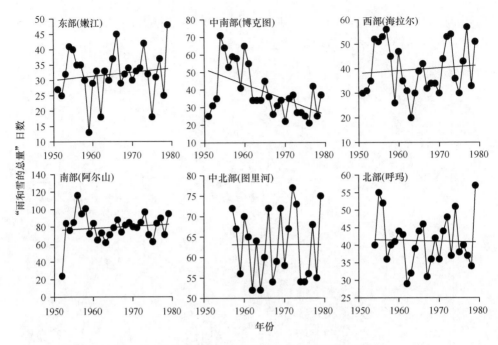

图 3-4　不同区域历年"雨和雪的总量"日数动态变化

非参数统计检验的结果亦表明，仅大兴安岭中南部（博克图）的"雨和雪的总量"日数随时间变化表现出显著减少的趋势（Mann-Kendall=−0.347 981，$P<0.05$）。

（3）大兴安岭不同区域"雪量（仅包括雨夹雪、雪暴）"日数年际变化

中国地面国际交换站气候资料日值数据集（V3.0）中大兴安岭不同区域气象站的 20 时至翌日 20 时逐日降水量记录标记为"雪量（仅包括雨夹雪、雪暴）"的记录日期截至 1979 年，并且时间分布主要集中于 10 月下旬至 3 月下旬，即自 1980年起该数据集中再无降水标记为"雪量（仅包括雨夹雪、雪暴）"的形式，而以具体的降水量进行标记。

从 1950～1979 年大兴安岭不同区域气象站历年降水形式标记为"雪量（仅包括雨夹雪，雪暴）"的日数（y）动态变化趋势（图 3-5）可以看出，随时间（t）变化，仅大兴安岭北部（呼玛）的"雪量（仅包括雨夹雪、雪暴）"日数表现出显著减少的趋势（$y=−0.1269t+252.8177$，$R^2=0.2344$，$P=0.0142$），其他区域气象站的"雪量（仅包括雨夹雪、雪暴）"日数表现出近似恒定的变化趋势。

非参数统计检验的结果亦表明，仅大兴安岭北部（呼玛）的"雪量（仅包括雨夹雪、雪暴）"日数随时间变化表现出显著减少的趋势（Mann-Kendall=−0.363 696，$P<0.05$）。

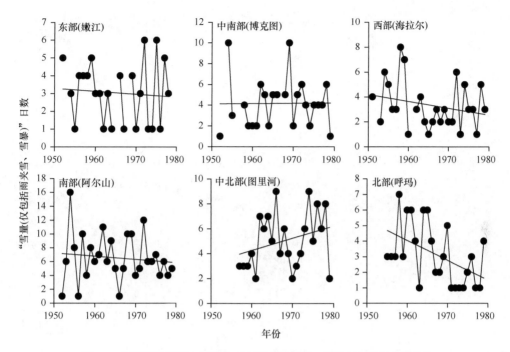

图 3-5　不同区域历年"雪量（仅包括雨夹雪、雪暴）"日数动态变化

（4）大兴安岭不同区域气象站逐日仅记载具体降水量数据的日数年际变化

中国地面国际交换站气候资料日值数据集（V3.0）中的 20 时至翌日 20 时逐日降水量记录中仅记载具体降水量数据（≥0mm，含晴天）的日数逐年不同（图 3-6）。6 个气象站比较来看，随时间变化，该日数均呈增加趋势（图 3-6），6 个气象站自 1980 年起，该日数均稳定超过 300 天。

3.3.2　大兴安岭不同区域晴天/降水天数年际变化

3.3.2.1　大兴安岭不同区域晴天数年际变化

图 3-6 中的历年逐日降水有效记录日数包括晴天数（日降水量为 0mm）和降水天数（日降水量>0mm），据此分离出的历年晴天数（日降水量为 0mm）见图 3-7。从图 3-7 可以看出，随时间（t）变化，大兴安岭各区域的年晴天数（y）均呈显著增加趋势，其中大兴安岭中北部（图里河，$y=1.2486t-2300.4428$，$R^2=0.7009$，$P<0.0001$；Mann-Kendall=0.662 478，$P<0.05$）的年晴天数增加最为明显，其次为大兴安岭中南部（博克图，$y=1.2404t-2279.4397$，$R^2=0.6602$，$P<0.0001$；Mann-Kendall=0.652 093，$P<0.05$）、西部（海拉尔，$y=1.2014t-2172.1528$，$R^2=0.659$，$P<0.0001$；Mann-Kendall=0.640 072，$P<0.05$）、南部（阿尔山，$y=0.7543t-1346.4195$，

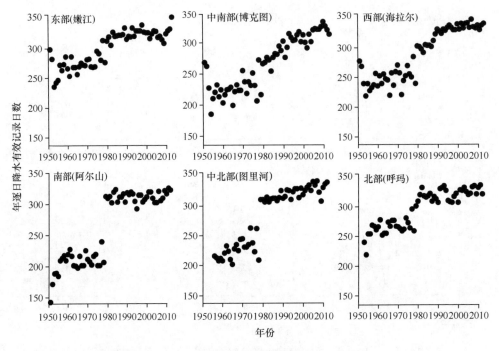

图 3-6　不同区域气象站逐日仅记载具体降水量数据的日数年际变化（1951～2013 年）

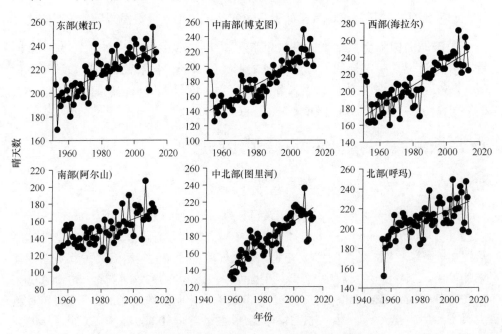

图 3-7　大兴安岭不同区域历年晴天数动态变化

R^2=0.4793，P<0.0001；Mann-Kendall=0.509 362，P<0.05）、东部（嫩江，y=0.67508t−1120.2055，R^2=0.5124，P<0.0001；Mann-Kendall=0.546 456，P<0.05），大兴安岭北部（呼玛，y=0.6386t−1058.2629，R^2=0.4019，P<0.0001；Mann-Kendall=0.453 482，P<0.05）的年晴天数增加较为缓和。

3.3.2.2 大兴安岭不同区域降水天数年际变化

图 3-8 为大兴安岭不同区域历年降水天数动态变化。从图 3-8 可以看出，随时间（t）变化，大兴安岭各区域的年降水天数（y）均呈显著减少趋势，其中大兴安岭中北部（图里河，y=−1.2479t−2664.308，R^2=0.7003，P<0.0001；Mann-Kendall=0.662 478，P<0.05）的年降水天数减少最为明显，其次为大兴安岭中南部（博克图，y=−1.2366t+2637.225，R^2=0.6558，P<0.0001；Mann-Kendall=0.652 093，P<0.05）、西部（海拉尔，y=−1.2031t+2540.879，R^2=0.6579，P<0.0001；Mann-Kendall=0.640 072，P<0.05）、南部（阿尔山，y=−0.7559t+1714.867，R^2=0.4783，P<0.0001；Mann- Kendall=0.509 362，P<0.05）、东部（嫩江，y=−0.6417t+1418.907，R^2=0.4979，P<0.0001；Mann-Kendall=0.546 456，P<0.05），大兴安岭北部（呼玛，y=−0.6408t+ 1427.872，R^2=0.4026，P<0.0001；Mann-Kendall=0.453 482，P<0.05）的年降水天数减少较为缓和。

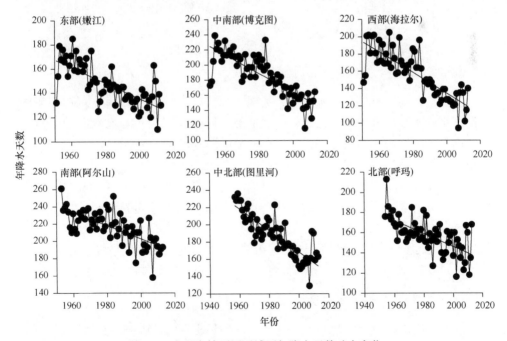

图 3-8 大兴安岭不同区域历年降水天数动态变化

3.3.3　大兴安岭不同区域降水天数季节变化

随着时间的变化，总体来看，虽然大兴安岭各区域年降水天数均呈减少趋势（图3-8），但是不同区域不同季节间的变化趋势不同（图3-9～图3-12）。春季（4～5月），大兴安岭中部（包括中北部和中南部）和西部降水天数呈现明显减少趋势，东部和南部减少趋势相当，而大兴安岭北部降水天数减少不明显。夏季的6月，大兴安岭东部、中南部和南部降水天数减少不明显，而西部、中北部，尤其是北部降水天数显著减少；7月大兴安岭中北部降水天数减少程度最高，其次为中南部和西部，而北部、东部和南部降水天数减少程度较低；8月大兴安岭各区域降水天数均显著减少，尤以中北部和西部降水天数减少幅度最大，其次为中南部和北部，而东部和南部减少程度近似。冬季的10月，大兴安岭西部和中南部降水天数显著减少，其他区域降水天数无明显变化；进入11月，大兴安岭东部、南部和西部降水天数没有变化，而北部、中部（含中北部和中南部）降水天数则显著减少；12月大兴安岭北部和东部降水天数变化不明显，而其他区域降水天数均显著减少；1～2月除了大兴安岭北部降水天数变化不明显外，其他各区域降水天数均显著减少，3月除了大兴安岭东部降水天数无明显减少外，其他各区域降水天数呈显著减少趋势。

3.3.4　大兴安岭不同区域降水量

3.3.4.1　大兴安岭各区域年降水量差异

大兴安岭各区域历年降水量结果见图3-13。从图3-13可以看出，随时间变化，各区域年降水量均表现出增加趋势，尤其是自1980年以后，年降水量增加趋势明显，而且各区域历年最大降水量和最小降水量差异极大（见表3-3中的年降水量最小值和最大值）。分析其原因，主要是年气象数据记录不完全（图3-6）。

大兴安岭各区域多年（1951～2013年）平均降水量结果见表3-3。从多年平均降水量结果可以看出，大兴安岭由东向西和由南向北降水量表现出减少趋势，但从逐日平均降水量结果来看，大兴安岭由南向北降水量减少，中南部降水量高于东部和西部。之所以出现这种相互矛盾的结果，也可能是由于年气象数据记录不完整（图3-6）。这一结果表明，分析年降水量数据时应考虑气象数据记录的完整性。

3.3.4.2　大兴安岭不同区域降水量季节变化

大兴安岭各区域月降水量结果见图3-14和图3-15。从图3-14和图3-15可以看出，大兴安岭不同月份间降水量差异明显，各区域月降水量均以7月为最高，其次为8月和6月。

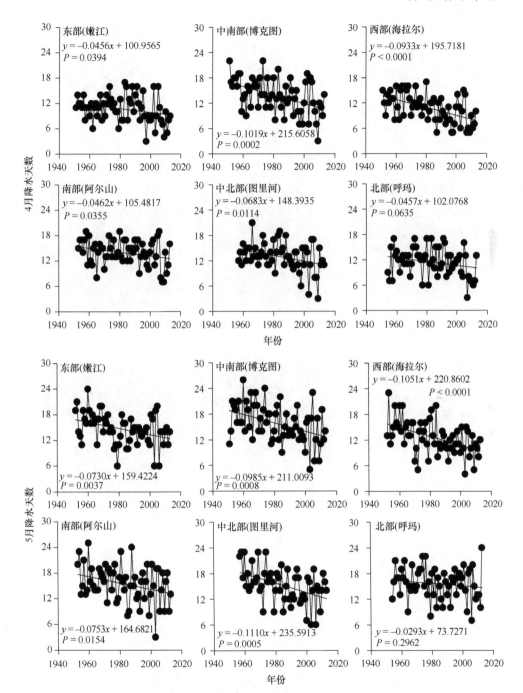

图 3-9　大兴安岭不同区域春季（4～5 月）降水天数年际变化

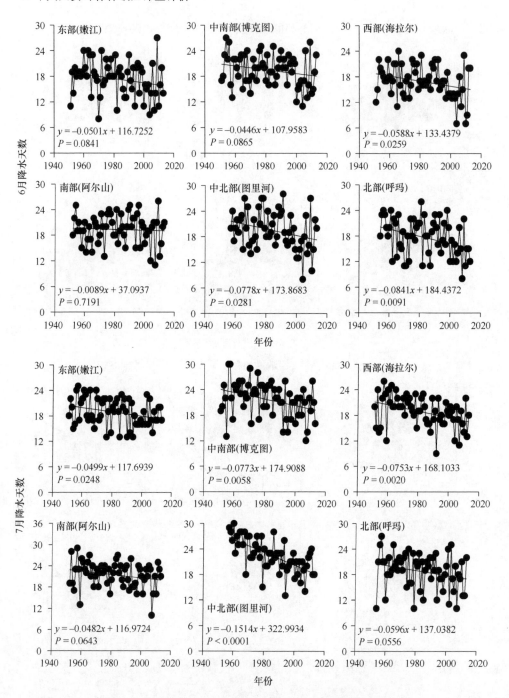

图 3-10　大兴安岭不同区域夏季（6～8月）降水量年际变化

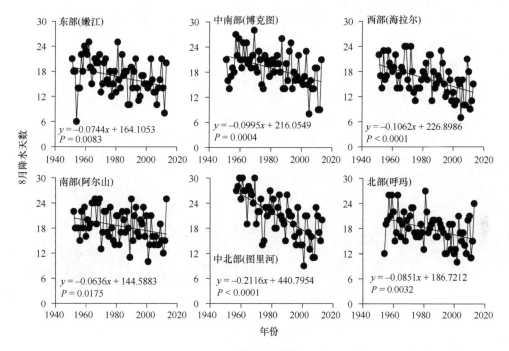

图 3-10（续）

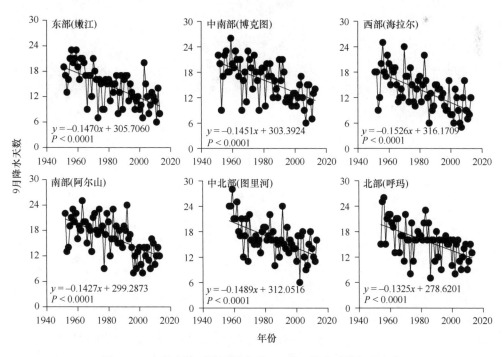

图 3-11　大兴安岭不同区域秋季（9 月）降水天数年际变化

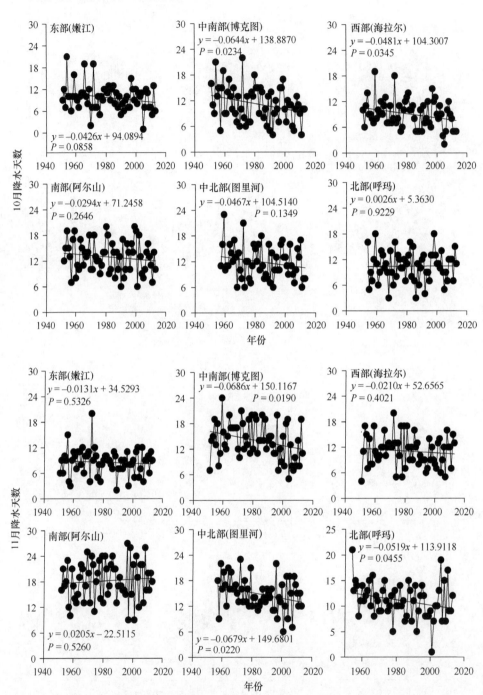

图 3-12　大兴安岭不同区域冬季（10 月至翌年 3 月）降水天数年际变化

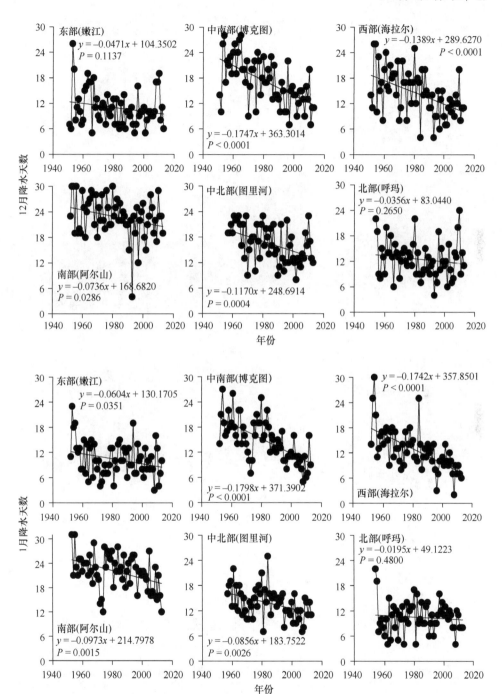

图 3-12（续）

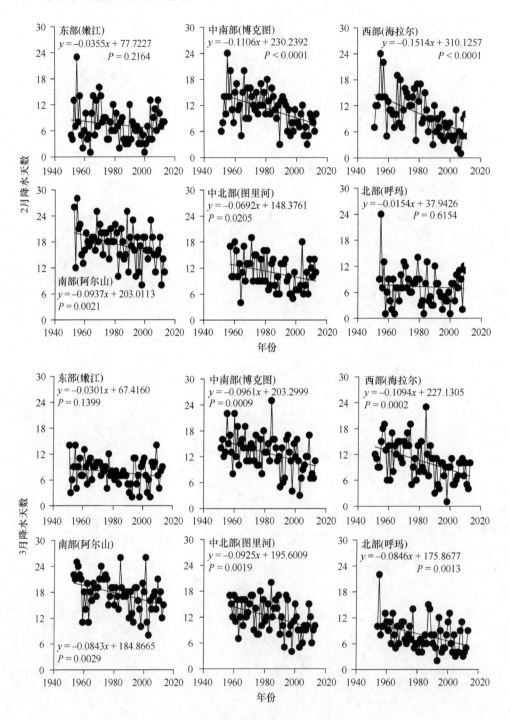

图 3-12（续）

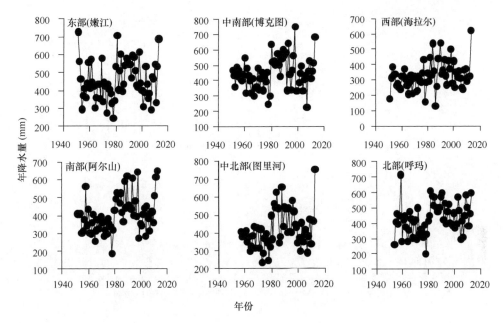

图 3-13　大兴安岭不同区域历年降水量（1951～2013 年）

表 3-3　大兴安岭不同区域年降水量（1951～2013 年）

区域位置	年降水量（mm）			逐日平均降水量（mm）		
	平均值	最小值	最大值	平均值	最小值	最大值
东部（嫩江）	455	244	727	1.50	0.77	2.41
中南部（博克图）	446	224	750	1.67	0.69	2.64
西部（海拉尔）	326	125	617	1.12	0.41	1.80
南部（阿尔山）	407	187	646	1.58	0.78	2.87
中北部（图里河）	413	230	752	1.46	0.84	2.19
北部（呼玛）	433	200	714	1.44	0.66	2.63

注：逐日平均降水量为年降水量除以年气象记录日数

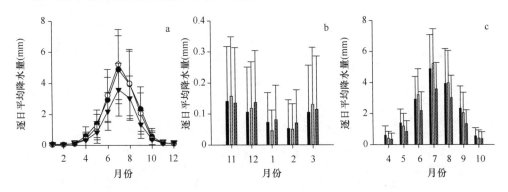

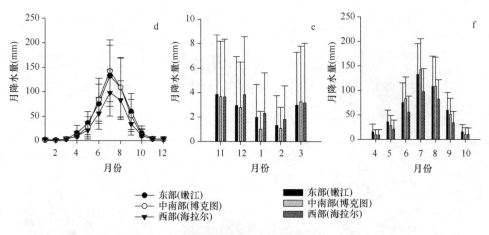

图 3-14 大兴安岭自东向西月降水量

逐日平均降水量为月降水量除以月气象记录日数；a 图为全年逐月的逐日平均降水量；b 图为 11 月~翌年 3 月逐月
的逐日平均降水量；c 图为 4~10 月逐月的逐日平均降水量；d 图为全年的逐月降水量；
e 图为 11 月~翌年 3 月的逐月降水量；f 图为 4~10 月的逐月降水量

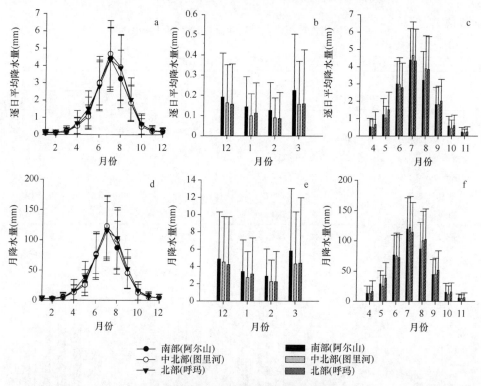

图 3-15 大兴安岭自南向北月降水量

逐日平均降水量为月降水量除以月气象记录日数；a 图为全年逐月的逐日平均降水量；b 图为 12 月~翌年 3 月逐月
的逐日平均降水量；c 图为 4~11 月逐月的逐日平均降水量；d 图为全年的逐月降水量；e 图为 12 月~翌年 3 月的
逐月降水量；f 图为 4~11 月的逐月降水量

3.3.4.3 大兴安岭不同区域极端降水

（1）大兴安岭不同区域极端降水量临界值

大兴安岭不同区域历年极端降水量临界值结果见图 3-16。总体来看，大兴安岭各区域的极端降水量临界值均不高，各区域的历年极端降水量临界值的平均值为 6.8～10.2mm（表 3-4）。

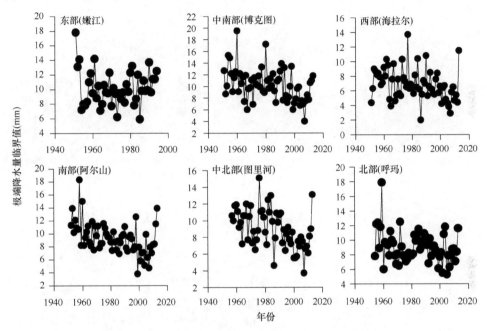

图 3-16 大兴安岭各区域历年极端降水量临界值

表 3-4 大兴安岭不同区域极端降水量临界值（单位：mm）

区域名称	北部 （呼玛）	中北部 （图里河）	西部 （海拉尔）	东部 （嫩江）	中南部 （博克图）	南部 （阿尔山）
极端降水量	9.0	9.0	6.8	10.2	10.2	9.3

注：表中数据为历年极端降水量临界值平均值

（2）大兴安岭不同区域逐年极端降水频率

大兴安岭不同区域历年极端降水频率结果见图 3-17。随时间变化，各区域的极端降水频率均未明显降低或升高。总体来看，大兴安岭各区域的极端降水频率为 13～15 次/年。

（3）大兴安岭不同区域逐年极端降水强度

大兴安岭不同区域历年极端降水强度结果见图 3-18。随时间变化，各区域的

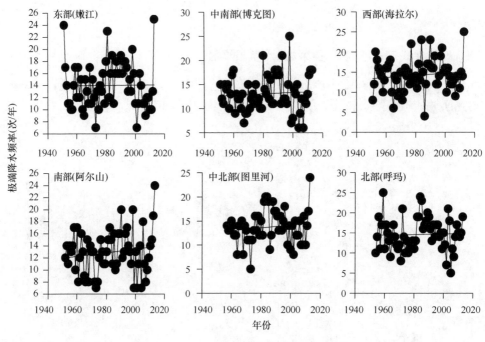

图 3-17　大兴安岭各区域历年极端降水频率

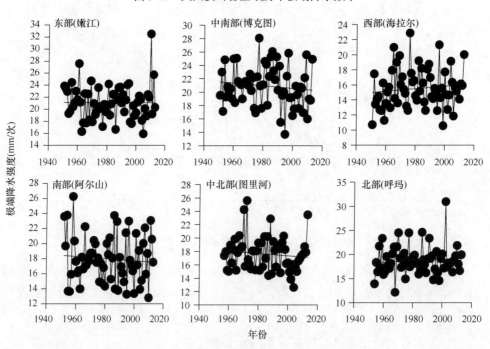

图 3-18　大兴安岭各区域历年极端降水强度

极端降水强度均未明显增大或减小。总体来看，大兴安岭各区域的极端降水强度为 15～22mm/次。

3.4 小 结

（1）研究降水量年际变化规律时应考虑气象数据的完整性

各区域最高年降水量和最低年降水量差异极大（表 3-3 中的年降水量最小值和最大值），主要是由于年气象数据记录不完全（图 3-6）。

（2）大兴安岭不同区域降水量差异明显

大兴安岭由东向西和由南向北年降水量表现出减少趋势，中南部年降水量高于东部和西部。随时间变化各区域年降水量均表现出增加趋势，尤其是自 1980 年以后，年降水量增加趋势明显。月降水量均以 7 月为最高，其次为 8 月和 6 月。

（3）大兴安岭各区域不同季节间的降水天数变化趋势不同

春季（4～5 月），大兴安岭中部（包括中北部和中南部）和西部降水天数呈现明显减少趋势，东部和南部减少趋势相当，而大兴安岭北部降水天数减少不明显。夏季的 6 月，大兴安岭东部、中南部和南部降水天数减少不明显，而西部、中北部，尤其是北部降水天数显著减少；7 月大兴安岭中北部降水天数减少程度最高，其次为西部和中南部，而北部、东部和南部降水天数减少程度较低；8 月大兴安岭各区域降水天数均显著减少，尤以中北部和西部降水天数减少幅度最大，其次为中南部和北部，而东部和南部减少程度近似。冬季的 10 月，大兴安岭西部和中南部降水天数显著减少，其他区域降水天数无明显变化趋势。进入 11 月，大兴安岭东部、南部和西部降水天数没有变化，而北部、中部（含中北部和中南部）降水天数则显著减少；12 月大兴安岭北部和东部降水天数变化不明显，而其他区域降水天数均显著减少；1～2 月除了大兴安岭北部降水天数变化不明显外，其他各区域降水天数均显著减少，3 月除了大兴安岭东部降水天数无明显减少外，其他各区域降水天数均呈显著减少趋势。

（4）大兴安岭各区域的年降水日数均呈显著减少趋势

大兴安岭中北部的年降水日数减少最为明显，其次为大兴安岭中南部、西部、南部、东部，大兴安岭北部的年降水日数减少较为缓和。

（5）大兴安岭年极端降水频率和极端降水强度变化趋势不明显

随时间变化，各区域的年极端降水频率和极端降水强度均未明显降低或升高。总体来看，大兴安岭各区域的极端降水频率为 13～15 次/年，极端降水强度为 15～22mm/次。

参 考 文 献

Brunetti M, Buffoni L, Maugeri M, et al. 2000. Precipitation intensity trends in Northern Italy[J]. International Journal of Climatology, 20(9): 1017-1031.

Brunetti M, Colacino M, Maugeri M, et al. 2001.Trends in the daily intensity of precipitation in Italy from 1951 to 1996[J]. International Journal of Climatology, 21(3): 299-316.

Cannarozzo M, Noto L V, Viola F. 2006. Spatial distribution of rainfall trends in Sicily (1921–2000)[J]. Physics and Chemistry of the Earth, Parts A/B/C, 31(18): 1201-1211.

Easterling D R, Evans J L, Groisman P Y, et al. 2000. Observed variability and trends in extreme climate events: a brief review[J]. Bulletin of the American Meteorological Society, 81(3): 417-425.

Frich P, Alexander L V, Della-Marta P, et al. 2002. Observed coherent changes in climatic extremes during the second half of the twentieth century[J]. Climate Research, 19(3): 193-212.

Gong D Y, Shi P J, Wang J A. 2004. Daily precipitation changes in the semi-arid region over northern China[J]. Journal of Arid Environments, 59(4): 771-784.

Groisman P Y, Karl T R, Easterling D R, et al. 1999. Changes in the probability of heavy precipitation: important indicators of climatic change[J]. Climatic Change, 42(1): 243-283.

Hess T M, Stephens W, Maryah U M. 1995. Rainfall trends in the North East Arid Zone of Nigeria 1961-1990[J]. Agricultural and Forest Meteorology, 74(1): 87-97.

Jamaludin S, Deni S M, Wan Z W Z, et al. 2010. Spatial patterns and trends of daily rainfall regime in Peninsular Malaysia during the southwest and northeast monsoons: 1975-2004[J]. Meteorology and Atmospheric Physics, 110(1): 1-18.

Karl T R, Knight R W. 1998. Secular trends of precipitation amount, frequency, and intensity in the United States[J]. Bulletin of the American Meteorological Society, 79(2): 231-241.

Malaysian Meteorological Department. 2006. Report on heavy rainfall that caused floods in Johor, Melaka, Negeri Sembilan and Pahang during the period 17-20th December 2006.

Malaysian Meteorological Department. 2007. Report on the second heavy rainfall that caused floods in Johor and southern Pahang during the period 11-14th January 2007.

Manton M J, Della-Marta P M, Haylock M R, et al. 2001. Trends in extreme daily rainfall and temperature in Southeast Asia and the South Pacific: 1961-1998[J]. International Journal of Climatology, 21(3): 269-284.

Mason S J, Waylen P R, Mimmack G M, et al. 1999. Changes in extreme rainfall events in South Africa[J]. Climatic Change, 41(2): 249-257.

Piccarreta M, Capolongo D, Boenzi F. 2004. Trend analysis of precipitation and drought in Basilicata from 1923 to 2000 within a southern Italy context[J]. International Journal of Climatology, 24(7): 907-922.

Plummer S M, Holloway K A, Manson M M, et al. 1999. Inhibition of cyclo-oxygenase 2 expression in colon cells by the chemopreventive agent curcumin involves inhibition of NF-kappaB activation via the NIK/IKK signalling complex[J]. Oncogene, 18(44): 6013-6020.

Suppiah R, Hennessy K J. 1998. Trends in total rainfall, heavy rain events and number of dry days in Australia, 1910–1990[J]. International Journal of Climatology, 18(10): 1141-1164.

Trenberth K E, Hoar T J. 1997. El Nino and climate change [J]. Geophysical Research Letters, 24(23): 3057-3060.

4 植被分布及动态

4.1 引　　言

植被分布状况在全球变化研究中起着"指示器"的作用，成为碳循环和气候模拟的重要内容。温度和降水是决定植被空间分布及其变化的主要非生物因素。近年来全球气候变化及植被覆被变化明显，基于遥感数据的植被动态分析逐步深入。以往关于植被变化的研究大多基于 2 期或几个时间点的中高分辨率 Landsat TM/ETM 或 CBERS 遥感影像进行分析，但由于传感器寿命及时间分辨率、数据质量等问题，这类遥感数据对于 2000 年以后区域性植被动态监测具有诸多限制。1999 年下半年，美国国家航空航天局（NASA）开始发布中分辨率成像光谱仪（moderate-resolution imaging spectroradiometer，MODIS）卫星数据产品，其中以 Terra 卫星和 Aqua 卫星的 MODIS/EVI、陆面温度等 8 项数据产品作为数据源，采用决策树分类法合成的历年土地覆被产品 MCD12Q1，近年在土地覆被及其变化研究中得到广泛应用。关于 MCD12Q1 的分类效果评价，国外集中于全球尺度下的精度验证及区域尺度下农田和林地分类精度的验证，国内 L3 级 MODIS 土地覆被产品 MCD12Q1 分类精度的研究不多见，主要集中于 MODIS L1 级和 L2 级数据的土地覆被分类。

关于大兴安岭植被分布状况在《中华人民共和国植被图（1∶1 000 000）》中虽有详细介绍，但是该图集主要反映的是 20 世纪 80~90 年代中期的植被分布状况，缺少此后植被分布状况的报道，尤其缺少植被动态的报道。为此，本章以大兴安岭森林为对象，在 20 世纪 80~90 年代中期大兴安岭森林分布状况分析的基础上，利用 MODIS 土地覆被产品 MCD12Q1，分析 2001~2013 年大兴安岭范围内各地类动态变化，同时利用 MODIS 的叶面积指数产品（MOD15A2H 和 MCD15A3H），分析大兴安岭不同区域 2000~2016 年叶面积指数（LAI）的年际变化，探讨基于 LAI 的区域尺度物候期变化，以期为大兴安岭现有林生态效益评估和森林生产力估测研究提供基础数据。

4.2 研　究　方　法

4.2.1 大兴安岭森林植被分布规律

进行大兴安岭不同区域林分类型和典型林型空间分布规律研究时，依据 20

世纪 80～90 年代中期的《中华人民共和国植被图（1∶1 000 000）》，利用 ArcGIS10.0 矢量化《中华人民共和国植被图（1∶1 000 000）》中涵盖大兴安岭的区域，并添加林分类型字段于属性表中，随后统计出大兴安岭不同区域所含林业局及各植被分区所含典型林分类型和面积；结合植被区划图和野外实地踏查结果，评价大兴安岭森林植被分布规律。

4.2.2　大兴安岭景观动态

进行大兴安岭景观（不同地类）动态变化规律研究时依据 2016 年 5 月更新的 2001～2013 年 MODIS（中分辨率成像光谱仪）土地覆盖产品 MCD12Q1（MODIS Terra 卫星和 Aqua 卫星的年合成的地表覆盖类型数据产品，MODIS Terra+Aqua Land Cover Type Yearly L3 Global 500m SIN Grid，影像轨道号为 h25v03、h25v04、h26v03、h26v04，空间分辨率为 463.312 716 5m，http://e4ftl01.cr.usgs.gov）。

MCD12Q1 采用 5 种分类系统，包括国际上常用的 IGBP 分类系统（国际地圈生物圈计划）、修改后的 UMD 分类系统（马里兰大学修订版 IGBP）、MODIS LAI/FPAR 产品（MOD15）采用的 MODIS/LAI 分类系统（叶面积指数/光合有效辐射分量）、MODIS 净初级生产力产品（MOD17）采用的 MODIS/NPP 分类系统（净初级生产力）和基于植物功能型的 MODIS/PFT 分类系统（植物功能类）。

本章利用 MODIS 土地覆盖产品 MCD12Q1 中的 IGBP 分类系统结果，利用 ArcGIS10.0 提取涵盖大兴安岭区域的 2001～2013 年土地覆盖分布状况，并按地类统计出不同时期的面积，分析各地类的动态变化规律，评价大兴安岭景观动态。

4.2.3　大兴安岭叶面积指数时空动态

利用 2000 年 2 月 18 日至 2002 年 7 月 4 日（缺失 2000225、2001169、2001177、2002081 时间段数据[①]）的 MODIS 的 MOD15A2H 产品（8 日最大值，500m 分辨率；MODIS/Terra Leaf Area Index/FPAR 8-Day L4 Global 500m SIN Grid V006；http://reverb.echo.nasa.gov）和 2002.7.4～2016.1.1（缺失 2002213、2003353、2016053 时间段数据[②]）的 MODIS 的 MCD15A3H 产品（4 日最大值，500m 分辨率；MODIS/Terra+Aqua Leaf Area Index/FPAR 4-Day L4 Global 500m SIN Grid V006；http://

---

① 2000225 代表 2000 年 8 月 12～19 日的最大值，2001169 代表 2001 年 6 月 18～25 日的最大值，2001177 代表 2001 年 6 月 26 日至 2001 年 7 月 3 日间的最大值，2002081 代表 2002 年 3 月 22～29 日的最大值，下同

② 2002213 代表 2002 年 8 月 1～4 日的最大值，2003353 代表 2003 年 12 月 19～22 日的最大值，2016053 代表 2016 年 2 月 22～25 日的最大值，下同

reverb.echo.nasa.gov），提取出大兴安岭（轨道号 h25v03、h25v04、h26v03 和 h26v04）
2000～2015 年逐年最大叶面积指数（LAI），据此分析大兴安岭叶面积指数空间分布
格局，研究叶面积指数的年际变化。

4.2.4 大兴安岭物候期变化

利用 2000 年 2 月 18 日至 2002 年 7 月 4 日（缺失 2000225、2001169、2001177、
2002081 时间段数据）的 MODIS 的 MOD15A2H 产品（8 天最大化合成法合成
产品 Maximum Value Composite，500m 分辨率；MODIS/Terra Leaf Area
Index/FPAR 8-Day L4 Global 500m SIN Grid V006；http://reverb.echo.nasa.gov），
提取涵盖大兴安岭范围的 8 天内最大叶面积指数（LAI），全年共提取 46 次（时
间段分别为 1 月 1～8 日、1 月 9～16 日、1 月 17～24 日、1 月 25 日～2 月 1 日、
2 月 2～9 日、2 月 10～17 日、2 月 18～25 日、2 月 26 日～3 月 5 日、3 月 6～
13 日、3 月 14～21 日、3 月 22～29 日、3 月 30 日～4 月 6 日、4 月 7～14 日、
4 月 15～22 日、4 月 23～30 日、5 月 1～8 日、5 月 9～16 日、5 月 17～24 日、5 月
25 日～6 月 1 日、6 月 2～9 日、6 月 10～17 日、6 月 18～25 日、6 月 26 日～7 月
3 日、7 月 4～11 日、7 月 12～19 日、7 月 20～27 日、7 月 28 日～8 月 4 日、
8 月 5～12 日、8 月 13～20 日、8 月 21～28 日、8 月 29 日～9 月 5 日、9 月 6～
13 日、9 月 14～21 日、9 月 22～29 日、9 月 30 日～10 月 7 日、10 月 8～15 日、
10 月 16～23 日、10 月 24～31 日、11 月 1～8 日、11 月 9～16 日、11 月 17～
24 日、11 月 25 日～12 月 2 日、12 月 3～10 日、12 月 11～18 日、12 月 19～26 日、
12 月 27 日～1 月 3 日。

利用 2002 年 7 月 4 日至 2016 年 6 月 21 日（缺失 2002213、2003353、2016053
时间段数据）的 MODIS 的 MCD15A3H 产品（4 天最大化合成法合成产品 Maximum
Value Composite，500m 分辨率；MODIS/Terra+Aqua Leaf Area Index/FPAR 4-Day
L4 Global 500m SIN Grid V006；http://reverb.echo.nasa.gov），提取涵盖大兴安岭范
围的 4 天内最大叶面积指数（LAI），全年共提取 92 次。

对于上述时间序列中所缺失的数据，以 MODIS 的 MCD15A2H 产品（8 天最
大化合成法合成产品 Maximum Value Composite，500m 分辨率；MODIS/
Terra+Aqua Leaf Area Index/FPAR 8-Day L4 Global 500m SIN Grid V006；http://
reverb.echo.nasa.gov）中的 2002209、2003353、2016049 代替 MCD15A3H 产品中
所缺失的数据。

由于无法获得 MOD15A2H 产品中所缺失的 2000225、2001169、2001177、
2002081 时间段的替代数据，故分析时缺失此时间段数据。

利用上述数据，逐年分析大兴安岭不同区域 LAI 季节动态；依据 LAI 的时间

变化，分析大兴安岭不同区域植被生长返青起始期、休眠起始期和生长季长度等物候期特征。

4.3 结果与分析

4.3.1 大兴安岭森林区划

依据《LYT1572—2000东北、内蒙古天然次生林经营技术》中的"东北、内蒙古天然次生林生态区划分"，东北、内蒙古的天然次生林生态区包括：千山低山丘陵生态区、长白山南部山地生态区、长白山北部山地生态区、小兴安岭山地生态区、三江平原低平生态区、长白山东北部山地生态区，以及大兴安岭的大兴安岭南部山地及山前丘陵生态区和大兴安岭北部山地生态区。

依据《黑龙江森林》，大兴安岭分北部原始林区（伊勒呼里山以北）、中部针阔混交林区、南部次生阔叶林区。

依据《中华人民共和国植被图（1∶1 000 000）》区划图中涵盖大兴安岭山脉的植被区划（图4-1），大兴安岭可划分为9个区域，分别为大兴安岭北部山地含

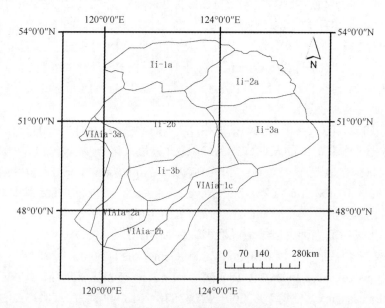

图 4-1 大兴安岭植被区划图

Ii-1a. 大兴安岭北部山地含藓类的兴安落叶松林小区；Ii-2a. 大兴安岭中部含兴安杜鹃和樟子松的兴安落叶松林东部（偏湿性）小区；Ii-2b. 大兴安岭中部含兴安杜鹃和樟子松的兴安落叶松林西部（偏干性）小区；Ii-3a. 黑河—鄂伦春低山河谷含草类、胡枝子的兴安落叶松、蒙古栎小区；Ii-3b. 讷敏河中游—古利牙山山地丘陵含草类、榛子、蒙古栎的兴安落叶松林小区；VIAia-1c. 松嫩平原外围蒙古栎林区；VIAia-2a. 大兴安岭中南部森林；VIAia-2b. 大兴安岭中南部草原林区；VIAia-3a. 大兴安岭西麓和南部山地森林

藓类的兴安落叶松林小区（Ii-1a），大兴安岭中部含兴安杜鹃和樟子松的兴安落叶松林东部（偏湿性）小区（Ii-2a），大兴安岭中部含兴安杜鹃和樟子松的兴安落叶松林西部（偏干性）小区（Ii-2b），黑河—鄂伦春低山河谷含草类、胡枝子的兴安落叶松、蒙古栎小区（Ii-3a），讷敏河中游—古利牙山山地丘陵含草类、榛子、蒙古栎的兴安落叶松林小区（Ii-3b），松嫩平原外围蒙古栎林区（VIAia-1c），大兴安岭中南部森林（VIAia-2a），大兴安岭中南部草原林区（VIAia-2b），大兴安岭西麓和南部山地森林（VIAia-3a），各区所含林业局见表4-1。

表4-1　大兴安岭各植被区划小区所含林业局

区号	林业局
Ii-1a	满归、图强、阿木尔、漠河
Ii-2a	新林、塔河、十八站、韩家园
Ii-2b	乌尔旗汉、库都尔、图里河、伊图里河、根河、得耳布尔、莫尔道嘎、金河、阿龙山、满归、克一河、甘河、吉文、阿里河
Ii-3a	加格达奇、松岭、新林
Ii-3b	绰尔、绰源、乌奴耳、免渡河
VIAia-1c	柴河、南木
VIAia-2a	绰尔、绰源
VIAia-2b	绰尔、绰源、巴林
VIAia-3a	乌尔旗汉

4.3.2　大兴安岭森林类型

依据《黑龙江森林》，大兴安岭森林类型有兴安落叶松林（兴安落叶松林、杜鹃/樟子松兴安落叶松林、藓类/云杉兴安落叶松林、蒙古栎/黑桦兴安落叶松林、草类/苔草兴安落叶松林、杜香兴安落叶松林、越橘兴安落叶松林、偃松兴安落叶松林）、白桦林（白桦林、兴安落叶松白桦林）、蒙古栎林、樟子松林（杜鹃樟子松林、草类樟子松林、杜香樟子松林）、山杨林、黑桦林、红皮云杉林、春榆林、水曲柳林、偃松矮林等。

依据《中华人民共和国植被图（1∶1 000 000）》各植被分幅图中涵盖大兴安岭范围的森林植被图例，大兴安岭森林分为21种类型，分别为兴安落叶松林、偃松矮曲林、樟子松林、山杨林、鱼鳞云杉臭冷杉红皮云杉林、兴安落叶松白桦林、蒙古栎林、蒙古栎黑桦林、白桦林、鱼鳞云杉林、春榆水曲柳核桃楸林、钻天柳甜杨林、兴安落叶松蒙古栎林、蒙古栎矮林、兴安落叶松樟子松林、红松紫椴林、白桦山杨林、旱柳林、樟子松疏林、杨柳榆林、黑杨林。

依据《中华人民共和国植被图（1∶1 000 000）》所获得的大兴安岭植被分布

状况见图 4-2，结合大兴安岭植被区划图（图 4-1），提取出的大兴安岭不同区域典型林型及面积结果见表 4-2 和表 4-3。

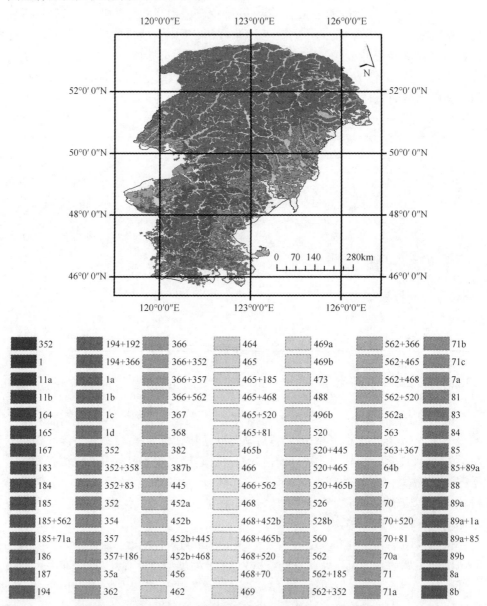

图 4-2　大兴安岭森林植被分布范围（彩图请扫封底二维码）

图例中数字所代表的植被类型可见张新时（2007）主编的《中国植被及其地理格局——中华人民共和国植被图集（1∶1 000 000）说明书（上卷）》

表4-2 大兴安岭各植被区划小区所含典型林型

区号	典型林型
Ii-1a	藓类/杜香/杜鹃/越橘/草类落叶松天然林、落叶松人工林、偃松落叶松林、樟子松人工/天然林、偃松樟子松林、白桦林、山杨林、云杉林
Ii-2a	樟子松人工/天然林、落叶松人工/天然林、白桦林、山杨林、蒙古栎林、黑桦林、偃松矮曲林、云杉林
Ii-2b	樟子松人工/天然林、落叶松人工林、藓类/杜香/杜鹃/越橘/草类落叶松天然林、白桦林、山杨林
Ii-3a	樟子松人工/天然林、落叶松人工/天然林、白桦林、山杨林、蒙古栎林、黑桦林
Ii-3b	落叶松人工/天然林、白桦林、山杨林、蒙古栎林、黑桦林
VIAia-3a	落叶松人工林、樟子松人工林、山杨林、蒙古栎林
VIAia-2a	落叶松人工林、樟子松人工林、白桦林、山杨林、蒙古栎林
VIAia-2b	樟子松人工/天然林、落叶松人工/天然林、白桦林、山杨林、蒙古栎林、黑桦林
VIAia-1c	樟子松人工/天然林、落叶松人工/天然林、白桦林、山杨林、蒙古栎林、黑桦林

4.3.3 大兴安岭森林植被分布规律

依据大兴安岭植被分布图（图4-2），结合大兴安岭行政区划（图4-3），提取出的大兴安岭典型林分布图见图4-4。大兴安岭北部额尔古纳市、漠河县、塔河县及中部的根河市、呼玛县主要为兴安落叶松林；东部的呼玛县和鄂伦春自治旗零星分布有杨桦林；西部的额尔古纳市、牙克石市南部的扎兰屯市靠近内陆，多分布有草原及灌丛植被。东南部的鄂伦春自治旗、莫力达瓦达斡尔族自治旗、阿荣旗、扎兰屯市为蒙古栎林的主要分布区域；山杨、白桦分布地区广泛，主要集中在牙克石市、鄂温克族自治旗、科尔沁右翼前旗、扎兰屯市等地。

4.3.4 大兴安岭土地覆盖历年变化

依据 MODIS 土地覆盖产品 MCD12Q1（MCD12Q1 中的 IGBP 全球植被分类方案的土地覆盖产品）所提取出的大兴安岭历年（2001~2013 年）土地覆盖状况见图4-5。据此获得的历年各类型土地覆盖面积见表4-4。

从大兴安岭典型地类动态变化图（图4-6）可以看出，大兴安岭针叶林、阔叶林、草地、稀树草原（疏林地）、灌丛面积呈下降趋势；针阔混交林和稀疏植被面积呈增加趋势；水体、永久湿地和农用地面积表现出初期降低、近期面积增加的趋势。

4.3.5 大兴安岭叶面积指数空间分布格局

利用 MODIS 的叶面积指数产品（MCD15A3H 和 MOD15A2H）提取出的大兴安岭历年（2000~2015 年）最大 LAI 分布状况见图4-7。从图4-7可以看出，

表4-3 大兴安岭主要植被区划小区所含主要林分类型面积（单位：hm²）

小区名称	林分类型	面积	小区名称	林分类型	面积
大兴安岭北部山地含藓类的兴安落叶松林小区	兴安落叶松林	196 257	大兴安岭西麓和南部山地森林	白桦林	166 857
	兴安落叶松白桦林	175 397		樟子松疏林	58 366
	白桦林	130 843		白桦山杨林	23 820
	樟子松林	39 807		蒙古栎林	6 798
	偃松矮曲林	14 865	东呼伦贝尔大针茅、羊草草原小区	樟子松疏林	9 617
	蒙古栎林	8 317	大兴安岭中南部森林	兴安落叶松林	744 773
	蒙古栎黑桦林	5 022		白桦林	523 553
	鱼鳞云杉臭冷杉红皮云杉林	3 959		春榆水曲柳核桃楸林	40 496
	山杨林	3 126		山杨林	37 119
大兴安岭中部含兴安杜鹃和樟子松的兴安落叶松林东部（偏湿性）小区	兴安落叶松林	472 871		樟子松疏林	30 623
	白桦林	179 828		白桦山杨林	29 949
	兴安落叶松白桦林	60 039		兴安落叶松樟子松林	971
	樟子松林	33 814	讷敏河中游—古利牙山山地丘陵含草类、榛子、蒙古栎的兴安落叶松林小区	蒙古栎林	645 678
	蒙古栎矮林	22 217		白桦林	613 683
	钻天柳甜杨林	16 732		兴安落叶松樟子松林	68 938
	山杨林	14 983		春榆水曲柳核桃楸林	27 115
	兴安落叶松蒙古栎林	11 401		白桦山杨林	5 495
	偃松矮曲林	7 393	大兴安岭中南部草原林区	白桦林	879 785
	鱼鳞云杉臭冷杉红皮云杉林	4 940		蒙古栎林	95 115
	鱼鳞云杉林	3 850		兴安落叶松林	3 596
	春榆水曲柳核桃楸林	852		山杨林	1 849
黑河—鄂伦春低山河谷含草类、胡枝子的兴安落叶松、蒙古栎小区	蒙古栎林	612 038	松嫩平原外围蒙古栎林区	蒙古栎林	1 021 533
	兴安落叶松林	215 827		白桦林	172 519
	白桦林	198 553		山杨林	8 739
	兴安落叶松白桦林	104 509		杨柳榆林	8 252
	蒙古栎矮林	89 747		春榆水曲柳核桃楸林	6 043
	兴安落叶松樟子松林	36 650		白桦山杨林	4 973
	白桦山杨林	14 846		蒙古栎矮林	1 853
	山杨林	11 967	大兴安岭南部栎林，大针茅草原小区	蒙古栎林	162 576
	樟子松林	3 034		白桦林	74 594
	蒙古栎黑桦林	2 999		山杨林	36 045
	红松紫椴林	2 691		白桦山杨林	10 096
大兴安岭中部含兴安杜鹃和樟子松的兴安落叶松林西部（偏干性）小区	兴安落叶松林	7 976 937		黑杨林	2 210
	白桦林	463 779	松嫩平原羊草草甸草原小区	杨柳榆林	18 785
	偃松矮曲林	25 715		白桦山杨林	4 282
	山杨林	6 496		山杨林	4 055
	旱柳林	1 607		黑杨林	2 694
	兴安落叶松白桦林	1 407		蒙古栎林	1 840
				春榆水曲柳核桃楸林	1 794
				白桦林	1 335

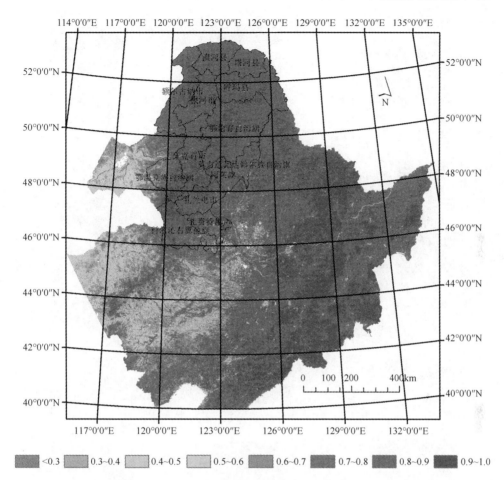

图 4-3　大兴安岭行政区划（彩图请扫封底二维码）

图中背景数据是 2014 年全年最大 NDVI

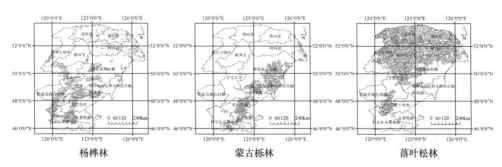

杨桦林　　　　　　　　　蒙古栎林　　　　　　　　　落叶松林

图 4-4　大兴安岭典型林分分布状况

图中阴影代表各林型的分布区域

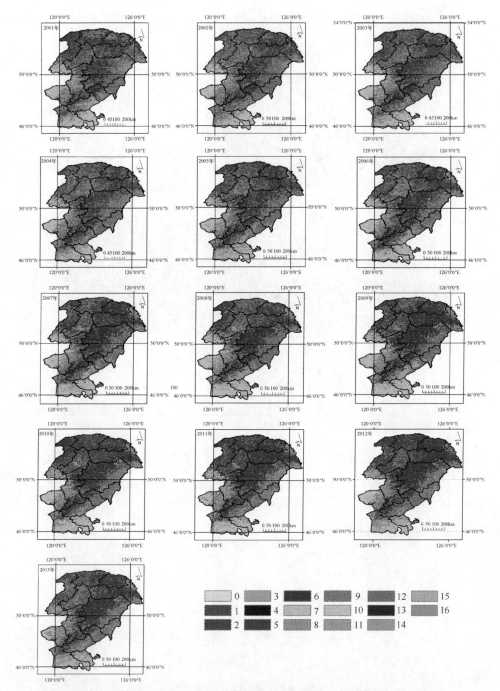

图 4-5　大兴安岭 2001～2013 年土地覆盖类型分布状况（彩图请扫封底二维码）

0. 水；1. 常绿针叶林；2. 常绿阔叶林；3. 落叶针叶林；4. 落叶阔叶林；5. 混交林；6. 稠密灌丛；7. 稀疏灌丛；
8. 木本稀树草原；9. 稀树草原；10. 草地；11. 永久湿地；12. 农用地；13. 城市和建筑区；14. 农用地/自然植被；
15. 雪和水；16. 稀疏植被

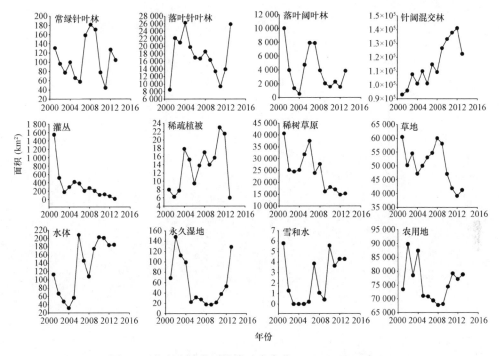

图 4-6　大兴安岭典型地类动态变化（2001～2013 年）

大兴安岭历年最大 LAI 均较高。随时间变化，大兴安岭全年最大 LAI 表现出增加趋势（图 4-8），全年最大 LAI 的平均变化速率为 0.0691/年，2006 年以前 LAI 的增加速率明显高于 2006 年以后。

不同区域全年最大 LAI 随时间变化虽然均呈增加趋势（图 4-9），但不同区域增加速率不同（图 4-9），大兴安岭南部区域全年最大 LAI 的增加速率（直线斜率为 0.1035～0.1603/年）明显高于北部（0.0524～0.0601/年），大兴安岭东部区域（0.0601～0.1603/年）明显高于西部（0.0524～0.1035/年）。

4.3.6　大兴安岭植被物候期变化

不同植被分区 LAI 季节变化规律均很明显（图 4-10）。夏季，LAI 出现 1～2 个峰值（可能与雨水和云量有关），秋季至翌年春季，LAI 也存在 1～2 个峰值（可能与降雪和冠下低矮植被有关）。整体来看，LAI 的季节变化可分为 6 个时期：返青起始期、LAI 快速增长起始期、LAI 极大值起始期、LAI 急剧降低起始期、LAI 急剧降低结束期和 LAI 极小值起始期（休眠起始期）。部分区域（如 VIAia-1c）在 LAI 快速增长起始期之前存在一个 LAI 缓慢增加甚至增长停滞的阶段，尤其是在 2003～2012 年。各植被区 LAI 不同变化时期结果见表 4-5。

表 4-4 2001～2013 年大兴安岭各类型土地覆盖面积（单位：km²）

地类	2001年	2002年	2003年	2004年	2005年	2006年	2007年	2008年	2009年	2010年	2011年	2012年	2013年
水	112.9	67.0	47.9	31.8	56.7	208.6	146.0	108.2	174.7	202.9	200.9	183.3	184.4
常绿针叶林	130.5	96.4	77.3	99.8	65.7	57.5	158.2	181.6	170.9	77.7	44.4	127.1	104.5
落叶针叶林	8 472.1	22 146.5	20 961.4	26 224.2	19 752.5	16 957.0	16 706.9	18 559.8	16 344.5	13 348.5	9 338.7	13 891.2	25 826.2
落叶阔叶林	10 011.0	3 953.6	1 324.9	504.4	4 733.4	7 890.0	7 861.4	3 918.2	2 038.8	1 538.7	2 263.1	1 494.5	3 842.8
混交林	92 953.6	95 849.4	107 680.1	100 891.1	109 967.1	100 984.5	114 823.5	109 334.5	126 606.5	133 164.8	137 792.6	141 017.7	122 453.1
稠密灌丛	1 203.2	352.9	70.2	129.0	212.3	247.7	127.1	186.1	128.2	22.5	21.5	15.2	5.2
稀疏灌丛	341.7	158.6	104.1	164.4	204.1	131.8	76.0	86.3	75.8	85.2	98.3	61.0	8.4
木本稀树草原	35 555.8	22 427.5	22 793.3	21 992.9	28 375.1	32 922.4	21 865.3	25 720.8	14 899.2	16 908.0	16 241.5	14 531.7	14 913.6
稀树草原	5 113.6	2 713.1	1 711.5	3 154.2	3 456.0	4 604.4	2 005.1	1 970.6	1 225.3	1 037.9	718.0	211.2	317.1
草地	60 459.0	50 172.6	54 449.2	47 135.6	49 973.0	52 987.8	54 658.1	60 039.8	58 054.2	47 018.4	41 873.0	39 102.7	41 231.9
永久湿地	68.7	147.9	112.3	99.0	22.3	31.6	27.3	17.4	17.2	21.3	37.8	53.0	128.6
农用地	35 770.7	45 162.0	45 261.0	43 513.2	42 259.9	34 142.1	34 233.6	32 988.5	29 807.3	38 786.9	35 239.7	37 363.3	38 279.9
城市和建筑区	927.5	927.5	927.5	927.8	927.8	927.8	927.8	927.8	927.8	927.8	927.8	927.5	927.3
农用地/自然植被	37 656.9	44 608.6	33 262.9	43 906.1	28 770.3	36 688.4	35 157.4	34 733.7	38 306.5	35 629.5	43 967.2	39 786.1	40 558.0
雪和水	5.8	1.3	0.0	0.0	0.0	0.2	3.9	1.1	0.4	5.6	3.6	4.3	4.3
稀疏植被	7.9	6.2	7.7	17.8	15.2	9.4	13.7	17.0	14.0	15.7	23.0	21.5	6.0

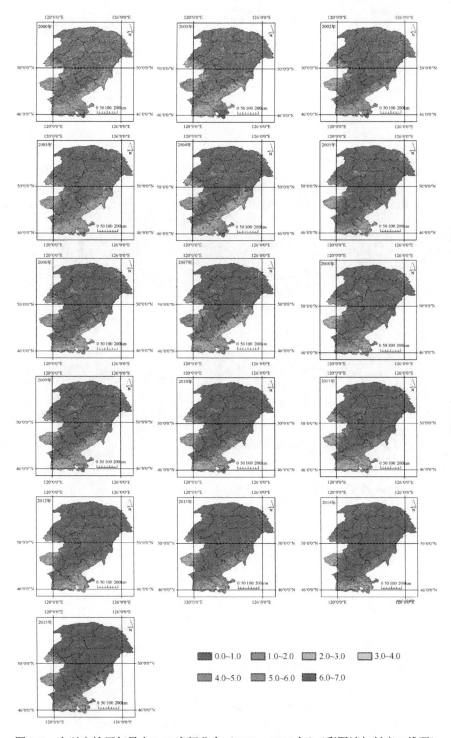

图 4-7　大兴安岭历年最大 LAI 空间分布（2000～2015 年）（彩图请扫封底二维码）

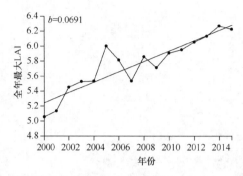

图 4-8　大兴安岭全年最大 LAI 历年变化（2000~2015 年）

图中直线为历年（2000~2015 年）的全年最大 LAI 与年份间回归直线；b 为该回归直线的斜率，即全年最大 LAI 的年际间平均变化速率

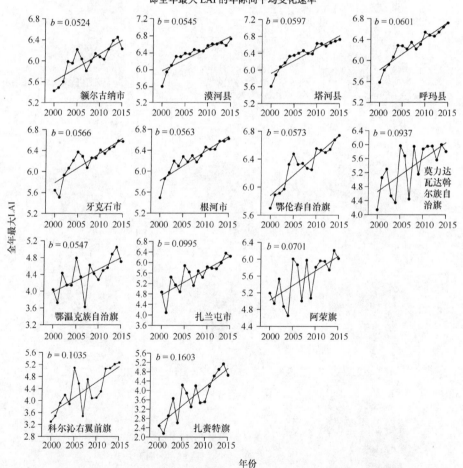

图 4-9　大兴安岭不同区域全年最大 LAI 历年变化（2000~2015 年）

图中直线为历年（2000~2015 年）的全年最大 LAI 与年份间回归直线；b 为该回归直线的斜率，即全年最大 LAI 的年际间平均变化速率

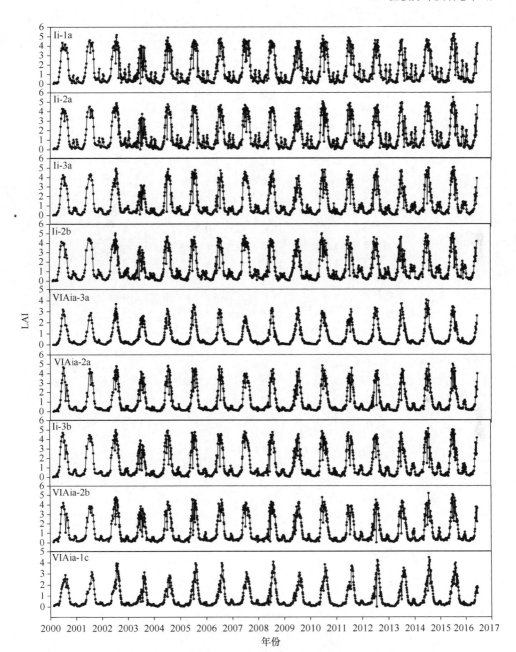

图 4-10　大兴安岭不同植被区 LAI 季节变化（2000～2016 年）

Ii-1a. 大兴安岭北部山地含藓类的兴安落叶松林小区；Ii-2a. 大兴安岭中部含兴安杜鹃和樟子松的兴安落叶松林东部（偏湿性）小区；Ii-2b. 大兴安岭中部含兴安杜鹃和樟子松的兴安落叶松林西部（偏干性）小区；Ii-3a. 黑河—鄂伦春低山河谷含草类、胡枝子的兴安落叶松、蒙古栎小区；Ii-3b. 讷敏河中游—古利牙山山地丘陵含草类、榛子、蒙古栎的兴安落叶松林小区；VIAia-1c. 松嫩平原外围蒙古栎林区；VIAia-2a. 大兴安岭中南部森林；VIAia-2b. 大兴安岭中南部草原林区；VIAia-3a. 大兴安岭西麓和南部山地森林

表 4-5　大兴安岭不同植被区物候期

区域	年份	返青起始期	LAI 快速增长起始期	LAI 极大值起始期	LAI 急剧降低起始期	LAI 急剧降低结束期	LAI 极小值起始期
Ii-1a	2000	4 月 6 日	4 月 22 日	6 月 17 日	8 月 20 日	10 月 7 日	10 月 31 日
	2001	3 月 30 日	4 月 7 日	7 月 12 日	8 月 21 日	9 月 22 日	10 月 8 日
	2002	3 月 14 日	3 月 30 日	6 月 18 日	8 月 9 日	9 月 26 日	10 月 12 日
	2003	3 月 22 日	5 月 9 日	6 月 14 日	8 月 21 日	9 月 22 日	10 月 4 日
	2004	3 月 25 日	5 月 4 日	6 月 21 日	8 月 16 日	9 月 25 日	10 月 11 日
	2005	3 月 22 日	5 月 5 日	7 月 12 日	8 月 25 日	9 月 18 日	10 月 16 日
	2006	4 月 19 日	5 月 5 日	6 月 26 日	8 月 29 日	9 月 22 日	9 月 26 日
	2007	4 月 7 日	5 月 13 日	6 月 6 日	8 月 25 日	9 月 26 日	9 月 30 日
	2008	3 月 21 日	5 月 20 日	6 月 9 日	8 月 16 日	9 月 21 日	10 月 7 日
	2009	4 月 3 日	5 月 17 日	6 月 30 日	8 月 5 日	9 月 22 日	10 月 16 日
	2010	4 月 3 日	4 月 15 日	6 月 26 日	8 月 25 日	10 月 8 日	10 月 24 日
	2011	4 月 7 日	4 月 19 日	6 月 22 日	8 月 21 日	9 月 14 日	9 月 30 日
	2012	4 月 10 日	5 月 12 日	6 月 25 日	7 月 31 日	9 月 21 日	10 月 15 日
	2013	4 月 19 日	5 月 13 日	6 月 14 日	7 月 12 日	9 月 14 日	9 月 30 日
	2014	3 月 22 日	5 月 13 日	6 月 26 日	8 月 5 日	9 月 22 日	10 月 12 日
	2015	3 月 30 日	5 月 25 日	7 月 12 日	7 月 28 日	9 月 30 日	10 月 8 日
	2016	4 月 2 日	5 月 12 日				
Ii-2a	2000	4 月 14 日	4 月 22 日	6 月 17 日	7 月 27 日	10 月 7 日	10 月 31 日
	2001	4 月 7 日	5 月 1 日	7 月 12 日	8 月 21 日	9 月 22 日	11 月 9 日
	2002	3 月 30 日	5 月 1 日	6 月 18 日	7 月 24 日	9 月 30 日	10 月 12 日
	2003	3 月 18 日	5 月 17 日	6 月 22 日	8 月 21 日	9 月 22 日	10 月 8 日
	2004	4 月 18 日	5 月 16 日	6 月 21 日	8 月 16 日	9 月 25 日	10 月 7 日
	2005	3 月 30 日	5 月 17 日	6 月 30 日	8 月 1 日	9 月 26 日	10 月 16 日
	2006	4 月 15 日	5 月 17 日	6 月 26 日	7 月 24 日	9 月 22 日	10 月 4 日
	2007	3 月 30 日	5 月 25 日	6 月 6 日	8 月 5 日	9 月 22 日	9 月 30 日
	2008	3 月 25 日	5 月 12 日	6 月 25 日	8 月 12 日	9 月 21 日	10 月 19 日
	2009	4 月 3 日	5 月 17 日	6 月 30 日	8 月 5 日	9 月 22 日	9 月 26 日
	2010	4 月 11 日	5 月 17 日	6 月 26 日	8 月 5 日	10 月 8 日	10 月 28 日
	2011	4 月 7 日	5 月 29 日	6 月 22 日	8 月 21 日	9 月 14 日	9 月 26 日
	2012	3 月 29 日	5 月 20 日	6 月 17 日	7 月 31 日	9 月 25 日	10 月 11 日
	2013	4 月 19 日	5 月 9 日	6 月 22 日	7 月 12 日	9 月 22 日	9 月 30 日
	2014	3 月 22 日	5 月 13 日	6 月 26 日	7 月 24 日	9 月 26 日	10 月 12 日
	2015	3 月 30 日	5 月 13 日	6 月 26 日	7 月 28 日	9 月 30 日	10 月 4 日
	2016	4 月 6 日	5 月 12 日				
Ii-3a	2000	4 月 6 日	4 月 30 日	7 月 3 日	7 月 27 日	10 月 7 日	10 月 15 日
	2001	3 月 30 日	5 月 1 日	7 月 12 日	8 月 5 日	9 月 30 日	10 月 24 日
	2002	3 月 14 日	5 月 1 日	7 月 4 日	7 月 24 日	9 月 26 日	10 月 4 日
	2003	3 月 26 日	5 月 9 日	7 月 8 日	8 月 21 日	9 月 26 日	10 月 16 日
	2004	4 月 6 日	5 月 16 日	6 月 29 日	8 月 16 日	9 月 25 日	10 月 23 日
	2005	3 月 30 日	5 月 17 日	6 月 26 日	8 月 5 日	9 月 26 日	10 月 16 日

区域	年份	返青起始期	LAI 快速增长起始期	LAI 极大值起始期	LAI 急剧降低起始期	LAI 急剧降低结束期	LAI 极小值起始期
Ii-3a	2006	4月3日	5月17日	6月30日	8月9日	9月22日	9月30日
	2007	3月30日	5月25日	7月4日	8月5日	9月26日	10月4日
	2008	3月25日	5月4日	6月25日	7月31日	9月21日	10月3日
	2009	4月3日	5月13日	6月30日	8月1日	9月22日	9月30日
	2010	4月3日	5月17日	6月22日	8月1日	10月4日	10月20日
	2011	3月30日	5月9日	7月4日	8月13日	9月26日	10月4日
	2012	3月29日	5月12日	6月21日	7月31日	9月21日	10月11日
	2013	4月19日	5月9日	6月22日	7月8日	9月22日	10月4日
	2014	3月22日	5月13日	6月26日	8月5日	9月26日	10月8日
	2015	3月26日	5月13日	6月26日	8月9日	9月30日	10月8日
	2016	3月21日	5月12日				
Ii-2b	2000	4月14日	4月22日	6月17日	7月27日	9月29日	10月23日
	2001	4月7日	5月1日	7月4日	8月21日	9月30日	10月24日
	2002	3月30日	5月1日	7月4日	7月24日	9月30日	10月12日
	2003	3月18日	5月9日	6月30日	8月21日	9月22日	9月30日
	2004	4月22日	5月16日	6月25日	7月23日	9月29日	10月7日
	2005	3月22日	5月21日	6月22日	8月1日	9月26日	10月16日
	2006	4月23日	5月21日	6月26日	8月9日	9月22日	9月30日
	2007	4月11日	5月25日	6月18日	8月25日	9月26日	10月24日
	2008	3月21日	6月1日	6月25日	8月16日	9月21日	10月27日
	2009	4月7日	5月17日	6月30日	8月1日	9月18日	9月26日
	2010	4月11日	5月17日	6月26日	8月25日	10月4日	10月24日
	2011	4月3日	5月25日	6月22日	7月4日	9月26日	10月4日
	2012	4月10日	5月12日	6月25日	7月31日	9月29日	10月19日
	2013	4月19日	5月9日	6月22日	8月25日	9月26日	9月30日
	2014	3月22日	5月13日	6月26日	8月5日	9月26日	10月8日
	2015	3月26日	5月13日	6月18日	7月28日	9月30日	10月8日
	2016	4月6日	5月12日				
VIAia-3a	2000	4月14日	5月16日	7月3日	7月11日	9月29日	10月15日
	2001	3月30日	5月17日	7月12日	8月5日	9月30日	11月1日
	2002	3月14日	5月9日	7月4日	7月24日	9月26日	10月12日
	2003	3月26日	6月6日	7月8日	8月17日	9月22日	11月13日
	2004	4月2日	5月24日	7月11日	7月23日	9月13日	10月7日
	2005	3月30日	5月29日	6月22日	8月1日	9月18日	10月8日
	2006	4月3日	6月6日	6月26日	7月28日	9月22日	9月30日
	2007	4月3日	5月21日	6月18日	7月12日	9月26日	10月8日
	2008	3月9日	6月1日	7月7日	7月23日	9月21日	10月19日
	2009	4月3日	6月2日	6月30日	7月24日	9月30日	10月16日

区域	年份	返青起始期	LAI 快速增长起始期	LAI 极大值起始期	LAI 急剧降低起始期	LAI 急剧降低结束期	LAI 极小值起始期
VIAia-3a	2010	4月7日	5月17日	6月22日	8月5日	10月4日	10月16日
	2011	4月3日	5月25日	6月14日	8月5日	9月30日	10月8日
	2012	3月29日	5月20日	7月3日	7月31日	10月3日	10月11日
	2013	4月11日	5月25日	7月4日	7月12日	9月30日	10月16日
	2014	3月22日	5月13日	6月26日	7月24日	9月26日	10月8日
	2015	3月22日	5月5日	7月4日	7月28日	9月22日	10月4日
	2016	3月17日	5月12日				
VIAia-2a	2000	4月6日	5月16日	7月3日	7月11日	9月21日	10月15日
	2001	4月7日	5月17日	7月12日	8月13日	9月30日	10月24日
	2002	3月14日	5月9日	7月4日	8月13日	9月22日	9月30日
	2003	3月26日	5月17日	7月4日	8月17日	9月22日	10月4日
	2004	4月2日	5月28日	6月25日	8月8日	9月29日	10月11日
	2005	4月3日	5月29日	6月22日	8月9日	9月18日	10月12日
	2006	4月11日	5月25日	6月26日	8月5日	9月22日	9月30日
	2007	4月3日	5月25日	6月26日	7月24日	9月26日	10月4日
	2008	3月29日	6月1日	7月7日	7月31日	9月21日	10月7日
	2009	4月3日	5月13日	6月30日	8月5日	9月30日	10月16日
	2010	4月3日	5月17日	6月22日	7月24日	10月4日	10月24日
	2011	4月3日	5月25日	6月14日	8月9日	9月26日	10月12日
	2012	4月10日	6月9日	6月17日	8月4日	9月29日	10月11日
	2013	5月1日	5月17日	6月26日	8月1日	9月26日	10月8日
	2014	3月26日	5月13日	6月14日	7月24日	9月18日	10月8日
	2015	3月22日	5月5日	6月22日	8月9日	9月22日	10月8日
	2016	4月2日	5月20日				
Ii-3b	2000	4月6日	5月16日	6月17日	7月3日	9月29日	10月15日
	2001	3月30日	5月17日	7月12日	8月5日	9月30日	10月24日
	2002	3月14日	5月9日	7月4日	8月9日	9月18日	10月4日
	2003	3月14日	5月9日	7月4日	8月17日	9月22日	10月4日
	2004	4月2日	5月16日	6月21日	8月8日	9月25日	10月7日
	2005	4月11日	5月21日	6月22日	8月13日	9月18日	10月4日
	2006	4月3日	5月21日	6月26日	8月5日	9月22日	9月30日
	2007	4月3日	5月25日	6月22日	7月24日	9月26日	10月4日
	2008	3月29日	5月28日	6月13日	7月31日	9月21日	10月7日
	2009	4月3日	5月13日	5月25日	8月1日	9月18日	10月4日
	2010	4月3日	5月17日	6月2日	9月2日	10月4日	10月20日
	2011	3月30日	5月25日	6月14日	8月9日	9月26日	9月30日
	2012	4月2日	5月20日	6月17日	8月12日	10月3日	10月15日
	2013	4月11日	5月9日	6月22日	7月12日	9月30日	10月12日
	2014	3月22日	5月13日	6月26日	8月5日	9月26日	10月8日
	2015	3月22日	5月13日	6月26日	8月9日	9月22日	10月4日
	2016	3月17日	5月12日				
VIAia-2b	2000	2月26日	5月8日	6月9日	7月3日	9月29日	10月7日
	2001	3月14日	5月17日	7月4日	8月13日	9月30日	10月24日

区域	年份	返青起始期	LAI 快速增长起始期	LAI 极大值起始期	LAI 急剧降低起始期	LAI 急剧降低结束期	LAI 极小值起始期
VIAia-2b	2002	2月26日	5月9日	7月4日	8月9日	9月26日	10月8日
	2003	3月10日	5月9日	6月2日	8月25日	9月22日	10月4日
	2004	3月17日	5月16日	6月9日	8月12日	9月25日	10月7日
	2005	3月10日	5月21日	6月22日	8月13日	9月18日	10月8日
	2006	3月14日	5月21日	6月26日	8月13日	9月22日	10月8日
	2007	3月30日	5月17日	6月10日	7月16日	9月26日	10月8日
	2008	3月29日	5月28日	6月13日	7月31日	9月29日	10月7日
	2009	4月3日	5月13日	5月25日	8月1日	9月30日	10月4日
	2010	4月3日	5月17日	6月2日	7月24日	10月4日	10月8日
	2011	3月30日	5月25日	6月14日	8月9日	9月14日	10月4日
	2012	3月13日	5月12日	6月17日	7月31日	10月3日	10月15日
	2013	4月11日	5月17日	6月6日	7月28日	9月30日	10月8日
	2014	3月14日	5月13日	6月14日	7月24日	9月26日	10月8日
	2015	3月14日	5月17日	6月26日	7月28日	9月22日	10月8日
	2016	3月13日	5月20日				
VIAia-1c	2000	2月26日	4月30日	7月3日	8月20日	9月29日	10月23日
	2001	3月6日	5月17日	8月5日	8月5日	9月30日	10月24日
	2002	2月26日	5月1日	7月24日	8月9日	10月4日	10月12日
	2003	3月10日	5月13日	8月1日	8月17日	9月22日	10月8日
	2004	3月9日	5月16日	7月15日	8月16日	10月7日	10月19日
	2005	3月6日	5月9日	8月1日	8月13日	10月4日	10月16日
	2006	3月14日	5月17日	8月5日	8月13日	9月22日	10月16日
	2007	3月30日	5月13日	7月16日	7月24日	9月26日	10月16日
	2008	3月29日	5月12日	7月31日	8月12日	10月3日	10月23日
	2009	3月30日	5月5日	8月1日	8月29日	9月30日	10月24日
	2010	3月18日	5月17日	7月24日	8月17日	10月4日	10月20日
	2011	3月22日	5月13日	8月1日	8月9日	9月26日	10月20日
	2012	3月9日	5月12日	7月31日	8月12日	10月3日	10月15日
	2013	4月3日	5月9日	7月28日	8月13日	10月4日	10月12日
	2014	3月14日	5月13日	7月24日	8月5日	9月30日	10月24日
	2015	3月14日	5月13日	7月28日	8月9日	10月12日	10月20日
	2016	3月13日	5月12日				

注：Ii-1a，大兴安岭北部山地含藓类的兴安落叶松林小区；Ii-2a，大兴安岭中部含兴安杜鹃和樟子松的兴安落叶松林东部（偏湿性）小区；Ii-2b，大兴安岭中部含兴安杜鹃和樟子松的兴安落叶松林西部（偏干性）小区；Ii-3a，黑河—鄂伦春低山河谷含草类、胡枝子的兴安落叶松、蒙古栎小区；Ii-3b，讷敏河中游—古利牙山山地丘陵含草类、榛子、蒙古栎的兴安落叶松林小区；VIAia-1c，松嫩平原外围蒙古栎林区；VIAia-2a，大兴安岭中南部森林；VIAia-2b，大兴安岭中南部草原林区；VIAia-3a，大兴安岭西麓和南部山地森林

4.4 讨　论

4.4.1　大兴安岭森林分布影响因素

大兴安岭独特地形和较为复杂的气候条件，是构成当前大兴安岭森林分布格局的主要原因。大兴安岭属于温带湿润半湿润大陆性季风气候，气温呈现出从东向西、从南向北逐渐递减的趋势；降水则呈东多西少的态势。因为大兴安岭山脉对季风的阻挡，夏季风的迎风坡降水量较大且蒸发较小，所以迎风坡的森林植被覆盖率比背风坡大，植被生长状况更好。

气候类型决定了植被种类，大兴安岭山脉东部为温带海洋性季风气候，这一地区主要为温带针阔混交林；北部处于高纬度地区，主要为寒温带针叶林；西部和南部由于地处内陆，受季风影响小，降水量小，因而温带草原分布广泛。

4.4.2　气候变化对森林分布的影响

气候是决定森林分布的主要因素。植被分布规律与气候之间的关系早已为人们所认知。未来气候变化将对物种和森林的分布产生更为重大的影响。随着全球气候变暖，温带森林将侵入当前北方森林地带。目前大部分模拟预测认为大兴安岭森林面积将减少。此外，由于温度的升高和夏季干旱频度及强度的增加，火灾干扰可能对未来气候变化下大兴安岭温带森林的变化起着决定作用。

4.5 小　结

（1）大兴安岭森林植被类型简单

大兴安岭虽然面积大，含有多个植被区划小区和林业局，但是树种相对单一，以白桦、山杨、落叶松和蒙古栎为主，且森林植被类型简单；在各类林型中，兴安落叶松林分布范围最广；杨桦林各地虽均有分布，但以南部分布最多；蒙古栎林主要分布于大兴安岭东南部。

（2）大兴安岭不同地类的动态变化规律不同

大兴安岭针叶林、阔叶林、草地、稀树草原（疏林地）、灌丛面积呈下降趋势；针阔混交林和稀疏植被面积呈增加趋势；水体面积表现出初期降低、近期面积增加的趋势。

（3）大兴安岭全年最大 LAI 逐年增加

大兴安岭历年最大 LAI 均较高；随时间变化，全年最大 LAI 表现出增加趋势，平均变化速率为 0.0691/年，但 2006 年以后 LAI 增加速率减缓。

（4）大兴安岭不同区域 LAI 增加速率不同

大兴安岭各区域全年最大 LAI 随时间变化均呈增加趋势，大兴安岭南部区域全年最大 LAI 的增加速率（直线斜率为 0.1035～0.1603/年）明显高于北部（0.0524～0.0601/年），大兴安岭东部区域（0.0601～0.1603/年）明显高于西部（0.0524～0.1035/年）。

（5）大兴安岭不同植被分区 LAI 季节变化规律明显

大兴安岭各区域 LAI 的季节变化可分为 6 个时期；LAI 在夏季出现 1～2 个峰值，秋季至翌年春季，LAI 存在 1～2 个峰值。

参 考 文 献

陈效逑, 王恒. 2009. 1982-2003 年内蒙古植被带和植被覆盖度的时空变化[J]. 地理学报, 64(1): 84-94.

胡蕾. 2008. GIS 支持下的植被分布与环境因子关系分析[D]. 成都: 成都理工大学硕士学位论文.

刘桂英, 韩广忠. 2006. 大兴安岭林区林下植被分布规律初探[J]. 黑龙江生态工程职业学院学报, 19(4): 20-21, 27.

刘国华, 傅伯杰. 2001. 全球气候变化对森林生态系统的影响[J]. 自然资源学报, 16(1): 71-78.

刘志. 2002. 大兴安岭地貌及地貌分区的研究[J]. 林业勘察设计, (3): 39-41.

宋柏中, 张中, 龚峰彪, 等. 2004. 内蒙古大兴安岭森林分布规律探讨[J]. 内蒙古林业调查设计, 27(3): 33-34, 40.

宋春桥, 游松财, 柯灵红, 等. 2011. 藏北高原地表覆盖时空动态及其对气候变化的响应[J]. 应用生态学报, 22(8): 2091-2097.

宋永昌. 2011. 对中国植被分类系统的认知和建议[J]. 植物生态学报, 35(8): 882-892.

孙红雨, 王长耀, 牛铮, 等. 1998. 中国地表植被覆盖变化及其与气候因子关系——基于 NOAA 时间序列数据分析[J]. 遥感学报, 2(3): 204-210.

夏文韬, 王莺, 冯琦胜, 等. 2010. 甘南地区 MODIS 土地覆盖产品精度评价[J]. 草业科学, 27(9): 11-18.

谢今范, 毛德华, 任春颖. 2011. 植被—气候关系遥感分析研究进展[J]. 东北师大学报(自然科学版), 43(3): 145-150.

于成龙, 李帅, 刘丹. 2009. 气候变化对黑龙江省生态地理区域界限的影响[J]. 林业科学, 45(1): 8-13.

张里阳. 2002. EOS/MODIS 资料处理方法及其遥感中国区域地表覆盖的初步研究[D]. 南京: 南京气象学院硕士学位论文.

张清, 任茹, 赵亮. 2013. 东北地区森林的空间分布格局及影响因素[J]. 东北林业大学学报, 41(2): 25-28.

中国科学院中国植被图编辑委员会. 2007. 中国植被及其地理格局-中华人民共和国植被图(1: 1 000 000)说明书(上卷)[M]. 北京: 地质出版社.

中国科学院中国植被图编辑委员会. 2007. 中华人民共和国植被图(1:1 000 000)[M]. 北京: 地质出版社.

5   林分生物量与林分蓄积量的关系

5.1   引   言

森林是陆地生态系统的主体，在全球碳循环中占有重要地位。随着碳循环与全球变化研究的逐渐深入，减缓气候变暖正成为当前国内外生态环境建设的重要任务。由于森林是陆地生态系统最大的有机碳库，对减少大气中的 CO_2 储量、缓解温室效应具有重要作用，因此评价不同森林生态系统的碳密度已成为当前研究的热点。林分生物量是生态系统物质循环研究的重要内容，约占陆地植被生物量的 90%，是森林固碳能力的重要标志，亦是评估森林碳收支的重要参数（Brown et al.，1999），是陆地生态系统生物量研究的核心。林分生物量变化反映了林分演替、外界干扰（包括人类活动和自然干扰，如林火、病虫害等）和气候变化等影响，也是度量森林结构和功能变化的重要指标（Brown et al.，1999），因而研究林分生物量具有重要意义。从 20 世纪 70 年代起，学者开始在全球范围内估计生物量。早期研究中，利用测量数据，采用平均生物量估计方法，在森林中进行生物量实测时，往往选择生长良好和生物量较高的样地，产生的生物量偏大，导致全球和区域估计结果偏高。现今，估测林分生物量多采用基于林分蓄积量的材积源法：以林分生物量与蓄积量之比为基础，通过其与林分蓄积量间的关系估测扩展林分生物量，包括 IPCC（Intergovernmental Panel on Climate Change）法、生物量因子连续函数法和生物量经验模型法。IPCC 法是以林分碳计量参数（木材密度、林分蓄积量、林分生物量扩展系数和根茎比等）为基础，建立林分生物量与蓄积量间模型的。该法假设林分生物量与蓄积量间的转换因子为常数，当研究范围扩大时，该转换因子多因立地、林龄、密度等因素而变化，只有当林分蓄积量较大时，该值才为常数。于是生物量因子连续函数法得以提出，适用于更大尺度的林分生物量估算，如以森林资源连续清查（一类调查）资料为基础，按树种、分龄组分别建立生物量-蓄积量回归模型，进而研究大尺度森林碳储量的时空动态变化。生物量经验模型多利用森林资源连续清查资料（如每木检尺数据）估算林分生物量，该法具有需要调查的因子简单（仅需要用于计算材积的胸径和树高等）、连续时间长等优点，但存在需要详尽的每木检尺数据等缺点。

近年来，受采伐森林、改变土地覆盖/土地利用类型等因素的影响，地球每年减少 1610 万 hm^2 天然林，而全球每年新增 310 万 hm^2 的人工林，在一定程度上减缓了全球气温升高的趋势。当前，国内外在森林碳储量和储存潜力方面已进行了大量研究，主要集中于天然林，人工林方面的研究报道较少。中国的森林面积虽然仅占世界森林的3%，却是世界上人工林面积最大的国家。大兴安岭虽然以天然林为主，但在部分火烧迹地和南部林区含有部分人工林。本章在查阅文献资料的基础上，构建/收集东北林区（以大兴安岭为主）典型树种单木材积模型和生物量模型，估计不同林型生物量和蓄积量，研究不同方法估计林分乔木生物量的差异，评价不同起测径阶标准对林分生物量的影响，并分析林分生物量与林分蓄积量之间的关系，构建大兴安岭林区典型林分生物量扩展因子连续函数和生物量转换与扩展因子连续函数，以期能为大兴安岭森林碳汇功能评价提供指导。

5.2 研究方法

5.2.1 立木材积估算

本研究利用立木材积模型估算立木材积。大兴安岭森林多为天然林，通过查阅文献资料，建立大兴安岭天然林主要树种的立木材积模型。

人工林在大兴安岭森林中所占面积比例甚少，多分布于大兴安岭南部区域，在北部区域仅分布于少量火烧迹地且人工林造林时间短，现今多处于幼龄林阶段，为了说明立木材积模型的建立过程，加上大兴安岭森林树种以落叶松为主，本研究利用东北林区其他区域的落叶松解析木数据建立人工林落叶松立木材积模型。

5.2.1.1 样地概况

本次研究的落叶松为长白落叶松，林分位于佳木斯市孟家岗林场。该林场是东北落叶松人工林的典型代表。林场位于完达山脉西麓，与三江平原接壤，地理位置为东经130°32'42"～130°52'36"，北纬46°20'16"～46°30'50"，以低山丘陵为主，坡度平缓，平均海拔250m，属东亚大陆性季风气候。早霜现于9月上中旬，晚霜终于5月中下旬。年平均气温为2.7℃，极端最高气温为35.6℃，最低气温为-34.7℃，≥10℃年积温为2500℃，多年平均降水量为535mm，降水集中在6～9月，占全年降水量的72.6%，生长期为110～120天。土壤以典型暗棕壤分布最广，其次为白浆化暗棕壤，另有少量潜育暗棕壤、原始暗棕壤、草甸暗棕壤。除暗棕壤外还有少量的白浆土、草甸土、沼泽土及泥炭土的分布。植被属小兴安岭—老爷岭植物区的小兴安岭—张广才岭亚区。现为以蒙古栎、黑桦、山杨、白桦为主的次生落叶阔叶混交林和人工针叶林。主要乔木树种有红松、云杉、樟子松、落叶松、蒙古栎、黑桦、山杨、白桦、椴树、榆树、色树、胡桃楸、水曲柳、黄菠萝等，灌木和藤本植物有毛榛子、怀槐、胡枝子、刺五加、五味子、猕猴桃、山葡萄等，草本植物区苔草、铃兰、地榆、木贼、问荆、蚊子草、玉竹、舞鹤草、蕨类、百合等为主，菌类有榛蘑、元蘑、猴头蘑等。

在郁闭后、不同林龄落叶松人工林的典型地带设置 11 块临时样地，进行树干解析对象木的选取。临时样地状况见表 5-1。

表 5-1 落叶松树干解析对象木所处林分状况

样地号	林龄 (a)	优势木高 (m)	平均胸径 (cm)	密度 (株/hm²)	土壤层厚度（cm）			
					A₀ 层	A₁ 层	B 层	C 层
样地 1	13	9.0	5.7	4700	0~1.8	1.8~27.8	27.8~57.7	>57.7
样地 2	18	12.3	7.8	3675	0~1.8	1.8~27.8	27.8~57.7	>57.7
样地 3	18	17.9	9.7	3400	0~1.3	1.3~19.2	19.2~33.6	>33.6
样地 4	25	18.0	13.6	1821	0~2.8	2.8~39.5	39.5~85.6	>85.6
样地 5	29	19.6	15.4	1256	0~1.4	1.4~12.5	12.5~33.1	>33.1
样地 6	21	14.8	12.1	1292	0~1.3	1.3~15.6	15.6~38.4	>38.4
样地 7	32	14.7	11.1	2647	0~1.7	1.7~10.4	10.4~36.6	>36.6
样地 8	39	22.7	20.5	663	0~1.9	3.1~14.7	14.7~38.9	>38.9
样地 9	39	24.7	20.8	631	0~3.2	3.2~16.1	16.1~25.7	>25.7
样地 10	40	21.3	16.5	1400	0~1.4	4~22.9	22.9~59.5	>59.5
样地 11	48	25.4	19.90	1028	0~1.4	4~22.9	22.9~59.5	>59.5

5.2.1.2 单木材积测定

在表 5-1 的落叶松人工林样地中，每木检尺后，采用等断面积径级法在每块样地选出 5 株标准木（共 55 株）作为解析木。伐倒解析木测定树高后，按照 2m（树高≥10m）或 1m（树高<10m）区分段截取圆盘。圆盘扫描成照片后，利用 WinDendro 年轮分析软件测量落叶松不同区分段圆盘（含伐根）的带皮直径和去皮直径，采用中央断面积区分求积式计算整株树干的带皮材积和去皮材积。

本次研究所伐取的 55 株解析木的胸径为 3.9~24.6cm，根径为 5.4~35.4cm，树高为 6.0~25.1m，年龄为 10~48 年，带皮材积为 0.004 81~0.620 81m³，树皮材积为 0.000 92~0.0653m³。

5.2.1.3 树高模型的建立

采用林木胸径（D）与树高（H）关系的通用模型形式 $H=a+b/(D+k)$（式中，H 为树高，D 为胸径，a、b、k 为回归系数）作为本次研究的模型形式，构建落叶松胸径与树高关系的统计模型。

5.2.1.4 根径与胸径的关系

参考吴福田等（2000）提出的根径（$D_{0.0}$）与胸径（D）关系的模型形式 $D=a×D_{0.0}$

（式中，D 为胸径，$D_{0.0}$ 为根径，a 为回归系数）构建落叶松根径与胸径关系的统计模型。

5.2.1.5　立木材积模型的建立

采用幂函数模型（$V=a×D^b$，式中，V 为材积，D 为胸径，a 和 b 为回归系数）和山本式模型（$V=a×D^b×H^c$，式中，V 为材积，D 为胸径，H 为树高，a、b、c 为回归系数）作为本项研究的模型形式，建立落叶松一元和二元立木材积模型、根径立木材积模型和树皮材积模型。

5.2.2　单木生物量估算

利用单木生物量模型估算单木生物量。关于大兴安岭天然林中的主要树种，采用自建模型和查阅文献资料的方式建立其单木生物量模型。

落叶松是大兴安岭森林的主要组成树种，为了说明单木生物量模型的建立过程，本研究以人工林中的落叶松为例，建立其单木生物量模型。

5.2.2.1　单木生物量测定

表 5-1 中 11 块临时样地、每块样地 5 株解析对象木伐倒后，采用收获法测定枝、叶、树干、树皮和树根生物量。具体方法如下。

（1）单木树枝和针叶生物量测定

采用标准枝法进行测量：树冠分成上、中、下三部分，每部分均选取标准枝。

标准枝的选取：测定各层所有枝的基径和长度后，分层求其平均值，按此平均值，选 3~5 个标准枝。

标准枝确定后，分离枝上的针叶，称鲜重，采样。

摘掉树叶后的标准枝，根据具体情况，把各层的标准枝分成粗度不同的 2 部分，称量这 2 部分各自的鲜重后，分别取样，称完样本鲜重后，放入塑料袋，回室内烘干，称取干重，求取含水量。

（2）单木树皮生物量测定

分别在落叶松的根颈处、1.3m、3.6m、5.6m、7.6m、9.6m、11.6m 等位置之间的树干上剥取 11cm×11cm 的树皮，带回室内烘干后，称量干重。分别求出单位面积不同树高位置处的树皮重量，乘以它所代表的一段树干的树皮面积再求和便可求出单木树皮生物量。对于不足 11cm×11cm 的梢头位置处的树皮，选取宽度为 11cm 的整轮梢头树皮。

（3）单木树干生物量测定

分别称量 55 株树干解析时的落叶松各区分段的树干的湿重并取样测定其含水量，计算单株树干生物量（含树皮），减去树皮生物量后，得出单株干材生物量。

（4）单木树根生物量测定

树干解析对象木的树干、树枝和树叶生物量调查完成后，以解析对象木的伐桩为中心，作边长等于株距的正方形，进行根系挖掘工作。将落叶松的树根区分为小根（<0.5cm）、中根（0.5～2cm）、大根（2～5cm）和根桩后，准确称取不同直径落叶松树根和落叶松根桩的总鲜重后，分别取样求含水量，计算落叶松单木树根生物量。

5.2.2.2 单木生物量模型建立

本研究根据 55 株落叶松树干解析对象木各器官的生物量数据，采用 Statistica 7.0 软件建立树根、树干、树枝、树叶、树皮与胸径和树高间的一元和二元单木生物量模型：

$$y = a \times D^b$$
$$y = a \times (D^2 \times H)^b$$

式中，D 为胸径，H 为树高，y 为树干解析对象木各器官的生物量数据，a 和 b 为回归系数。

由于密度对林木异速生长关系的影响程度并不显著（Dimitris and Maurizio，2004），同时根据王战（1992）所提出的在某一地区，对同一树种且同一起源的不同林龄的林分，可不必按龄级求其方程，而只需求不同年龄的各器官生物量的回归方程，本研究在建立生物量单木模型时，对 11 块样地合并进行处理。

5.2.3 不同方法估计林分乔木生物量的差异

对林分进行每木检尺耗时费力，因此多数研究者缺失林分每木检尺数据，而仅有反映林分属性的统计后数据（如林分密度、平均胸径、平均树高和树种组成等），导致应用单木生物量模型估计林分生物量时，多会输入不恰当的自变量（选用同建模时不同属性的自变量），使估计出的林分生物量产生明显偏差。为了评价该种影响，本研究利用自建的人工林落叶松一元生物量模型，采用 3 种方法（方法 1，依据全林每木检尺数据；方法 2，依据算术平均胸径和林分密度；方法 3，依据平方平均胸径和林分密度）估算林分生物量，评价单木生物量模型不同使用方法下估测出的林分生物量的差异。

5.2.4 不同起测径阶标准对林分生物量的影响

利用森林资源连续清查资料估计区域尺度森林生物量的方法已得到广泛应用。为了给出此类方法估计乔木层生物量时的误差，本研究利用松江河林业局和白石山林业局部分林型临时样地每木检尺（胸径>0cm）结果，结合自建的单木生物量模型，进行不同林型不同林龄森林的生物量估计。同时按照《国家森林资源连续清查技术规定》中所要求的林木调查起测胸径为 5.0cm 的标准，将临时标准地每木检尺资料中胸径小于 5.0cm 的样本删除，重新计算各林型乔木层的生物量，评价不同起测径阶标准对林分生物量的影响。

5.2.4.1 研究地区概况

松江河林业局位于长白山西坡，地处吉林省抚松县境内。地理坐标为东经 127°13′～127°55′，北纬 41°44′～42°21′，东西宽 57.8km，南北长 65.5km。其东部与长白山国家级自然保护区相连，西与临江林业局毗邻，北与泉阳林业局、抚松县林业局接壤，西北以头道松花江为界与湾沟林业局隔江相望。该区属北温带大陆性季风气候，其特点是春季风大干燥，夏季短暂温暖多雨，秋季凉爽多雾，冬季漫长而寒冷。年平均气温为 4.9～7.3℃，最高气温为 19.2～36.7℃，最低气温为−44～−33℃，全区平均无霜期为 100～120 天，年平均降水量为 600～800mm，多集中于生长季节。植被属长白山植物区系。主要乔木树种有红松、长白落叶松、云杉、臭松、椴树、柞树、榆树、枫桦、水曲柳、胡桃楸、黄菠萝、白桦、杨树等；林下灌木有毛榛等；草本植物有山茄子、木贼、水金凤等。

白石山林业局地理位置为东经 127°20′～128°01′，北纬 43°17′～43°51′。本区地貌属长白山系张广才岭南段威虎岭山地，平均海拔为 500～700m。气候属温带半湿润季风气候，年平均气温为 3.3℃，最热月平均气温为 22℃，最冷月平均气温为−19℃。年平均降水量为 720mm。6～8 月降水量占全年降水量的 60%以上。全年无霜期为 120～135 天。该区植被属长白山植物区系，原始植被为阔叶红松林，经过近百年的反复破坏，现已演变为以阔叶树为主的天然次生林，森林覆盖率为77%。林下灌木主要有毛榛、暴马丁香、绣线菊等。草本植物主要有苔草、山茄子、木贼等。该区土壤以山地暗棕壤为主。

在野外踏查的基础上，将阔叶红松林、杂木林、杨桦林、落叶松白桦混交林的样地调查内容布设在松江河林业局，将硬阔叶林的样地调查内容布设在白石山林业局。

5.2.4.2 临时标准地的设置

2007 年 6 月在野外实地踏查的基础上，在阔叶红松林、杂木林、杨桦林、落叶松白桦混交林的幼龄林、中龄林和近熟林的典型地段设置 0.06hm² 的临时标准地各 9 块，共计 108 块。

幼龄林、中龄林和近熟林的划分按照国家林业局对各类森林类型的龄组划分标准。阔叶红松林、杨桦林、硬阔叶林、杂木林、落叶松白桦混交林的幼龄林、中龄林和近熟林的划分标准如下（表 5-2）。

表 5-2　东北典型天然林龄组划分（单位：年）

林龄组	阔叶红松林	杨桦林	杂木林	硬阔叶林	落叶松白桦混交林
幼龄林	≤60	≤30	≤40	≤40	≤20
中龄林	61～100	31～50	41～60	41～60	21～30
近熟林	101～120	51～60	61～80	61～80	31～40

其中阔叶红松林幼龄林为人工林，落叶松白桦混交林中的落叶松为人工栽植树种，其余均为天然林（或天然更新树种）。

5.2.4.3　临时标准地调查

对临时样地中树高大于 1.3m 的乔木进行每木检尺；对主林层中树种组成占 20%以上的树木，计算其平均胸高断面积，据此选择标准木作为对象木进行树干解析和生物量的测定。

5.2.4.4　单木生物量的测定

标准木伐倒后，对树干生物量的测定采用 2m 区分段进行称重；枝和叶生物量的推算采用标准枝法进行。外业调查时，为了减少工作量，标准枝采用目估法确定。

由于工作量大，此次生物量的调查没有进行根生物量的测定，共调查了 11 个树种，378 株主林层样木的生物量：其中白桦 44 株、椴树 74 株、红松 64 株、胡桃楸 5 株、落叶松 28 株、水曲柳 52 株、色木槭 11 株、杨树 17 株、榆树 12 株、云杉 12 株和蒙古栎 59 株。

5.2.4.5　生物量数据的处理

根据树种各器官的数据，采用 Statistica 7.0 软件拟合干、枝、叶、皮与林木易测因子之间的关系。拟合关系时，以幂函数为主，同时参考其他已发表的类似方程。本研究在建立单木生物量模型时，将松江河林业局所有样地综合在一起进行处理，选取森林调查中经常选用的指标——胸径和树高，作为建立模型的自变量。本研究选取如下一些常用方程作为单木生物量模型的建立依据。

$$y=a\times(D^2\times H)^b$$
$$y=a\times D^b$$
$$y=a+b\times D+c\times D^2$$
$$y=a+b\times D^2\times H$$

$$y=a+b\times D+c\times D^2\times H$$
$$y=a+b\times D+c\times H$$
$$y=a\times D^b\times H^c$$

式中，D 为胸径；H 为树高；y 为干重；a、b、c 为回归系数。

5.2.4.6　林分生物量的计算

依据临时标准地每木检尺的结果，结合所建立的单木生物量模型，采用回归估计法进行乔木层地上部分生物量的计算。具体方法如下。

将临时样地中各个树种的平均直径和树高等信息带入相应树种单木各器官的生物量模型中，求出各个树种的全林平均生物量，乘以全林各树种的现存株数，即为全林分乔木层地上部分生物量。

对于临时标准地中出现但此次没有调查单木生物量的树种，采用查阅文献的方式获得此类树种的单木生物量模型。

采用地上生物量与地下生物量比值的方法求算林分生物量。阔叶红松林、杂木林、杨桦林和白桦落叶松混交林地上生物量与地下生物量的比值分别为 4.22、4.95、2.89、4.81（方精云等，1996）。

5.2.5　人工林林分生物量与林分蓄积量的关系

大兴安岭森林以天然林为主，因此大兴安岭森林资源连续清查固定样地所处林分多为天然林，而大兴安岭也存在少量人工林，受造林时间段制约，缺失人工林样地数据。为此，本研究以东北其他区域的落叶松人工林样地数据为基础，研究人工林林分生物量与蓄积量的关系。

5.2.5.1　人工林乔木生物量

依据 11 块落叶松人工林临时标准地的每木检尺结果，结合建立的单木各器官生物量模型，采用回归估计法进行落叶松人工林乔木各器官生物量的计算。

5.2.5.2　人工林灌草生物量

本研究的落叶松人工林灌草生物量的样地分 3 类：第 1 类为立地类似、密度不同的 50 年生落叶松人工林 4 块（密度分别为 900 株/hm²、1025 株/hm²、1125 株/hm²、1550 株/hm²）；第 2 类为造林后郁闭前的 0~9 年生的落叶松人工林（其中采伐迹地、4 年生、5 年生、7 年生、8 年生和 9 年生落叶松人工林各 2 块）；第 3 类为郁闭后的 11~48 年生的落叶松人工林（其中 11 年生、12 年生、13 年生、14 年生、16 年生、18 年生、21 年生、22 年生、25 年生、29 年生、32 年生、35 年生、39 年生、40 年生、48 年生落叶松样地各 2 块）。

生长季在上述 3 类林分中设置 5 个 2m×2m 的灌木样方和 5 个 1m×1m 的草本

样方。灌木分枝、叶和根三个部分进行取样，其中，叶和枝全部收获；而灌木根部分的取样方法是将 50cm×50cm 的样方面积内的根系全部挖出，称重，并留样测定含水量，据此计算灌木的叶生物量、枝生物量和根生物量。草本分地上和地下两部分，其中地上部分全部收获，而地下部分是将 50cm×50cm 样方面积内的草本植物根系全部挖出，称重，并留样测定含水量，据此计算草本植物地上部分的生物量和地下部分的生物量。

5.2.5.3 人工林生物量转换因子连续函数

利用估计出的落叶松人工林乔木生物量和灌草生物量，估计不同林龄的落叶松人工林生物量；结合林分的每木检尺数据和建立的单木材积模型，估计不同林龄的落叶松人工林蓄积量；结合相应林分的林分生物量数据（含树根生物量）和林分蓄积量数据，计算生物量转换因子（BEEF=林分生物量与林分蓄积量之比）；利用生物量转换因子（BEEF）和林分蓄积量（volume，V），建立落叶松人工林生物量转换因子连续函数。本章选取的生物量转换因子连续函数如下。

$$BEEF=aV^{-b}（Schroeder\ et\ al.，1997；Brown\ et\ al.，1999）$$
$$BEEF=a+b/V（方精云等，1996）$$
$$BEEF=1/(a+b/V)（王玉辉等，2001）$$

参考王玉辉等（2001）的方程，构造如下的方程：
$$BEEF=aV/(b+V)$$

式中，a 和 b 均为回归系数。选取模型时，以决定系数为首选标准。

5.2.6 大兴安岭林分生物量与林分蓄积量的关系

利用收集到的大兴安岭（仅限黑龙江省大兴安岭）1103 块固定样地的森林资源连续清查资料研究其林分生物量与林分蓄积量的关系。

5.2.6.1 林分生物量估算

根据固定样地每木检尺结果［胸径（DBH）≥5cm］，结合自建和文献资料收集结果基础上的各树种单木生物量模型，采用回归估计法估算林分生物量。

5.2.6.2 林分蓄积量估计

利用各样地的每木检尺结果，结合各树种单木材积模型，采用回归估计法进行林分蓄积量估算。

5.2.6.3 林分树干材积密度

本研究结合各林型每木检尺结果和立木材积式，估计林分蓄积量；结合每木检尺结果和单木生物量模型，估计乔木树干生物量。利用森林树干生物量和林分蓄积量，计算不同林分树干材积密度（WD，即森林树干生物量和林分蓄积量之比）。

5.2.6.4 林分根冠比

本研究结合各林型每木检尺结果和单木生物量模型，估计乔木树根和地上生物量。利用乔木树根生物量和乔木地上生物量，计算不同林型根冠比（RSR=乔木树根生物量与乔木地上生物量之比）。

5.2.6.5 林分生物量扩展因子连续函数

计算森林乔木生物量的常用公式是"乔木生物量=林分蓄积量（V）×林分树干材积密度（WD）×林分生物量扩展因子（BEF）×（1+RSR）"。因此，本研究结合各林型每木检尺结果和立木材积式，估计林分蓄积量；结合每木检尺结果和单木生物量模型，估计乔木地上生物量和树干生物量。利用乔木地上生物量和树干生物量，计算生物量扩展因子（BEF=乔木地上生物量与树干生物量之比）。

利用生物量扩展因子（BEF）与林分蓄积量（V）之间的常用模型形式 $BEF=aV^{-b}$、$BEF=a+b/V$、$BEF=1/(a+b/V)$、$BEF=aV/(b+V)$ 拟合生物量扩展因子与林分蓄积量之间的模型。

5.2.6.6 林分生物量转换与扩展因子连续函数

结合各林型每木检尺结果和立木材积式，估计林分蓄积量；结合每木检尺结果和单木生物量模型，估计乔木地上生物量。利用乔木地上生物量与林分蓄积量，计算生物量转换与扩展因子（biomass conversion and expansion factor，BCEF，即乔木地上生物量与林分蓄积量之比）。

利用生物量转换与扩展因子（BCEF）与林分蓄积量（V）之间的常用模型形式 $BCEF=aV^{-b}$、$BCEF=a+b/V$、$BCEF=1/(a+b/V)$、$BCEF=aV/(b+V)$ 拟合生物量转换与扩展因子和林分蓄积量之间的模型参数。

5.3 结果与分析

5.3.1 人工林主要树种材积模型

5.3.1.1 胸径与树高的关系

利用《黑龙江省立木材积表》（黑龙江省林业厅，2008）中的落叶松胸径（D）

与树高（H）通用模型 $H=D^2/（1.681\ 422+0.565\ 735\ 4\times D+0.029\ 971\ 97\times D^2）$ 对落叶松胸径与树高关系的拟合结果表明（图 5-1），模型估计出的树高值普遍低于真实值，真实值是估计值的 1.024～1.859 倍。利用本研究所建立的模型 $H=121.0-13\ 754.9/（D+116.6）$ 能够显著反映胸径与树高的关系（$R^2=0.9166$，$P<0.0001$，图 5-2），模型所估计出的树高值与真实值之间显著相关（$R^2=0.9096$，$P<0.0001$，图 5-2），二者之间的斜率略小于 1，为 0.9940。

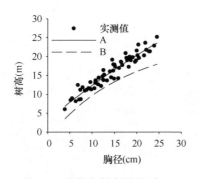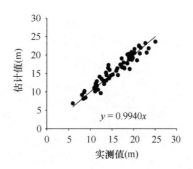

图 5-1 胸径与树高的关系　　图 5-2 树高实测值与模型估计值的关系
A. 自建模型；B.《黑龙江省立木材积表》中的模型　　图中直线为二者间回归直线模型（后同）

5.3.1.2 根径与胸径的关系

关于伐根直径（简称根径，$D_{0.0}$）与胸径（D）的关系，吴耀先和张日和（1984）、孙亚峰和尹立辉（2008）、顾丽等（2009）分别对辽宁地区、长白山地区、小兴安岭地区的落叶松采用 $D=a+b\times D_{0.0}$ 的模型形式进行了相应的研究，得出斜率 b 分别为 0.8646、0.7820、0.7723，表现出随着纬度的增加，斜率降低的趋势。采用该模型形式对本研究的落叶松根径与胸径的关系进行研究，结果表明，模型 $D=0.8256+0.7026D_{0.0}$ 能显著反映落叶松胸径与根径的关系（$R^2=0.9526$，$P<0.0001$，图 5-3）。利用吴福田等（2000）的模型 $D=a\times D_{0.0}$ 对落叶松的回归结果表明，模型 $D=0.7397\times D_{0.0}$ 能够显著反映落叶松胸径（D）与伐根直径（$D_{0.0}$）的关系（$R^2=0.9496$，$P<0.0001$，图 5-3）。利用此模型所估计出的胸径与实测值之间显著相关（$R^2=0.9496$，$P<0.0001$，图 5-4），二者之间的斜率与 1 近似，为 1.0001。

5.3.1.3 带皮胸径与去皮胸径的关系

模型 $D_{去}=0.9427\times D$ 能够显著反映落叶松带皮胸径（D）与去皮胸径（$D_{去}$）的关系（$R^2=0.9977$，$P<0.0001$，图 5-5）。利用该模型所估计出的落叶松去皮胸径与实测值之间显著相关（$R^2=0.9977$，$P<0.0001$，图 5-6），二者之间的斜率为 0.9997。

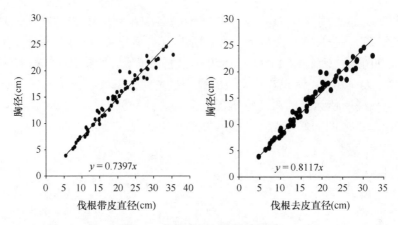

图 5-3　伐根直径与胸径的关系

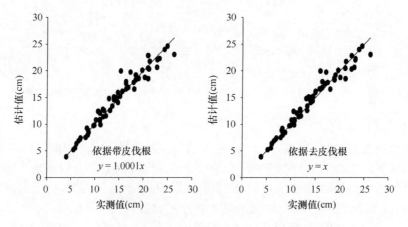

图 5-4　胸径实测值与模型估计值的关系

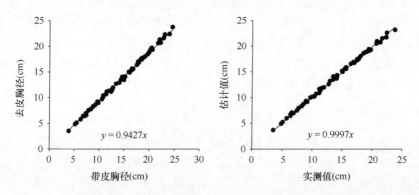

图 5-5　带皮胸径与去皮胸径的关系　　图 5-6　去皮胸径实测值与模型估计值的关系

5.3.1.4　立木材积与胸径的关系

利用实测数据所建立的一元材积模型 $V=0.000\,084\,738D^{2.751\,6}$ 能够显著反映落叶松带皮材积（V）与胸径（D）的关系（$R^2=0.9791$，$P<0.0001$，图 5-7），模型所估计出的材积值与实测值之间相关显著（$R^2=0.9792$，$P<0.0001$，图 5-8），二者之间的斜率为 0.9916，说明模型所估计出的材积值比真实值略低。利用《黑龙江省立木材积表》（黑龙江省林业厅，2008）中的合江地区落叶松一元立木材积模型 $V=0.000\,147\,188\,6D^{2.410\,001}$ 对落叶松立木材积与胸径的拟合结果表明（图 5-7），该模型所估计出的立木材积均低于真实值，随着胸径的增大，二者之间的差值逐渐增大（图 5-8）。

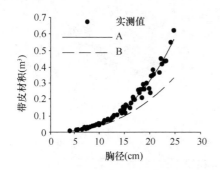 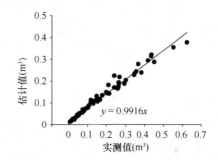

图 5-7　带皮材积与胸径的关系　　图 5-8　材积实测值与一元材积模型估计值关系
A. 自建模型；B.《黑龙江省立木材积表》中的模型

5.3.1.5　立木材积与胸径和树高的关系

利用《黑龙江省立木材积表》（黑龙江省林业厅，2008）中的落叶松二元立木材积模型对落叶松立木材积与胸径的拟合结果表明，该模型所估计出的立木材积均低于真实值，随着胸径的增大，二者间的差值逐渐增大。利用山本式模型对落叶松的回归结果表明，模型 $V=0.000\,03D^{1.887\,37}H^{1.192\,48}$ 能够显著反映长白落叶松胸径（D）、树高（H）与材积（V）的关系（$R^2=0.9934$，$P<0.0001$）。利用该模型所估计出的长白落叶松材积值与实测值之间显著相关（$R^2=0.9935$，$P<0.0001$，图 5-9），二者之间的斜率小于 1，为 0.9973。

5.3.1.6　立木材积与根径的关系

模型 $V=0.0002D_{0.0}^{2.2652}$ 能够显著反映落叶松带皮材积（V）与伐根直径（$D_{0.0}$）的关系（$R^2=0.9265$，$P<0.0001$，图 5-10），根径立木材积模型所估计出的材积值

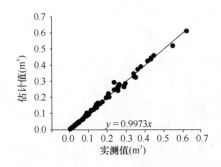

图 5-9　材积实测值与二元材积模型估计值的关系

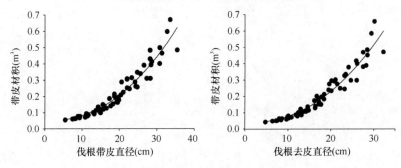

图 5-10　带皮材积与根径的关系

与实测值之间显著相关（R^2=0.9202，P<0.0001，图 5-11），二者之间的斜率大于 1，为 1.0909，说明根径材积模型所估计出的立木材积值略高于真实值。

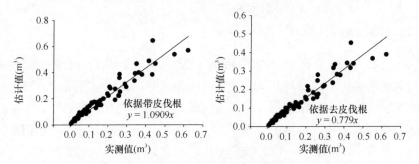

图 5-11　材积实测值与根径立木材积模型估计值关系

5.3.1.7　树皮材积与胸径的关系

模型 $V_{皮}$=0.000 051 724$D^{2.1911}$ 能够显著反映落叶松胸径（D）与树皮材积（$V_{皮}$）的关系（R^2=0.9397，P<0.0001，图 5-12）。该模型所估计出的树皮材积值与实测值之间显著相关（R^2=0.9361，P<0.0001，图 5-13），二者之间的斜率小于 1，为 0.9789，说明一元树皮材积模型所估计出的树皮材积值略低于真实值。

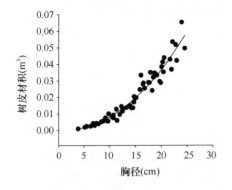
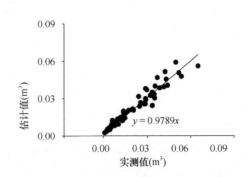

图 5-12　树皮材积与胸径的关系　　图 5-13　树皮材积实测值与一元模型估计值的关系

5.3.1.8　树皮材积与胸径和树高的关系

模型$V_{皮}$=0.000 059$D^{2.311\,560}H^{-0.163\,587}$能够显著反映落叶松胸径（$D$）、树高（$H$）与树皮材积（$V_{皮}$）的关系（$R^2$=0.9400，$P<0.0001$）。利用该模型所估计出的落叶松树皮材积值与实测值之间显著相关（R^2=0.9365，$P<0.0001$，图 5-14），二者之间的斜率略小于 1，为 0.9792，说明所建立的二元树皮材积模型对树皮材积的估计值偏低。

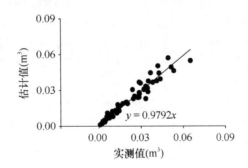

图 5-14　树皮材积实测值与二元模型估计值的关系

5.3.2　天然林主要树种材积模型

依据《森林调查工作手册》第一册（黑龙江省森林资源调查管理局，1971）中大兴安岭各树种一元立木材积表中的数据，结合研究林型的树种组成，兼顾各树种的生物学特性，建立起的不同树种一元立木材积模型参数见表 5-3（$V=aD^b$，式中，V 为单株材积，D 为胸径，a 和 b 为回归系数）。

表 5-3　大兴安岭天然林不同树种一元立木材积模型参数

树种	模型参数		树种	模型参数	
	a	b		a	b
樟子松	0.0003	2.2966	白桦	0.0003	2.196
蒙古栎	0.0002	2.1831	偃松	0.0002	2.3615
黑桦	0.0002	2.218	云杉、冷杉	0.0003	2.3007
甜杨	0.0004	2.2618	毛赤杨	0.0004	2.2618
兴安落叶松	0.0005	2.1055	山杨	0.0004	2.169

5.3.3　人工林主要树种单木生物量模型

5.3.3.1　不同树龄林木生物量分配

对落叶松不同生物量组分（针叶、树枝、树皮、不含树皮的干材、树根）占单木总生物量比值（生物量分配比）的研究结果表明（图 5-15，表 5-4），针叶分配比（$Y_叶$）随年龄（X）增加表现出幂函数 $Y_叶=273.5767X^{-1.3653}$ 的递减趋势（$R^2=0.6089$，$P<0.0001$，图 5-15），25 年生之后，针叶分配比呈现近似恒定的变化趋势，针叶分配比为 2.3%；树枝分配比（$Y_枝$）随年龄（X）增加，表现出幂函数 $Y_枝=251.8715X^{-1.0227}$ 的递减趋势（$R^2=0.5760$，$P<0.0001$，图 5-15），25 年生之后，树枝分配比亦表现出近似恒定的变化趋势，树枝分配比为 6.5%；树皮分配比（$Y_皮$）随年龄（X）增加，表现出幂函数 $Y_皮=29.263X^{-0.6358}$ 的递减趋势（$R^2=0.3507$，$P=0.0075$，图 5-15），18 年生之后，树皮分配比表现出近似恒定的变化趋势，树皮分配比为 4.9%；干材分配比（$Y_干$）随年龄（X）增加，表现出 S 形曲线 $Y_干=70.3046/\{1+\exp[-(X-12.0972)/6.5559]\}$ 的递增趋势（$R^2=0.6481$，$P<0.0001$，图 5-15），25 年生之后，干材分配比表现出近似恒定的变化趋势，干材分配比为 67.9%；树根分配比（$Y_根$）随年龄（X）增加，表现出幂函数 $Y_根=266.73X^{-0.8366}$ 的递减趋势（$R^2=0.2375$，$P=0.0214$，图 5-15），25 年生之后，树根分配比表现出近似恒定的变化趋势，树根分配比为 18.4%。

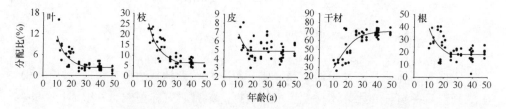

图 5-15　落叶松生物量各组分的分配比随年龄的变化

表 5-4 不同树龄落叶松生物量各组分的分配比

年龄（a）	针叶（%）	干材（%）	树根（%）	树枝（%）	树皮（%）
10	9.9（—）	37.9（—）	23.1（—）	22.6（—）	6.4（—）
11	16.0（—）	33.8（—）	26.8（—）	15.9（—）	7.6（—）
12	7.2（—）	26.0（—）	39.4（—）	22.5（—）	5.0（—）
13	7.3（2.6）	37.3（1.8）	29.1（2.3）	20.0（3.4）	6.3（1.6）
16	6.2（0.0）	35.7（4.5）	39.1（1.9）	14.3（3.0）	4.8（0.3）
17	2.4（—）	73.6（—）	11.6（—）	8.4（—）	4.0（—）
18	5.1（2.5）	53.9（19.0）	23.0（14.2）	13.3（6.7）	4.7（1.1）
19	6.5（0.3）	46.6（0.7）	26.7（1.7）	15.8（2.8）	4.3（0.1）
20	7.5（—）	35.3（—）	32.8（—）	17.8（—）	6.6（—）
21	6.6（0.0）	47.3（1.6）	26.7（4.1）	15.5（2.4）	4.0（0.2）
25	2.8（1.1）	67.9（2.1）	17.3（2.3）	7.3（2.0）	4.8（0.9）
27	1.9（—）	67.9（—）	21.1（—）	3.9（—）	5.2（—）
29	2.2（0.6）	63.5（4.1）	20.1（4.5）	7.9（2.6）	6.3（0.8）
30	2.9（—）	68.1（—）	18.3（—）	5.9（—）	4.8（—）
32	2.8（0.7）	65.4（5.9）	19.6（2.9）	7.1（2.6）	5.1（1.0）
38	3.3（1.2）	67.2（1.8）	18.5（4.7）	7.3（1.2）	3.7（0.4）
39	2.4（0.9）	70.7（5.3）	15.8（6.1）	6.6（1.4）	4.4（0.7）
40	1.8（0.4）	68.3（4.8）	18.9（5.2）	6.2（1.7）	4.8（0.5）
48	1.5（0.8）	68.9（3.3）	20.1（3.8）	4.2（1.4）	5.2（0.7）

注：括号中数据为标准差；"—"代表该年龄的样木仅 1 株

5.3.3.2 单木生物量各组分之间的关系

落叶松单木生物量各组分之间的比值的研究结果表明（图 5-16），地上与地下生物量之比（$Y_{地上/地下}$）随年龄（X）增加，表现出 S 形曲线 $Y_{地上/地下}=4.5288/\{1+\exp[-(X-10.3938)/5.0223]\}$ 的增长趋势（$R^2=0.1407$，$P=0.0226$，图 5-16），25 年生后，二者之比表现出近似恒定的变化趋势，地上与地下生物量之比为 4.5；树皮与干材生物量之比（$Y_{树皮/干材}$）随着年龄（X）增加，表现出幂函数 $Y_{树皮/干材}=2.3983X^{-1.0594}$ 的递减趋势（$R^2=0.3523$，$P=0.0120$，图 5-16），21 年生后，二者之比表现出近似恒定的变化趋势，树皮与干材生物量之比为 0.07；树根与针叶生物量之比（$Y_{树根/针叶}$）随着年龄（X）增加，表现出对数函数 $Y_{树根/针叶}=6.1154\ln(X)-11.876$ 的递增趋势（$R^2=0.3084$，$P=0.0014$，图 5-16），30 年生后，二者之比表现出近似恒定的变化趋势，树根与针叶生物量之比为 9.08；针叶与干材生物量之比（$Y_{针叶/干材}$）随着年龄（X）增加，表现出幂函数 $Y_{针叶/干材}=27.5732X^{-1.8827}$ 的递减趋势（$R^2=0.5225$，$P=0.0016$，图 5-16），25 年生后，二者之比表现出近似恒定的变化趋势，针叶与干材生物量之比为 0.02；树枝与干材生物量之比（$Y_{树枝/干材}$）随着年龄（X）增加，表现出幂函

数 $Y_{树枝/干材}=18.7567X^{-1.4145}$ 的递减趋势（$R^2=0.5120$，$P<0.0001$，图 5-16），30 年生后，二者之比表现出近似恒定的变化趋势，树枝与干材生物量之比为 0.10。

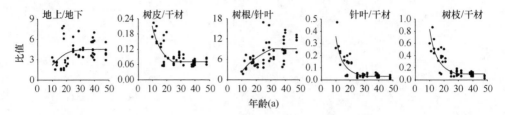

图 5-16　落叶松单木生物量各组分之比随年龄的变化

5.3.3.3　一元立木生物量模型

（1）针叶生物量与胸径的关系

模型 $B_{叶}=0.0193D_{去}^{2.1336}$ 能够显著反映落叶松单木针叶生物量（$B_{叶}$）与去皮胸径（$D_{去}$）的关系（$R^2=0.733$，$P<0.0001$，图 5-17），模型所估计出的针叶生物量与实测值之间显著相关（$R^2=0.693$，$P<0.001$，图 5-18），二者之间的斜率小于 1，为 0.8961，说明模型所估计出的针叶生物量小于真实值。

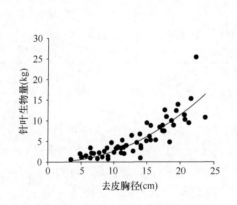

图 5-17　针叶生物量与胸径的关系

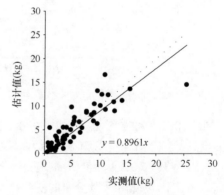

图 5-18　针叶生物量实测值与一元模型估计值的关系

图中实线为二者间回归直线，虚线为 $y=x$（后同）

（2）树枝生物量与胸径的关系

模型 $B_{枝}=0.0343D_{去}^{2.3076}$ 能够显著反映落叶松单木树枝生物量（$B_{枝}$）与去皮胸径（$D_{去}$）的关系（$R^2=0.8198$，$P<0.0001$，图 5-19），模型所估计出的树枝生物量与实测值之间显著相关（$R^2=0.8033$，$P<0.001$，图 5-20），二者之间的斜率小于 1，为 0.9275，说明模型所估计出的树枝生物量小于真实值。

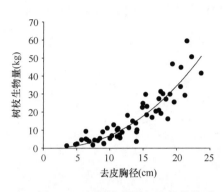

图 5-19　树枝生物量与胸径的关系　　图 5-20　树枝生物量实测值与一元模型
　　　　　　　　　　　　　　　　　　　　　　　　　估计值的关系

（3）干材生物量与胸径的关系

　　模型$B_干$=0.0500$D_去^{2.9596}$能够显著反映落叶松单木干材生物量（不含树皮，$B_干$）
与去皮胸径（$D_去$）的关系（R^2=0.9449，$P<0.0001$，图 5-21），模型所估计出的干材
生物量与实测值之间显著相关（R^2=0.9431，$P<0.001$，图 5-22），二者之间的斜率
小于 1，为 0.9738，说明模型所估计出的干材生物量小于真实值。

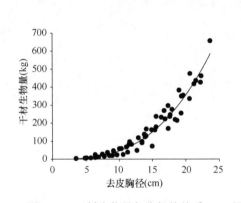
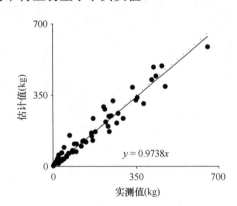

图 5-21　干材生物量与胸径的关系　　图 5-22　干材生物量实测值与模型估计值的关系

（4）树皮生物量与胸径的关系

　　模型$B_皮$=0.0130$D_去^{2.5046}$能够显著反映落叶松单木树皮生物量（$B_皮$）与去皮胸
径（$D_去$）的关系（R^2=0.9350，$P<0.0001$，图 5-23），模型所估计出的树皮生物量
与实测值之间显著相关（R^2=0.9317，$P<0.001$，图 5-24），二者之间的斜率小于 1，
为 0.9768，说明模型所估计出的树皮生物量小于真实值。

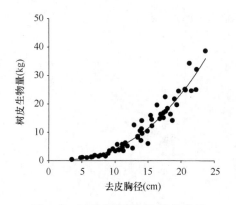

图 5-23　树皮生物量与胸径的关系

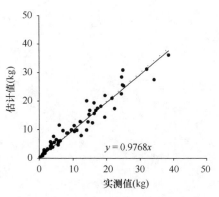

图 5-24　树皮生物量实测值与一元模型
估计值的关系

（5）树根生物量与胸径的关系

模型 $B_根=0.0637D_去^{2.4126}$ 能够显著反映落叶松单木树根生物量（$B_根$）与去皮胸径（$D_去$）的关系（$R^2=0.8134$，$P<0.0001$，图 5-25），模型所估计出的树根生物量与实测值之间显著相关（$R^2=0.7947$，$P<0.001$，图 5-26），二者之间的斜率小于 1，为 0.9198，说明模型所估计出的树根生物量小于真实值。

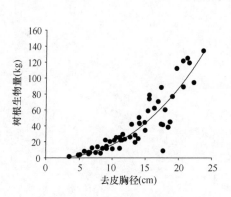

图 5-25　树根生物量与胸径的关系

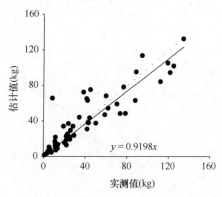

图 5-26　树根生物量实测值与一元模型
估计值的关系

5.3.3.4　二元立木生物量模型

（1）针叶生物量与胸径和树高的关系

模型 $B_叶=0.0134(D_去^2H)^{0.7444}$ 能够显著反映长白落叶松单木针叶生物量（$B_叶$）与去皮胸径（$D_去$）和树高（H）的关系（$R^2=0.6913$，$P<0.0001$，图 5-27），模型所估计出的针叶生物量与实测值之间显著相关（$R^2=0.6237$，$P<0.001$，图 5-28），二者之间的斜率小于 1，为 0.8760，说明模型所估计出的针叶生物量小于真实值。

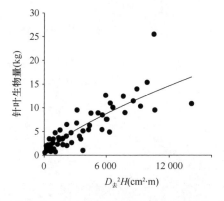 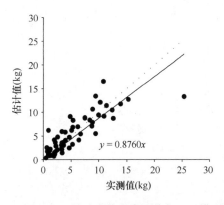

图 5-27　针叶生物量与胸径和树高的关系　　图 5-28　针叶生物量实测值与二元模型
估计值的关系

（2）树枝生物量与胸径和树高的关系

模型$B_枝$=0.0212$(D_去^2H)^{0.8157}$能够显著反映落叶松单木树枝生物量（$B_枝$）与去皮
胸径（$D_去$）和树高（H）的关系（R^2=0.7847，P<0.0001，图 5-29），模型所估计出
的树枝生物量与实测值之间显著相关（R^2=0.7552，P<0.001，图 5-30），二者之间的
斜率小于 1，为 0.9123，说明模型所估计出的树枝生物量小于真实值。

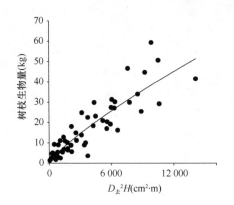 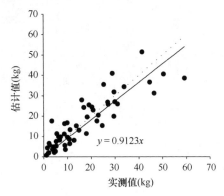

图 5-29　树枝生物量与胸径和树高的关系　　图 5-30　树枝生物量实测值与二元模型
估计值的关系

（3）干材生物量与胸径和树高的关系

模型$B_干$=0.0173$(D_去^2H)^{1.0983}$能够显著反映落叶松单木干材生物量（不含树
皮，$B_干$）与去皮胸径（$D_去$）和树高（H）的关系（R^2=0.9674，P<0.0001，图 5-31），
模型所估计出的干材生物量与实测值之间显著相关（R^2=0.9666，P<0.001，图 5-32），
二者之间的斜率小于 1，为 0.9848，说明二元模型所估计出的干材生物量略小于真
实值。

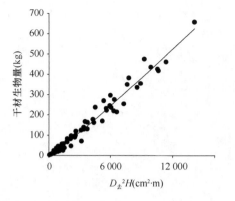

图 5-31 干材生物量与胸径和树高的关系　图 5-32 干材生物量实测值与二元模型估计值的关系

（4）树皮生物量与胸径和树高的关系

模型 $B_{皮}=0.0049(D_{去}{}^2H)^{0.9382}$ 能够显著反映落叶松单木树皮生物量（$B_{皮}$）与去皮胸径（$D_{去}$）和树高（H）的关系（$R^2=0.9601$，$P<0.0001$，图 5-33），模型所估计出的树皮生物量与实测值之间显著相关（$R^2=0.9588$，$P<0.001$，图 5-34），二者之间的斜率小于 1，为 0.9885，说明二元模型所估计出的树皮生物量小于真实值。

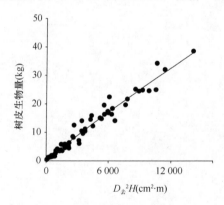
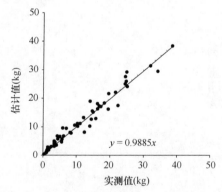

图 5-33 树皮生物量与胸径和树高的关系　图 5-34 树皮生物量实测值与二元模型估计值的关系

（5）树根生物量与胸径和树高的关系

模型 $B_{根}=0.0250(D_{去}{}^2H)^{0.9033}$ 能够显著反映落叶松单木树根生物量（$B_{根}$）与去皮胸径（$D_{去}$）和树高（H）的关系（$R^2=0.8409$，$P<0.0001$，图 5-35），模型所估计出的树根生物量与实测值之间显著相关（$R^2=0.8285$，$P<0.001$，图 5-36），二者之间的斜率小于 1，为 0.9322，说明二元模型所估计出的树根生物量小于真实值。

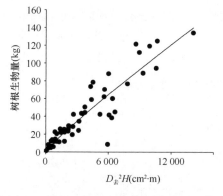

图 5-35 树根生物量与胸径和树高的关系

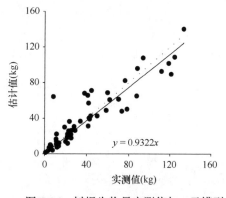

图 5-36 树根生物量实测值与二元模型估计值的关系

5.3.4 天然林主要树种单木生物量模型

依据野外实地调查，利用临时样地的树种组成，通过查阅文献资料，收集到的大兴安岭主要树种单木各组分生物量模型参数结果见表 5-5。

表 5-5 大兴安岭主要树种单木各组分生物量模型

起源	树种	树干	树枝	树叶	树根	树高
天然林	白桦	$0.028\ 53(D^2H)^{0.892\ 78}$	$0.002\ 78(D^2H)^{1.025\ 68}$	$0.015\ 45(D^2H)^{0.612\ 65}$	$0.045\ 77(D^2H)^{0.69612}$	$9.806\ 5\exp(0.024\ 6D)$
	黑桦	$0.141\ 14(D^2H)^{0.732\ 4}$	$0.007\ 24(D^2H)^{1.022\ 5}$	$0.007\ 9(D^2H)^{0.808\ 5}$	$0.061\ 6(D^2H)^{0.595\ 1}$	$6.263\ 5\exp(0.033\ 4D)$
	落叶松 1	$0.013\ 80(D^2H)^{1.011\ 0}$	$0.000\ 79(D^2H)^{1.127\ 1}$	$0.002\ 29(D^2H)^{0.865\ 9}$	$0.001\ 69(D^2H)^{1.117\ 9}$	$6.944\ 1\exp(0.046\ 8D)$
	落叶松 2	$0.125\ 8(D^2H)^{0.993\ 31}$	$0.001\ 36(D^2H)^{1.027\ 97}$	$0.010\ 09(D^2H)^{0.645\ 43}$	$0.036\ 5(D^2H)^{0.759\ 95}$	$6.944\ 1\exp(0.046\ 8D)$
	落叶松 3a	$0.046\ 07(D^2H)^{0.872\ 2}$	$0.035\ 6(D^2H)^{0.562\ 4}$	$0.013\ 97(D^2H)^{0.562\ 8}$	$0.007\ 53(D^2H)^{0.972\ 5}$	$6.944\ 1\exp(0.046\ 8D)$
	落叶松 3b	$0.081\ 8(D^2H)^{0.824\ 8}$	$0.000\ 3(D^2H)^{1.213\ 1}$	$0.002\ 0(D^2H)^{0.797\ 9}$	$0.020\ 8(D^2H)^{0.888\ 1}$	$6.944\ 1\exp(0.046\ 8D)$
	落叶松 4a	$0.342\ 9(D^2H)^{0.682\ 9}$	$0.003\ 7(D^2H)^{0.858\ 9}$	$0.002\ 6(D^2H)^{0.719\ 9}$	$0.042\ 6(D^2H)^{0.792\ 1}$	$6.944\ 1\exp(0.046\ 8D)$
	落叶松 4b	$0.018\ 37(D^2H)^{0.955\ 9}$	$0.001\ 69(D^2H)^{1.068\ 5}$	$0.001\ 18(D^2H)^{0.712\ 2}$	$0.039\ 66(D^2H)^{0.753\ 7}$	$6.944\ 1\exp(0.046\ 8D)$
	蒙古栎	$0.021\ 5(D^2H)^{0.963\ 0}$	$0.006\ 3(D^2H)^{0.994\ 5}$	$0.005\ 2(D^2H)^{0.820\ 2}$	$0.009\ 6(D^2H)^{0.941\ 2}$	$8.187\ 7\exp(0.021\ 9D)$
	杨树	$0.228\ 6(D^2H)^{0.693\ 3}$	$0.024\ 7(D^2H)^{0.737\ 8}$	$0.010\ 8(D^2H)^{0.818\ 1}$	$0.155\ 3(D^2H)^{0.595\ 1}$	$12.136\exp(0.013\ 3D)$
	樟子松	$0.424\ 0D^{2.513\ 7}$	$0.324\ 8D^{1.278\ 8}$	$0.357\ 4D^{0.998\ 5}$	$0.217\ 44D^{1.074\ 4}H^{0.537\ 2}$	$5.758\ 4\exp(0.049\ 9D)$
人工林	落叶松	$0.204\ 64D^{2.154}$	$0.000\ 03D^{4.34}$	$0.000\ 01D^{3.934}$	$0.012\ 16D^{2.576}$	$6.944\ 1\exp(0.046\ 8D)$
	樟子松	$0.030D^{2.571}$	$0.101D^{1.466}$	$0.297D^{0.974}$	$0.217\ 44D^{1.074\ 4}H^{0.537\ 2}$	$5.758\ 4\exp(0.049\ 9D)$

注：落叶松 1 为草类落叶松林中的落叶松；落叶松 2 为兴安落叶松-白桦林中的落叶松；落叶松 3a 为杜香落叶松林中的落叶松，DBH 为 4.7～8.7cm，H 为 5.9～9.6m；落叶松 3b 为杜香落叶松林中的落叶松，DBH 为 7.3～35.5cm，H 为 9.3～27.3m；落叶松 4a 为杜鹃落叶松林中的落叶松，DBH 为 8.34～32.5cm，H 为 9.5～27.3m；落叶松 4b 为杜鹃落叶松林中的落叶松，DBH 为 10.3～20.4cm，H 为 9.9～18.6m（周振宝，2006；罗天祥，1996）

由于大兴安岭涵盖范围广，尤其是南部林区含有较多其他区系的阔叶树种，兼顾森林资源连续清查资料中的树种，本书在其他区域自建模型的基础上，收集了此次临时样地中所没有的其他树种的单木生物量模型参数，结果见表 5-6～表 5-13。

表 5-6　东北天然林主要树种树干生物量模型

| 树种 | Biomass=aD^b | | | 胸径（cm） | | 株数 | 来源 |
	a	b	R^2	最小值	最大值		
红松	0.035 23	2.621 18	0.972 7	1.5	44.6	64	孙志虎，2008
云杉	0.056 7	2.475 3					参照冷杉
冷杉	0.056 7	2.475 3					陈传国和郭杏芬，1983
落叶松	0.024 30	2.795 10	0.991 4			22	陈传国和郭杏芬，1983
樟子松	0.068 57	2.449 90					王立明，1986
赤松	0.203 44	1.951 12	0.696 5	13.8	22.0	7	王成等，1999
水曲柳	0.286 86	2.103 40	0.984 3	2.0	44.4	52	孙志虎，2008
胡桃楸	0.165 20	2.194 00	0.857 0	8.1	40.9	10	Wang，2006
黄菠萝	0.111 17	2.168 00	0.973 0	6.4	37.3	10	Wang，2006
椴树	0.079 62	2.380 84	0.973 1	2.9	44.9	73	孙志虎，2008
柞树	0.295 91	2.072 09	0.985 3	2.3	52.0	59	孙志虎，2008
榆树	0.080 66	2.417 70	0.987 0	12.3	38.5	12	孙志虎，2008
色木槭	0.395 28	1.982 18	0.809 4	13.3	38.8	11	孙志虎，2008
枫桦	0.094 05	2.485 75					参照白桦
黑桦	0.094 05	2.485 75					参照白桦
白桦	0.094 05	2.485 75	0.841 5	11.6	23.0	44	孙志虎，2008
杨树	0.278 16	2.024 32	0.901 2	16.5	34.8	17	孙志虎，2008
柳树	0.278 16	2.024 32					参照杨树
杂木	0.395 28	1.982 18					参照色木槭

表 5-7　东北天然林主要树种树枝生物量模型

| 树种 | Biomass=aD^b | | | 胸径（cm） | | 株数 | 来源 |
	a	b	R^2	最小值	最大值		
红松	0.203 40	1.702 77	0.783 0	1.5	44.6	64	孙志虎，2008
云杉	0.011 6	2.405 4					参照冷杉
冷杉	0.011 6	2.405 4					陈传国和郭杏芬，1983
落叶松	0.002 10	2.804 70	0.987 0			22	陈传国和郭杏芬，1983
樟子松	0.000 19	3.596 50					王立明，1986
赤松	0.057 72	1.898 68	0.714 1	13.8	22.0	7	王成等，1999
水曲柳	0.138 10	1.938 08	0.903 8	2.0	44.4	52	孙志虎，2008
胡桃楸	0.004 38	2.898 00	0.844 0	8.1	40.9	10	Wang，2006
黄菠萝	0.002 85	2.873 00	0.952 0	6.4	37.3	10	Wang，2006

续表

树种	Biomass=aD^b			胸径（cm）		株数	来源
	a	b	R^2	最小值	最大值		
椴树	0.046 04	2.258 17	0.843 7	2.9	44.9	74	孙志虎，2008
柞树	0.031 94	2.457 64	0.769 3	2.3	52.0	59	孙志虎，2008
榆树	0.176 00	1.825 39	0.875 9	12.3	38.5	12	孙志虎，2008
色木槭	0.296 05	1.749 94	0.423 0	13.3	38.8	11	孙志虎，2008
枫桦	0.000 18	3.996 85					参照白桦
黑桦	0.000 18	3.996 85					参照白桦
白桦	0.000 18	3.996 85	0.651 8	11.6	23.0	43	孙志虎，2008
杨树	0.001 41	3.022 36	0.855 2	16.5	34.8	17	孙志虎，2008
柳树	0.001 41	3.022 36					参照杨树
杂木	0.296 05	1.749 94					参照色木槭

表5-8　东北天然林主要树种树叶生物量模型

树种	Biomass=aD^b			胸径（cm）		株数	来源
	a	b	R^2	最小值	最大值		
红松	0.005 79	2.412 57	0.740 9	1.5	44.6	64	孙志虎，2008
云杉	0.008 3	2.373 3					参照冷杉
冷杉	0.008 3	2.373 3					陈传国和郭杏芬，1983
落叶松	0.001 20	2.818 90	0.990 2			22	陈传国和郭杏芬，1983
樟子松	0.000 40	3.918 50					王立明，1986
赤松	0.003 24	2.565 76	0.658 0	13.8	22.0	7	王成等，1999
水曲柳	0.256 88	1.109 49	0.580 5	2.0	44.4	52	孙志虎，2008
胡桃楸	0.038 55	1.639 00	0.823 0	8.1	40.9	10	Wang，2006
黄菠萝	0.001 95	2.479 00	0.985 0	6.4	37.3	10	Wang，2006
椴树	0.006 71	2.149 82	0.758 3	2.9	44.9	74	孙志虎，2008
柞树	0.056 14	1.746 67	0.775 4	2.3	52.0	59	孙志虎，2008
榆树	0.008 70	2.237 33	0.905 6	12.3	38.5	12	孙志虎，2008
色木槭	0.005 62	2.354 99	0.591 2	13.3	32.9	10	孙志虎，2008
枫桦	0.069 54	1.442 19					参照白桦
黑桦	0.069 54	1.442 19					参照白桦
白桦	0.069 54	1.442 19	0.248 9	11.6	23.0	44	孙志虎，2008
杨树	0.468 58	0.874 14	0.548 3	16.5	34.8	15	孙志虎，2008
柳树	0.468 58	0.874 14					参照杨树
杂木	0.005 62	2.354 99					参照色木槭

表 5-9　东北天然林主要树种树根生物量模型

树种	Biomass=aD^b			胸径（cm）		株数	来源
	a	b	R^2	最小值	最大值		
红松	0.037 38	2.467 82	0.802 1			7	陈传国和郭杏芬，1983
云杉	0.008 80	2.536 00					参照冷杉
冷杉	0.008 80	2.536 00	0.996 2			7	陈传国和郭杏芬，1983
落叶松	0.002 40	2.801 20	0.988 4			10	陈传国和郭杏芬，1983
樟子松	6.489 90	0.314 05					参照赤松
赤松	6.489 90	0.314 05	0.590 7	13.8	22.0	7	王成等，1999
水曲柳	0.024 89	2.467 00	0.984 0	2.6	45.5	10	Wang，2006
胡桃楸	0.018 45	2.397 00	0.959 0	8.1	40.9	10	Wang，2006
黄菠萝	0.010 57	2.617 00	0.985 0	6.4	37.3	10	Wang，2006
椴树	0.018 75	2.452 00	0.966 0	2.9	32.0	10	Wang，2006
柞树	0.030 34	2.356 00	0.981 0	4.3	57.1	10	Wang，2006
榆树	0.129 42	1.981 00					参照色木槭
色木槭	0.129 42	1.981 00	0.976 0	4.3	41.3	10	Wang，2006
枫桦	0.022 80	2.518 00					参照白桦
黑桦	0.022 80	2.518 00					参照白桦
白桦	0.022 80	2.518 00	0.993 0	4.4	35.6	10	Wang，2006
杨树	0.010 59	2.560 00	0.996 0	2.8	41.3	10	Wang，2006
柳树	0.010 59	2.560 00					参照杨树
杂木	0.129 42	1.981 00					参照色木槭

表 5-10　东北人工林主要树种树干生物量模型

树种	Biomass=aD^b			胸径（cm）		株数	来源
	a	b	R^2	最小值	最大值		
红松	0.080 91	2.258 00	0.996 0	2.4	30.0	10	Wang，2006
落叶松	0.013 36	3.257 48	0.824 1	7.2	26.4	73	孙志虎，2008
樟子松	0.068 54	2.339 73					张成林和刘欣，1992

表 5-11　东北人工林主要树种树枝生物量模型

树种	Biomass=aD^b			胸径（cm）		株数	来源
	a	b	R^2	最小值	最大值		
红松	0.033 34	2.240 00	0.952 0	2.4	30.0	10	Wang，2006
落叶松	0.000 06	4.353 74	0.774 5	7.2	31.4	74	孙志虎，2008
樟子松	0.037 85	1.651 28					张成林和刘欣，1992

表 5-12 东北人工林主要树种树叶生物量模型

| 树种 | Biomass=aD^b | | | 胸径（cm） | | 株数 | 来源 |
	a	b	R^2	最小值	最大值		
红松	0.051 17	1.657 00	0.883 0	2.4	30.0	10	Wang, 2006
落叶松	0.000 14	3.654 33	0.767 1	7.2	31.4	74	孙志虎，2008
樟子松	0.181 05	1.841 50					张成林和刘欣，1992

表 5-13 东北人工林主要树种树根生物量模型

| 树种 | Biomass=aD^b | | | 胸径（cm） | | 株数 | 来源 |
	a	b	R^2	最小值	最大值		
红松	0.019 77	2.376 00	0.910 0	2.4	30.0	10	Wang, 2006
落叶松	0.048 55	2.409 17	0.737 6	7.2	26.4	40	孙志虎，2008

5.3.5 单木生物量模型不同使用方法下林分生物量的差异

5.3.5.1 人工林径级分布

不同林龄落叶松人工林径级分布的研究结果表明（图 5-37，表 5-14），11 块样地的平方平均胸径均低于算术平均胸径，11 块样地中，有 7 块样地的径级分布服从正态分布（表 5-14），其余 4 块落叶松人工林的径级分布呈偏态分布。

5.3.5.2 人工林乔木生物量

从表 5-15 可以看出，将全林每木检尺数据直接代入一元生物量模型的方法 1 所计算出的乔木生物量显著高于将算术平均胸径代入一元生物量模型后乘以林分密度的方法 2（P=0.000 04）和将平方平均胸径代入一元生物量模型后乘以林分密度的方法 3 所计算出的乔木生物量（P=0.000 03，图 5-38），依据方法 2 所计算出的乔木生物量比方法 1 所计算出的乔木生物量低 3.3%～19.7%，平均降低 10.3%；依据方法 3 所计算出的乔木生物量比方法 1 所计算出的乔木生物量低 19.9%～36.7%，平均降低 26.2%。

落叶松人工林树根、树皮、干材、树枝、针叶和乔木总的生物量分别为 19.5～82.2t/hm²、4.7～22.1t/hm²、41.2～334.5t/hm²、8.7～32.3t/hm²、3.6～10.8t/hm²、77.7～481.9t/hm²。

5.3.6 不同起测径阶标准下林分生物量的差异

5.3.6.1 不同林型乔木层生物量

从乔木层地上部分生物量的计算结果可以看出（表 5-16），阔叶红松林、杂木

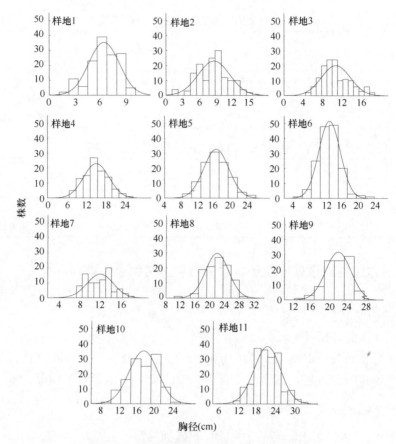

图 5-37　不同龄组落叶松人工林的径级分布

表 5-14　落叶松人工林的胸径描述统计

样地号	胸径（cm）		标准差	峰度	偏度	极差（cm）	最小值（cm）	最大值（cm）	正态性检验	
	算术平均	平方平均							K-S d	P 值
样地 1	5.7	5.4	1.59	−0.10	−0.57	6.8	2.0	8.8	0.047	0.000
样地 2	7.8	7.4	2.54	−0.04	0.01	13.3	1.1	14.4	0.053	0.017
样地 3	9.7	9.2	2.69	−0.15	0.63	11.9	4.7	16.6	0.099	0.049
样地 4	13.6	13.3	3.54	−0.20	0.21	17.5	6.4	23.9	0.048	0.560
样地 5	15.4	14.1	2.75	−0.38	0.29	12.5	9.9	22.4	0.028	0.843
样地 6	12.0	11.1	2.40	1.71	0.68	15.5	5.9	21.4	0.040	0.673
样地 7	11.1	10.5	2.27	−0.62	0.29	9.2	7.2	16.4	0.087	0.005
样地 8	20.5	17.7	2.84	−0.19	−0.39	14.5	11.6	26.1	0.031	0.307
样地 9	20.8	19.1	2.54	−0.10	−0.28	13.5	13.5	27.0	0.041	0.102
样地 10	16.5	15.3	2.85	−0.60	−0.24	12.8	10.0	22.8	0.056	0.065
样地 11	19.9	18.6	3.86	−0.20	0.16	20.1	10.2	30.3	0.031	0.062

表 5-15　落叶松人工林乔木生物量（单位：t/hm²）

计算方法	样地编号	树根	树皮	干材	树枝	针叶	乔木总生物量
方法 1：依据每木检尺数据	样地 1	19.5	4.7	41.2	8.7	3.6	77.7
	样地 2	34.0	8.5	87.9	14.6	5.6	150.6
	样地 3	22.6	5.7	64.8	9.5	3.6	106.2
	样地 4	61.3	16.0	209.0	24.9	8.8	320.0
	样地 5	53.4	14.0	187.8	21.6	7.6	284.4
	样地 6	30.9	7.9	96.0	12.8	4.7	152.3
	样地 7	51.8	13.2	153.9	21.7	8.0	248.6
	样地 8	55.4	14.9	224.6	21.8	7.3	324.0
	样地 9	54.0	14.5	219.2	21.2	7.1	316.0
	样地 10	70.4	18.6	256.2	28.3	9.8	383.3
	样地 11	82.2	22.1	334.5	32.3	10.8	481.9
方法 2：依据算术平均胸径和林分密度	样地 1	17.3	4.1	34.1	7.8	3.3	66.6
	样地 2	28.8	7.1	67.4	12.6	5.0	120.9
	样地 3	20.1	5.0	52.8	8.6	3.3	89.8
	样地 4	54.6	14.1	173.1	22.5	8.1	272.4
	样地 5	50.8	13.3	172.4	20.7	7.3	264.5
	样地 6	28.6	7.3	84.8	12.0	4.4	137.1
	样地 7	48.6	12.3	137.9	20.5	7.7	227.0
	样地 8	53.5	14.3	212.1	21.1	7.1	308.1
	样地 9	52.8	14.2	211.0	20.8	7.0	305.8
	样地 10	66.9	17.6	235.8	27.0	9.4	356.7
	样地 11	77.2	20.6	301.4	30.6	10.3	440.1
方法 3：依据平方平均胸径和林分密度	样地 1	15.2	3.6	29.0	6.9	2.9	57.6
	样地 2	25.4	6.2	57.7	11.1	4.5	104.9
	样地 3	17.7	4.4	45.2	7.6	2.9	77.8
	样地 4	51.8	13.3	162.1	21.4	7.7	256.3
	样地 5	41.1	10.6	132.8	16.9	6.0	207.4
	样地 6	23.7	6.0	67.3	10.0	3.7	110.7
	样地 7	42.5	10.7	117.0	18.0	6.8	195.0
	样地 8	37.5	9.9	137.3	15.0	5.2	204.9
	样地 9	43.0	11.4	163.9	17.1	5.8	241.2
	样地 10	55.8	14.6	188.6	22.7	8.0	289.7
	样地 11	65.6	17.4	246.8	26.2	8.9	364.9

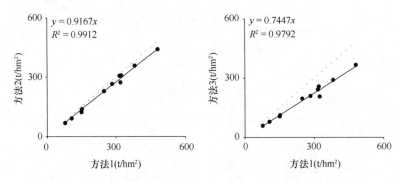

图 5-38　不同方法估计出的落叶松人工林乔木生物量间的关系

表 5-16　不同林型不同龄组的乔木层生物量（胸径>0cm）

林型	龄组	样地数	生物量（t/hm²）							
			树干	P	树枝	P	树叶	P	地上部分	P
阔叶红松林	幼龄林	9	46.21	0.000	12.82	0.000	6.13	0.608	65.17	0.000
			<u>7.93</u>		<u>2.67</u>		<u>1.14</u>		<u>8.40</u>	
	中龄林	9	88.01		21.77		6.58		116.37	
			<u>19.41</u>		<u>6.22</u>		<u>2.19</u>		<u>23.40</u>	
	近熟林	9	121.49		32.78		6.89		161.15	
			<u>26.79</u>		<u>6.02</u>		<u>1.27</u>		<u>31.40</u>	
杂木林	幼龄林	9	94.94	0.041	21.70	0.016	5.18	0.896	121.83	0.031
			<u>19.86</u>		<u>5.86</u>		<u>1.14</u>		<u>25.23</u>	
	中龄林	9	101.77		24.56		5.54		131.87	
			<u>23.14</u>		<u>6.87</u>		<u>2.89</u>		<u>31.21</u>	
	近熟林	9	119.12		30.51		5.53		155.16	
			<u>14.62</u>		<u>5.37</u>		<u>0.63</u>		<u>18.70</u>	
杨桦林	幼龄林	9	73.97	0.000	25.62	0.129	12.09	0.000	111.68	0.000
			<u>13.24</u>		<u>7.61</u>		<u>3.08</u>		<u>14.92</u>	
	中龄林	9	114.04		22.55		7.20		143.79	
			<u>9.51</u>		<u>4.83</u>		<u>1.23</u>		<u>12.44</u>	
	近熟林	9	138.94		20.11		5.23		164.28	
			<u>23.73</u>		<u>3.26</u>		<u>0.88</u>		<u>26.22</u>	
白桦落叶松混交林	幼龄林	9	100.58	0.005	15.64	0.028	7.64	0.036	123.85	0.004
			<u>11.93</u>		<u>2.23</u>		<u>1.35</u>		<u>13.85</u>	
	中龄林	9	96.47		12.73		5.04		114.24	
			<u>18.45</u>		<u>3.59</u>		<u>2.11</u>		<u>22.58</u>	
	近熟林	9	126.83		16.91		9.19		152.93	
			<u>24.89</u>		<u>3.48</u>		<u>4.98</u>		<u>28.71</u>	

注：带下划线数字为标准偏差

林、杨桦林和白桦落叶松混交林的地上部分生物量分别为 65.17~161.15t/hm²、121.83~155.16t/hm²、111.68~164.28t/hm² 和 114.24~152.93t/hm²，且同一林型、不同林龄的乔木层地上部分生物量之间存在显著差异，随着林龄的增加，同一林型的林分生物量表现出增加的趋势。树干生物量随林龄的增加也表现出增加的趋势，且同一林型、不同林龄的树干生物量之间存在显著差异，阔叶红松林、杂木林、杨桦林和白桦落叶松混交林的树干生物量分别为 46.21~121.49t/hm²、94.94~119.12t/hm²、73.97~138.94t/hm² 和 96.47~126.83t/hm²。阔叶红松林、杂木林和白桦落叶松混交林的树枝生物量分别为 12.82~32.78t/hm²、21.70~30.51t/hm² 和 12.73~16.91t/hm²，且同一林型、不同林龄的乔木层树枝生物量之间存在显著差异，随着林龄的增加，同一林型的林分生物量表现出增加的趋势。杨桦林的树枝生物量为 20.11~25.62t/hm²，且不同林龄的乔木层树枝生物量之间无显著差异，随着林龄的增加，同一林型的林分生物量表现出降低的趋势。阔叶红松林和杂木林的树叶生物量分别为 6.13~6.89t/hm²、5.18~5.54t/hm²，且不同林龄的乔木层树叶生物量之间无显著差异，随着林龄的增加，同一林型的林分生物量表现出增加的趋势。杨桦林的树叶生物量为 5.23~12.09t/hm²，且不同林龄的乔木层树叶生物量之间存在显著差异，随着林龄的增加，同一林型的林分表现出降低的趋势。白桦落叶松混交林的树叶生物量为 5.04~9.19t/hm²，且不同林龄的乔木层树叶生物量之间存在显著差异，随着林龄的增加，同一林型的林分生物量表现出增加的趋势。

5.3.6.2 不同林型乔木层生物量分配

四类林型干、枝、叶生物量占地上部分生物量比例的研究结果表明（表 5-17），杂木林各器官生物量占地上部分生物量的比例，在不同林龄的林分中无显著差异，树干、树枝、树叶的比例分别为 76.76%~77.94%、17.79%~19.64%、3.59~4.27%。杨桦林各器官生物量占地上部分生物量的比例在不同林龄的林分中存在显著差异，随着林龄的增加，树干所占比例表现出增加、树枝和树叶所占比例表现出降低的趋势，树干、树枝、树叶的比例分别为 66.26%~84.45%、12.34%~22.90%、3.21%~10.84%。阔叶红松林树干和树叶生物量占地上部分生物量的比例在不同林龄的林分中表现出显著的差异，树枝占地上部分生物量的比例在不同林龄的林分中无显著差异，树干、树枝、树叶的比例分别为 70.61%~75.33%、18.49%~20.68%、4.35%~9.62%。白桦落叶松混交林树干生物量占地上部分生物量的比例在不同林龄的林分中表现出显著的差异，树枝和树叶生物量占地上部分生物量的比例在不同林龄的林分中无显著差异，树干、树枝、树叶的比例分别为 81.18%~84.58%、11.06%~12.65%、4.36%~6.17%。

表 5-17 不同林型不同龄组乔木层地上部分生物量的分配比例（胸径>0cm）

林型	龄组	样地数	各器官生物量占地上部分生物量的比例（%）					
			树干	P	树枝	P	树叶	P
阔叶红松林	幼龄林	9	70.61 _4.70_	0.061	19.77 _3.53_	0.417	9.62 _2.64_	0.002
	中龄林	9	75.33 _4.13_		18.49 _2.98_		6.18 _3.95_	
	近熟林	9	74.96 _4.48_		20.68 _3.86_		4.35 _0.90_	
杂木林	幼龄林	9	77.94 _3.51_	0.662	17.79 _3.13_	0.249	4.27 _0.46_	0.344
	中龄林	9	77.38 _2.39_		18.48 _1.35_		4.15 _1.66_	
	近熟林	9	76.76 _2.05_		19.64 _2.12_		3.59 _0.45_	
杨桦林	幼龄林	9	66.26 _7.78_	0.000	22.90 _5.65_	0.000	10.84 _2.36_	0.000
	中龄林	9	79.36 _2.52_		15.59 _2.45_		5.05 _1.04_	
	近熟林	9	84.45 _1.69_		12.34 _1.60_		3.21 _0.46_	
白桦落叶松混交林	幼龄林	9	81.18 _1.99_	0.025	12.65 _1.47_	0.128	6.17 _0.93_	0.141
	中龄林	9	84.58 _2.64_		11.06 _1.76_		4.36 _1.42_	
	近熟林	9	82.85 _2.69_		11.17 _2.05_		5.98 _3.11_	

注：带下划线数字为标准偏差

5.3.6.3 不同起测径阶标准对林分生物量的影响

从表 5-18 可以看出，除了红松阔叶混交林和杂木林中的近熟林地上部分生物量两种方法之间无显著差异外，其余所有林分的地上部分生物量两种方法之间均有显著差异且依据《国家森林资源连续清查技术规定》的起测胸径标准所计算的生物量（简记为清样标准）均极显著地低于起测胸径大于 0cm 所计算出的生物量（简记为每木标准），减小比例最高达 16.88%。树干、树枝和树叶部分的生物量也表现出类似的趋势，除个别林分外，清样标准均极显著低于每木标准。树干、树枝和树叶部分生物量的最高减小比例分别为 18.59%、18.40%和 27.57%。对于部分林分的枝和叶生物量，如白桦落叶松混交林近熟林的叶生物量、红松阔叶混交林近熟林的枝生物量、杂木林中龄林的枝生物量和近熟林的叶生物量，清样标准却比每木标准高，但是方差分析结果表明，二者之间无显著差异。出现清样标准（样木数少）比每木标准（样木数多）高的原因可能是样地内林木胸径分布严重偏态，导致此时依据胸高断面积确定平均木的方法不能很好地反映林分的平均水平。

表 5-18 不同林型不同龄组林分的乔木层生物量（胸径≥5cm）（单位：t/hm²）

林型	龄组	树干		树枝		树叶		地上部分	
		平均	P 单尾	平均	P 单尾	平均	P 单尾	平均	P 单尾
白桦落叶松混交林	幼龄林	81.88 18.59%	0.00	14.05 10.14%	0.00	7.02 8.08%	0.00	102.95 16.88%	0.00
	中龄林	86.33 10.51%	0.01	12.65 0.62%	0.35	4.83 4.02%	0.14	103.81 9.12%	0.01
	近熟林	114.66 9.60%	0.01	16.26 3.83%	0.03	10.20 −10.99%	0.11	141.13 7.72%	0.02
红松阔叶混交林	幼龄林	43.53 5.79%	0.03	11.79 8.10%	0.00	4.44 27.57%	0.01	59.76 8.30%	0.00
	中龄林	78.42 10.90%	0.01	20.31 6.70%	0.06	5.37 18.39%	0.08	104.11 10.54%	0.00
	近熟林	118.83 2.18%	0.20	32.79 −0.03%	0.50	6.72 2.49%	0.27	158.34 1.75%	0.26
杨桦林	幼龄林	66.42 10.21%	0.00	20.90 18.40%	0.00	10.31 14.78%	0.00	97.62 12.58%	0.00
	中龄林	112.84 1.05%	0.14	18.75 16.85%	0.00	6.90 4.12%	0.04	138.50 3.68%	0.00
	近熟林	117.62 15.35%	0.00	19.43 3.38%	0.01	4.76 8.93%	0.00	141.81 13.68%	0.00
杂木林	幼龄林	91.38 3.76%	0.01	21.38 1.51%	0.01	5.12 1.24%		117.87 3.25%	0.01
	中龄林	97.66 4.04%	0.02	24.61 −0.20%	0.46	4.55 17.79%	0.15	126.82 3.83%	0.02
	近熟林	118.33 0.66%	0.25	30.07 1.44%	0.06	5.57 −0.72%	0.05	153.98 0.76%	0.17

注：带下划线数字为减小比例，指依据临时样地中胸径≥5cm 的样木数据所计算出的乔木层生物量比依据临时样地中胸径＞0cm 的样木数据所计算出的乔木层生物量减小的比例

5.3.7 人工林林分生物量与林分蓄积量的关系

5.3.7.1 未郁闭落叶松人工林灌草生物量

从皆伐迹地到落叶松人工林郁闭前的灌木和草本植物生物量的调查结果表明（表5-19），林分郁闭前，林龄对灌木和草本植物的总生物量及灌木的叶、枝、根和草本植物的地下部分的生物量影响均显著（$P<0.0001$），而对草本植物地上部分生物量的影响不显著（$P=0.6138$）：随林龄增加，灌木的叶生物量呈降低趋势，林龄为5年时，灌木叶生物量最高，为 1.7887t/hm^2，林龄为9年时，灌木叶生物量最低，为 0.4839t/hm^2；灌木的枝和根生物量均呈现先升高后降低的抛物线式的变化趋势，分别在林龄为7年和8年时达到最大值，分别为4.1166t/hm^{2}和13.8983t/hm^2。出现上述现象的原因可能是灌木叶的生长受光照影响较大，随林分逐渐郁闭，林内光照不足，灌木叶最先受到限制，从而产生较小的灌木叶生物量。草本植物地下部分生物量受林龄影响较大（$P=0.0000$），而草本植物地上部分生物量受林龄影响较小（$P=0.6138$），林龄为5年时，草本植物地下部分的生物量最大，为 8.4041t/hm^2。灌木和草本植物的总生物量随林龄变化表现出先升高后降低的抛物线式的变化趋势，林龄为5年时，灌木和草本植物的总生物量最高，为 26.9293t/hm^2。

表5-19　未郁闭落叶松人工林灌草生物量（单位：t/hm^2）

造林时间（年）	灌木			草本		灌草总重
	叶	枝	根	地上部分	地下部分	
0	1.7330	0.8442	6.2379	2.3306	3.7620	14.9077
	(0.2594)	(0.3217)	(5.4413)	(1.6531)	(2.0385)	(5.7698)
4	1.0413	0.7277	5.5606	2.5988	2.5430	12.4714
	(0.4461)	(0.2417)	(2.3752)	(0.6175)	(0.8672)	(2.7067)
5	1.7887	2.7278	11.3633	2.6454	8.4041	26.9293
	(0.8106)	(1.7115)	(6.1477)	(0.8737)	(2.2122)	(8.4983)
7	1.6848	4.1166	9.3846	1.7838	4.6889	21.6587
	(0.5746)	(1.2233)	(4.3094)	(0.9049)	(4.1376)	(4.7591)
8	1.2176	2.3945	13.8983	2.1468	3.9741	23.6313
	(0.5675)	(0.9606)	(7.3629)	(0.8635)	(1.7621)	(9.0632)
9	0.4839	1.0345	3.5230	2.0995	1.4202	8.5611
	(0.4281)	(0.9340)	(1.8757)	(1.3750)	(0.8418)	(2.6364)
P 值	0.0000	0.0000	0.0003	0.6138	0.0000	0.0000

注：括号内数字为标准偏差

5.3.7.2 郁闭后落叶松人工林灌草生物量

郁闭落叶松人工林灌木和草本植物生物量与林龄关系的研究结果表明（表5-20），林龄对灌木的叶、根和草本植物地上部分的生物量影响显著（$P<0.050$），而对灌木的枝生物量和草本植物的地下部分的生物量影响不显著（$P>0.05$）。随着林龄增加，灌木的叶、枝和根生物量以及草本植物地下部分生物量均呈现先降低后升高的趋势，草本植物的地上部分生物量均呈现降低趋势，而灌木和草本植物的总生物量随林龄增加表现出先降低后升高的趋势，在林龄为 14 年时，灌木和草本植物的总生物量最低，为 6.7676t/hm²。

表 5-20　郁闭后长白落叶松人工林灌草生物量（单位：t/hm²）

林龄（年）	灌木			草本		灌草总重
	叶	枝	根	地上部分	地下部分	
11	0.5356 (0.1818)	0.7462 (0.3383)	8.6160 (3.8964)	2.2438 (1.0502)	1.2827 (0.7581)	13.4243 (3.6864)
12	0.1748 (0.2238)	0.2007 (0.2552)	3.6421 (6.2527)	1.8519 (1.4113)	1.5940 (1.0432)	7.4635 (6.7320)
13	0.2752 (0.2291)	0.8142 (0.7675)	3.4776 (2.9995)	0.5873 (0.3811)	2.2589 (1.9546)	7.4132 (4.0830)
14	0.4508 (0.3094)	1.3176 (1.4010)	2.5228 (1.5834)	0.9186 (0.1726)	1.5578 (1.3753)	6.7676 (3.4255)
16	0.5543 (0.2706)	0.8440 (0.3868)	9.9939 (4.5281)	0.5316 (0.2129)	1.5488 (1.2044)	13.4726 (4.5675)
22	0.8780 (0.5808)	1.1133 (0.8639)	8.1252 (4.6686)	1.5471 (1.2827)	1.7271 (2.4669)	13.3907 (6.1207)
35	0.5948 (0.3337)	0.9959 (0.6032)	8.7613 (4.4279)	0.5184 (0.3281)	0.8769 (0.3723)	11.7473 (4.5727)
P 值	0.0004	0.0843	0.0001	0.0000	0.4680	0.0011

注：括号内数字为标准偏差

5.3.7.3　成熟林不同密度落叶松人工林灌草生物量

不同密度、同一立地、同一林龄（50 年生）的落叶松成熟林的灌木和草本植物的生物量的调查结果表明（表 5-21），随着林分密度增加，灌木叶、枝和根的生物量均呈现先增加后降低的趋势，林分密度分别在 1025 株/hm²、1125 株/hm² 和 1025 株/hm² 时，相应指标的生物量达最大值。草本植物地上部分的生物量呈现降低趋势，而草本植物地下部分生物量呈现先增高后降低的趋势。灌木和草本植物的总生物量随林分密度的增加表现出先增加后降低的趋势，林分密度为 1025 株/hm² 时，灌木和草本植物的总生物量最高，为 21.0058t/hm²。

表 5-21　不同密度 50 年生长白落叶松人工林灌草生物量（单位：t/hm²）

密度（株/hm²）	灌木			草本		灌草总重
	叶	枝	根	地上部分	地下部分	
900	0.8535 (0.3966)	0.9118 (0.7037)	6.9589 (4.5135)	1.7291 (0.2521)	0.5942 (0.5724)	11.0475 (5.2558)
1025	1.2855 (0.3560)	0.8790 (0.3073)	15.1966 (2.6194)	1.2303 (0.4492)	2.4144 (2.1806)	21.0058 (2.9527)
1125	0.8023 (0.3759)	1.6022 (0.9387)	8.8331 (2.9382)	1.7273 (0.6580)	2.7285 (1.6822)	15.6934 (2.3247)
1550	0.5860 (0.1639)	0.7097 (0.2557)	3.7760 (2.3009)	1.5531 (1.1041)	2.1308 (1.1349)	8.7556 (2.2150)
P 值	0.03	0.15	0.00	0.64	0.16	0.00

注：括号内数字为标准偏差

5.3.7.4 落叶松人工林生物量转换因子连续函数

依据落叶松人工林乔木和灌草生物量的调查结果，汇总出的林分乔灌草生物量见表 5-22。结合林分蓄积量估计结果，计算出的落叶松人工林生物量转换因子（BEEF=林分生物量与蓄积量之比）见表 5-23。从林分生物量转换因子与林分蓄积量的关系图（图 5-39）可以看出，随着林分蓄积量的增加，生物量转换因子表现出降低的趋势。4 类模型均能较好地反映二者之间的关系。从 4 类模型拟合结果的相关系数来看（表 5-23），模型 $BEEF=1/(a+b/V)$ 和 $BEEF=aV/(b+V)$ 所拟合的决定系数均比模型 $BEEF=aV^{-b}$ 和 $BEEF=a+b/V$ 高。从 4 类模型的回归方程参数的变动系数来看，模型 $BEEF=aV/(b+V)$ 的参数变动系数均较其他三类模型低。综合来看，4 类模型中，模型 $BEEF=aV/(b+V)$ 最能反映生物量转换因子与林分蓄积量之间的关系。

表 5-22　落叶松人工林乔灌草生物量

计算方法	样地编号	林分蓄积量（m³/hm²）	乔灌草生物量（t/hm²）	生物量转换因子
方法 1：依据每木检尺数据	样地 1	56.2324	91.0603	1.6194
	样地 2	111.0737	158.0036	1.4225
	样地 3	78.7568	113.6284	1.4428
	样地 4	237.9392	326.8623	1.3737
	样地 5	211.4527	296.1006	1.4003
	样地 6	113.2352	167.5612	1.4798
	样地 7	184.7477	260.3412	1.4092
	样地 8	239.7258	335.5527	1.3997
	样地 9	233.8060	327.5577	1.4010
	样地 10	284.8382	396.6835	1.3927
	样地 11	356.2323	496.0138	1.3924
方法 2：依据算术平均胸径和林分密度	样地 1	56.2324	80.0447	1.4235
	样地 2	111.0737	128.3526	1.1556
	样地 3	78.7568	97.1570	1.2336
	样地 4	237.9392	279.2639	1.1737
	样地 5	211.4527	276.2265	1.3063
	样地 6	113.2352	152.3909	1.3458
	样地 7	184.7477	238.7560	1.2923
	样地 8	239.7258	319.6825	1.3335
	样地 9	233.8060	317.2501	1.3569
	样地 10	284.8382	370.1703	1.2996
	样地 11	356.2323	454.2802	1.2752

续表

计算方法	样地编号	林分蓄积量（m³/hm²）	乔灌草生物量（t/hm²）	生物量转换因子
方法3：依据平方平均 胸径和林分密度	样地1	56.2324	71.0969	1.2643
	样地2	111.0737	112.3455	1.0114
	样地3	78.7568	85.1365	1.0810
	样地4	237.9392	263.0683	1.1056
	样地5	211.4527	219.1886	1.0366
	样地6	113.2352	126.0717	1.1134
	样地7	184.7477	206.8167	1.1195
	样地8	239.7258	216.5667	0.9034
	样地9	233.8060	252.7826	1.0812
	样地10	284.8382	303.0461	1.0639
	样地11	356.2323	379.0343	1.0640

表 5-23　落叶松人工林生物量转换因子连续函数模型参数

计算方法	模型	模型参数		R^2
		a	b	
方法1：依据每木检尺数据	BEEF=aV^{-b}	2.0348（7.68）**	0.0690（21.81）**	0.6924**
	BEEF=$a+b/V$	1.3361（1.32）**	13.3842（15.84）**	0.8158**
	BEEF=$1/(a+b/V)$	0.7449（1.10）**	−6.3350（14.00）**	0.8338**
	BEEF=$aV/(b+V)$	1.3424（1.10）**	−8.5040（13.08）**	0.8338**
方法2：依据算术平均 胸径和林分密度	BEEF=aV^{-b}	1.4114（17.78）**	0.0175（197.72）	0.0270**
	BEEF=$a+b/V$	1.2594（3.62）**	4.4218（123.76）	0.0676**
	BEEF=$1/(a+b/V)$	0.7944（3.43）**	−2.7493（114.52）	0.0715**
	BEEF=$aV/(b+V)$	1.2588（3.43）**	−3.4609（111.62）	0.0715**
方法3：依据平方平均 胸径和林分密度	BEEF=aV^{-b}	1.5797（19.48）**	0.0750（50.86）	0.2901**
	BEEF=$a+b/V$	0.9955（4.09）**	11.5452（42.33）**	0.3828**
	BEEF=$1/(a+b/V)$	1.0000（3.46）**	−9.8066（37.48）**	0.4018**
	BEEF=$aV/(b+V)$	1.0000（3.46）**	−9.8071（34.58）**	0.4018**

注：括号中数据为参数的变动系数（%）

*为 0.05 显著性水平；**为 0.01 显著性水平

5.3.8　大兴安岭林分生物量与林分蓄积量的关系

5.3.8.1　森林资源连续清查数据库林型划分

　　大兴安岭森林树种虽以落叶松和白桦为主，但经常混交其他树种，少有单树种纯林，为此依据森林资源连续清查资料（一类调查）中的每木检尺数据计算出的固

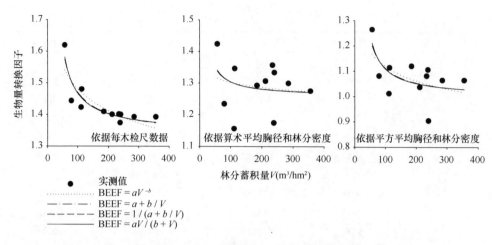

图 5-39　落叶松人工林生物量转换因子（BEEF）与林分蓄积量之间的关系

定样地所处林分的树种组成，结合各树种生物学特性和生境，将大兴安岭森林分为落叶松林（落叶松占 70%以上）、白桦林（白桦和黑桦合计占 70%以上）、山杨林（山杨占 40%以上）、樟子松林（樟子松占 20%以上）、云杉林（云杉占 20%以上）、黑桦林（黑桦占 30%以上）、杂木林（暴马丁香和其他阔叶树合计占 50%以上）、落叶松白桦林（白桦和杨树占 50%以上，落叶松占 30%以上）、白桦落叶松林（落叶松占 50%以上，白桦和杨树合计占 40%以上）、杨桦林（山杨和白/黑桦均占 30%以上）、赤杨林（赤杨占 50%以上）。

5.3.8.2　大兴安岭主要林型林分生物量转换因子

从图 5-40 可以看出，大兴安岭典型林分生物量与林分蓄积量呈正相关关系，虽然线性模型能够显著反映二者之间的关系（$P<0.0001$），但是从二者的转换因子（林分生物量与林分蓄积量之比）随林分蓄积量的变化可以看出（图 5-41），该转换因子并不为常数，其随林分蓄积量的增加而增加。图 5-41 中的模型分别能够很好地反映二者之间的关系（$P<0.0001$）。

5.3.8.3　大兴安岭主要林型树干材积密度

不同林型树干材积密度（林分树干生物量与林分蓄积量之比，WD）见表 5-24。落叶松林材积密度最大，柳林最小。阔叶林中山杨林最小，针叶林中云杉林较小（表 5-24）。

从树干材积密度与林分蓄积量的关系（图 5-42）可以看出，随着林分蓄积量的增加，各林型材积密度变化趋势略有不同，樟子松林的树干材积密度表现出先增加后降低的趋势，白桦林、黑桦林、白桦落叶松林、落叶松林表现出先增加后

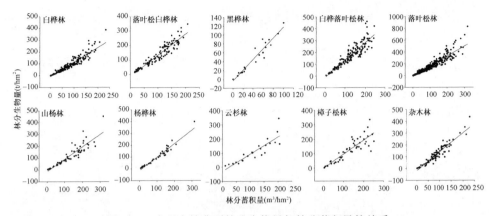

图 5-40　大兴安岭典型林分生物量与林分蓄积量的关系

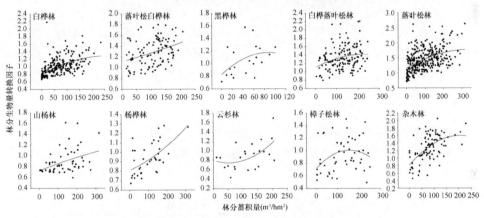

图 5-41　大兴安岭典型林分生物量转换因子与林分蓄积量的关系

表 5-24　大兴安岭主要林型树干材积密度

林型	样地数	树干材积密度（t/m³）				模型参数 WD=ax^2+bx+c			R^2
		均值	标准差	最小值	最大值	a	b	c	
白桦林	246	0.6998	0.1782	0.4868	1.7296	-5.706×10^{-6}	0.0027	0.5635	0.2879
落叶松白桦林	106	0.9348	0.2053	0.5565	1.3677	2.851×10^{-6}	0.0008	0.8046	0.1181
黑桦林	20	0.7087	0.1186	0.5	0.9507	-2.511×10^{-5}	0.0043	0.5842	0.2392
白桦落叶松林	149	0.9665	0.2427	0.5195	1.7361	-5.208×10^{-6}	0.0024	0.7593	0.0868
落叶松林	312	1.0366	0.345	0.4	2.3172	-4.733×10^{-6}	0.0032	0.7899	0.2071
山杨林	58	0.647	0.1744	0.4486	1.2652	4.965×10^{-7}	0.0008	0.5326	0.171
杨桦林	39	0.6658	0.1169	0.4825	0.9848	2.797×10^{-6}	0.0003	0.59	0.378
云杉林	23	0.6416	0.2267	0.296	1.3317	1.711×10^{-5}	-0.0019	0.5759	0.3185
樟子松林	52	0.6589	0.2115	0.3399	1.1565	-8.921×10^{-6}	0.0028	0.4981	0.1029
杂木林	95	0.8607	0.2071	0.406	1.3432	-8.675×10^{-6}	0.0042	0.5823	0.3516
赤杨林	1	0.7791	0	0.7791	0.7791	—	—	—	
柳林	2	0.3673	0.0518	0.3307	0.4039	—	—	—	

注：x 为林分蓄积量

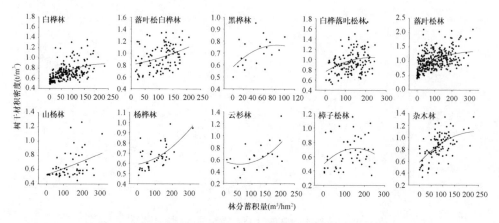

图 5-42　大兴安岭主要林型树干材积密度与林分蓄积量的关系

稳定的"S"形曲线形式，落叶松白桦林、山杨林、杨桦林现出线性增加趋势，云杉林和杂木林表现出幂函数增加趋势。二项式模型能够较好地反映出部分林型树干材积密度与林分蓄积量的关系（图 5-42，表 5-24）。

5.3.8.4　大兴安岭主要林型根冠比

不同林型根冠比（乔木地下生物量与乔木地上生物量之比，RSR）见表 5-25。不同林型根冠比存在一定差异（表 5-25）。落叶松林根冠比最大，柳林最小（0.1191~0.1744）。

表 5-25　大兴安岭主要林型根冠比

林型	样地数	根冠比				模型参数 RSR=ax^2+bx+c			R^2
		均值	标准差	最小值	最大值	a	B	c	
白桦林	246	0.2175	0.0167	0.1621	0.2559	-7.61×10^{-7}	2.89×10^{-5}	0.2209	0.1106
落叶松白桦林	106	0.2084	0.024	0.1644	0.2746	1.95×10^{-8}	-0.0002	0.2307	0.179
黑桦林	20	0.2065	0.0108	0.1818	0.2292	4.77×10^{-6}	-0.0006	0.2194	0.2323
白桦落叶松林	149	0.2102	0.0256	0.1363	0.2844	3.15×10^{-7}	-0.0002	0.2317	0.11
落叶松林	312	0.2265	0.0424	0.1406	0.3524	1.72×10^{-6}	-0.0007	0.27	0.3149
山杨林	58	0.1684	0.033	0.0885	0.2275	-1.83×10^{-6}	0.0007	0.1208	0.3328
杨桦林	39	0.1885	0.0175	0.1503	0.2153	-6.43×10^{-7}	0.0002	0.176	0.1096
云杉林	23	0.187	0.0228	0.1412	0.225	-8.26×10^{-9}	4.08×10^{-6}	0.1866	3.40×10^{-5}
樟子松林	52	0.2163	0.0324	0.1676	0.3379	1.05×10^{-6}	-0.0005	0.2501	0.2417
杂木林	95	0.2002	0.0279	0.0789	0.2449	-1.17×10^{-6}	0.0003	0.1823	0.0577
赤杨林	1	0.231	0	0.231	0.231	—	—	—	—
柳林	2	0.1468	0.0391	0.1191	0.1744				

注：x 为林分蓄积量

从大兴安岭典型森林根冠比与林分蓄积量的关系（图5-43）可以看出，随着林分蓄积量的增加，各林型之间变化趋势不同，白桦林、落叶松白桦林、白桦落叶松林、樟子松林呈降低趋势，黑桦林、落叶松为先降低后增加趋势，山杨林、杨桦林、杂木林是先增加后降低的趋势，而云杉林为恒定值变化趋势。二项式模型能够较好地反映出部分林型根冠比与林分蓄积量的关系（图5-43，表5-25）。

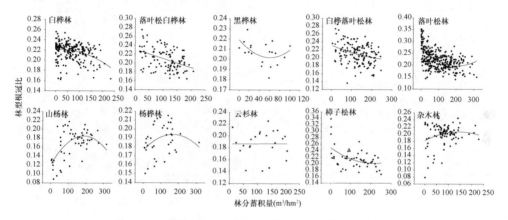

图5-43　大兴安岭主要林型根冠比与林分蓄积量的关系

5.3.8.5　大兴安岭主要林型生物量扩展因子连续函数

利用乔木地上生物量和树干生物量，计算生物量扩展因子（BEF=林分乔木地上生物量与树干生物量之比）的结果见表5-26。黑桦林 BEF 最大，落叶松林最小。

表5-26　大兴安岭典型林分生物量扩展因子（BEF）连续函数模型参数

林型	样地数	BEF				模型	模型参数		R^2
		均值	标准差	最小值	最大值		a	b	
白桦林	246	1.1657	0.0524	1	1.6773	$BEF=aV^{-b}$	1.1359	−0.0074	0.0676
						$BEF=a+b/V$	1.1683	−0.0112	0.0300
						$BEF=1/(a+b/V)$	0.8559	0.0088	0.0308
						$BEF=aV/(b+V)$	0.2330	−0.9368	0.0000
落叶松白桦林	106	1.1512	0.0373	1.0912	1.3151	$BEF=aV^{-b}$	1.1599	0.0017	0.0011
						$BEF=a+b/V$	1.1504	0.0578	0.0003
						$BEF=1/(a+b/V)$	0.8693	−0.0435	0.0003
						$BEF=aV/(b+V)$	1.1504	−0.0501	0.0003
黑桦林	20	1.2382	0.0951	1.1356	1.4914	$BEF=aV^{-b}$	1.2191	−0.0045	0.0059
						$BEF=a+b/V$	1.2355	0.0109	0.0119
						$BEF=1/(a+b/V)$	0.8094	−0.0069	0.0120
						$BEF=aV/(b+V)$	1.1243	−2.2386	0.0000

续表

林型	样地数	BEF				模型	模型参数		R^2
		均值	标准差	最小值	最大值		a	b	
白桦落叶松林	149	1.1535	0.0422	1.0844	1.3772	$BEF=aV^{-b}$	1.2199	0.0120	0.0503
						$BEF=a+b/V$	1.1487	0.3664	0.0295
						$BEF=1/(a+b/V)$	0.8703	−0.2543	0.0285
						$BEF=aV/(b+V)$	0.9858	−8.5780	0.0000
落叶松林	312	1.1474	0.0437	1.0724	1.3333	$BEF=aV^{-b}$	1.2334	0.0179	0.4209
						$BEF=a+b/V$	1.1420	0.0554	0.2935
						$BEF=1/(a+b/V)$	0.8753	−0.0352	0.2817
						$BEF=aV/(b+V)$	0.9271	−1.0449	0.0000
山杨林	58	1.1783	0.036	1.097	1.2795	$BEF=aV^{-b}$	1.2749	0.0173	0.3100
						$BEF=a+b/V$	1.1698	0.4193	0.1841
						$BEF=1/(a+b/V)$	0.8545	−0.2791	0.1784
						$BEF=aV/(b+V)$	0.6552	−5.7434	0.000
杨桦林	39	1.1758	0.0441	1.1094	1.3729	$BEF=aV^{-b}$	1.1802	0.0009	0.0005
						$BEF=a+b/V$	1.1758	−0.0036	0.0000
						$BEF=1/(a+b/V)$	0.8505	0.0026	0.0000
						$BEF=aV/(b+V)$	1.1758	0.0030	0.0000
云杉林	23	1.1845	0.0424	1.0988	1.2827	$BEF=aV^{-b}$	1.2741	0.0160	0.1132
						$BEF=a+b/V$	1.1799	0.3097	0.0188
						$BEF=1/(a+b/V)$	0.8474	−0.2109	0.0182
						$BEF=aV/(b+V)$	1.1801	−0.2489	0.0182
樟子松林	52	1.1692	0.0399	1.1	1.2723	$BEF=aV^{-b}$	1.1550	−0.0028	0.0094
						$BEF=a+b/V$	1.1708	−0.0431	0.0082
						$BEF=1/(a+b/V)$	0.8541	0.0321	0.0083
						$BEF=aV/(b+V)$	1.1708	0.0376	0.0083
杂木林	95	1.2332	0.0738	1.1109	1.464	$BEF=aV^{-b}$	1.1621	−0.0142	0.0662
						$BEF=a+b/V$	1.2356	−0.0738	0.0355
						$BEF=1/(a+b/V)$	0.8092	0.0523	0.0360
						$BEF=aV/(b+V)$	1.2358	0.0647	0.0360
赤杨林	1	1.1592	0	1.1592	1.1592				
柳林	2	1.1799	0.015	1.1693	1.1905				

从林分生物量扩展因子随林分蓄积量变化的趋势（图 5-44）可以看出，不同林型 BEF 随林分蓄积量的变化趋势不同，白桦林、落叶松白桦林、白桦落叶松林、杨桦林和杂木林为恒定趋势，黑桦林、樟子松林呈增加趋势，落叶松林、山杨林、云杉林为降低趋势。不同林型，适宜描述其林分生物量扩展因子与林分蓄积量的关系模型不同（表 5-26），从决定系数（R^2）可以得出，除了黑桦林适宜的模型形式为 $BEF=1/(a+b/V)$ 外，其余各林型适宜的模型形式均为 $BEF=aV^{-b}$。

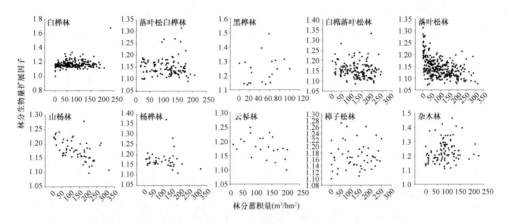

图 5-44　大兴安岭主要林型生物量扩展因子与林分蓄积量的关系

5.3.8.6　大兴安岭主要林型生物量转换与扩展因子连续函数

结合大兴安岭主要林型每木检尺结果和立木材积式，估计林分蓄积量；结合每木检尺结果和单木生物量模型，估计乔木地上生物量。利用乔木地上生物量与林分蓄积量，计算生物量转换与扩展因子（BCEF=乔木地上生物量与林分蓄积量之比），结果见表 5-27。从表 5-27 可以看出，不同林型 BCEF 间差异明显，柳林最低、落叶松林最高。

表 5-27　大兴安岭主要林型生物量转换与扩展因子（BCEF）连续函数模型参数

林型	样地数	BCEF				模型	模型参数		R^2
		均值	标准差	最小值	最大值		a	b	
白桦林	246	0.8159	0.2073	0.5385	1.8775	$BCEF=aV^{-b}$	0.5619	−0.1031	0.3119
						$BCEF=a+b/V$	0.8318	−0.0685	0.0722
						$BCEF=1/(a+b/V)$	1.1868	0.2617	0.0970
						$BCEF=aV/(b+V)$	0.8426	0.2205	0.0970
落叶松白桦林	106	1.072	0.2188	0.6617	1.5296	$BCEF=aV^{-b}$	0.6277	−0.1177	0.1209
						$BCEF=a+b/V$	1.1476	−5.4637	0.0899
						$BCEF=1/(a+b/V)$	0.8557	5.9158	0.0969
						$BCEF=aV/(b+V)$	1.1686	6.9140	0.0969
黑桦林	20	0.8848	0.2053	0.64	1.3238	$BCEF=aV^{-b}$	0.6536	−0.0868	0.1822
						$BCEF=a+b/V$	0.9000	−0.0617	0.0817
						$BCEF=1/(a+b/V)$	1.1096	0.1126	0.0838
						$BCEF=aV/(b+V)$	0.9013	0.1015	0.0838

续表

林型	样地数	BCEF				模型	模型参数		R^2
		均值	标准差	最小值	最大值		a	b	
白桦落叶松林	149	1.1088	0.2536	0.6255	1.9076	$BCEF=aV^{-b}$	0.6805	−0.1037	0.0865
						$BCEF=a+b/V$	1.1481	−3.0249	0.0558
						$BCEF=1/(a+b/V)$	0.8451	4.8746	0.0720
						$BCEF=aV/(b+V)$	1.1834	5.7693	0.0720
落叶松林	312	1.176	0.3547	0.5289	2.4849	$BCEF=aV^{-b}$	0.6943	−0.1264	0.2516
						$BCEF=a+b/V$	1.2014	−0.2574	0.0962
						$BCEF=1/(a+b/V)$	0.7888	1.6552	0.1801
						$BCEF=aV/(b+V)$	1.2679	2.1031	0.1801
山杨林	58	0.7588	0.187	0.5257	1.3879	$BCEF=aV^{-b}$	0.4907	−0.0947	0.1172
						$BCEF=a+b/V$	0.7815	−1.1104	0.0479
						$BCEF=1/(a+b/V)$	1.2639	3.0081	0.0576
						$BCEF=aV/(b+V)$	0.7912	2.3793	0.0576
杨桦林	39	0.7823	0.1358	0.5688	1.0925	$BCEF=aV^{-b}$	0.5088	−0.0985	0.2418
						$BCEF=a+b/V$	0.8222	−1.8463	0.1379
						$BCEF=1/(a+b/V)$	1.2030	3.8104	0.1453
						$BCEF=aV/(b+V)$	0.8313	3.1676	0.1453
云杉林	23	0.7516	0.2375	0.3797	1.4632	$BCEF=aV^{-b}$	0.2767	−0.2161	0.1735
						$BCEF=a+b/V$	0.7870	−2.3797	0.0352
						$BCEF=1/(a+b/V)$	1.1957	10.5721	0.0573
						$BCEF=aV/(b+V)$	0.8369	8.9012	0.0573
樟子松林	52	0.7651	0.2281	0.4032	1.2819	$BCEF=aV^{-b}$	0.5162	−0.0883	0.1113
						$BCEF=a+b/V$	0.8004	−0.9548	0.1232
						$BCEF=1/(a+b/V)$	1.2396	2.3540	0.1220
						$BCEF=aV/(b+V)$	0.8067	1.8991	0.1220
杂木林	95	1.0658	0.2783	0.4801	1.7245	$BCEF=aV^{-b}$	0.5047	−0.1760	0.2971
						$BCEF=a+b/V$	1.0708	−0.3393	0.0484
						$BCEF=1/(a+b/V)$	0.8222	6.2962	0.0913
						$BCEF=aV/(b+V)$	1.2162	7.6577	0.0913
赤杨林	1	0.9031	0	0.9031	0.9031				
柳林	2	0.4338	0.0666	0.3867	0.4809				

拟合出的生物量转换与扩展因子与林分蓄积量的模型参数见表 5-27。从拟合出的 R^2（表 5-27）和生物量转换与扩展因子间的散点图（图 5-45）可以看出，各林型 BCEF 随林分蓄积量的增加均呈增加趋势，各林型适宜描述其生物量转换与扩展因子和林分蓄积量的关系模型略有不同，除樟子松林适宜的模型形式为 $BCEF=a+b/V$ 外，其余各林型的适宜模型形式均为 $BCEF=aV^{-b}$。

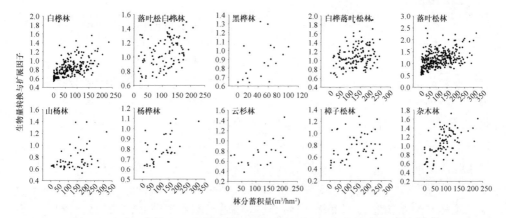

图 5-45　大兴安岭主要林型生物量转换与扩展因子与林分蓄积量的关系

5.4　讨　论

5.4.1　单木和林分生长特征

　　研究树木和林分的生长过程在蓄积量和材种出材量计算、森林采伐量确定、森林资源评估、森林经营措施安排等生产经营过程中有着极其重要的作用。林木生长过程的分析方法一直集中于通过树干解析的方式确定单木的胸径、树高和材积生长过程，并通过了解林木个体的生长变化来预测林分的生长状况（巨文珍等，2010）。单木和林分生长模型的建立也一直是国内外学者研究林分生长过程的重点。徐庆华等（2009）对长白落叶松幼苗的生长特征进行了研究，得出长白落叶松的苗高和地径生长呈 Logistic 数学模型曲线，苗高和地径间的关系为指数，苗高生长量与生长期间大于 10℃ 的日均温度呈线性相关。徐庆华等（2010a）通过对长白落叶松苗高生长与气象因子的关系分析，得出苗高生长速率与大气温度和露点变化呈极显著的线性相关关系。巨文珍等（2010b）对小兴安岭暗棕壤上的长白落叶松胸径、树高和材积的连年生长量及平均生长量进行了分析，建立了胸径、树高和材积最优生长方程，提出 18 年左右进行抚育间伐，28～33 年进行主伐。殷鸣放等（2008）利用辽宁 45 年生长白落叶松和日本落叶松各 6 株的单木材积连年生长量及平均生长量，结合不同年龄阶段碳百分含量及碳密度的测定，对长白落叶松和日本落叶松的碳储量成熟龄进行了探讨，得出长白落叶松和日本落叶松的材积数量成熟龄分别为 48.3 年和 49.3 年，长白落叶松碳密度最大值在第 30 年，日本落叶松在第 35 年，长白落叶松和日本落叶松的碳储量成熟龄分别为 48.7 年和 47.7 年。徐庆华等（2010b）通过长白落叶松幼苗室外瓶栽蒸馏水培试验，研究了苗木耗水速率与气象因子的关系，得出幼苗耗水速率与近地面 1m 处空气湿度呈显著指数性负相关关系。魏红旭等（2010）利用溶液培养法研究了不同生长期长白落叶松苗木对氮的吸收特点，得出苗木培育过程中应以铵态氮肥为主。王志明和刘国荣（2006）通过长白落叶松叶部病虫不同程度危害的模拟试验和树干解析，确定了失叶量与材积生长量的关系，得出长白落叶松受叶部病虫危害后具有补偿和超补偿效应。赵溪竹等（2007）对长白落叶松、日本落叶松和兴安落叶松的光合作用日变化、季节变化和光响应曲线进行了调查，得出长白落叶松、日本落叶松光合速率日变化呈双峰曲线，兴安落叶松呈单峰曲线，日本落叶松幼苗较喜光，兴安落叶松幼苗较耐阴。梁凤山等（2010）研究了整地方式对杂种落叶松生长的影响，得出杂种落叶松适宜的整地方式是穴状>揭草皮>高台>现整现造。吕林昭等（2008）用胸径大小比数、点格局分布和混交度分析了长白山地区落叶松人工林林分结构的时间变化，得出落叶松由轻微聚集分布向均匀分布和随机分布转变，落叶松混交度上升，树木之间的胸径差异扩大。张会儒等（2009）用角尺度、混交度和大小比数对长白落叶松人工林进行了分析。孙志虎和张彦东（2009）对 55 年生的长白落叶松人工林下天然更新幼苗的空间分布格局进行了研究，得出落叶松天然更新幼苗的分布为聚集分布。姜荣春等（2010）对幼龄长白落叶松人工林树皮生物量和氮、磷、钾养分储量进行了研究，得出树高或胸径能够用于预测单木各类树皮生物量和树皮中氮、磷、钾养分储量，但对具体林分进行估测时，仍需考虑立地条件。刘梅等（2006）对长白落叶松人工幼林进行了施肥试验，得出二铵的施肥效果好于过磷酸钙和尿素，适宜的二铵、过磷酸钙为每株 50g，尿素为每株 75g。潘建中等（2007）通过分析不同抚育强度下长白落叶松人工林的长期定位观测资料，提出长白落叶松人工林适宜采取的经营密度指数为 0.7～0.8。梁晓东等（2010）通过不同立地条件、不同龄组长白落叶松人工林林外雨和穿透雨水样的养分分析，对比研究了雨水中养分含量的变化规律。孔忠东（2007）运用"两行一带"的造林模式，通过不同宽度效应带的落叶松人工林的水分、土壤温度、土壤元素及生产力情况的调查分析，提出 8m 效应带是最佳选择。

5.4.2 单木生物量模型和生物量分配规律

林木生物量的测定非常困难，传统的全收获方法成本较高且会对林木造成一定破坏。目前利用相关模型通过林木易测因子来估计生物量已成为流行的方法，模型建成后就可以利用常规调查资料来估计林木和林分生物量（付尧等，2011）。付尧等（2011）利用小兴安岭暗棕壤上的 42 株长白落叶松平均木生物量数据，建立了单株木、地上部分、树干、根系、树枝、树叶生物量的相容性模型。曾伟生和唐守正（2011）建立了东北落叶松的相容性地上生物量模型、地下生物量模型和根茎比模型。马炜等（2010）利用生长于小兴安岭暗棕壤上的 18 株长白落叶松的单木生物量数据，分析了长白落叶松单木生物量的分配状况。马跃等（2010）研究了施肥对长白落叶松苗木生长量和各器官养分分配规律的影响。王秀云等（2011）利用立地条件相近、林龄相同、密度不同的中龄长白落叶松的生物量实测数据，建立了单木生物量模型，分析了单木生物量的分配规律，得出单木生物量随林分密度增加而下降，且下降的幅度越来越小，单株各器官生物量为干＞枝＞根＞皮＞叶，各器官生物量分配稳定，干、皮、枝、叶、根分别为 60.18%～62.08%、7.50%～7.80%、13.98%～14.73%、3.39%～3.57%和 12.82%～14.12%。巨文珍等（2011）利用小兴安岭暗棕壤上不同林龄的 15 株长白落叶松单木生物量数据，通过林木各组分生物量垂直分配规律的分析，研究了生物量在年龄序列上的分布及分配规律，得出中龄林、近熟林、成熟林中的树干生物量、树皮生物量、活枝生物量所占比例受年龄影响小，叶生物量随林龄增大而减少，树皮及树干生物量随树高增大而减少，活枝、叶生物量集中于树冠中部，根生物量随林龄增大，粗根、中根、细根所占比例减小，大根比例随年龄增大呈增大。雷相东等（2006）分析了落叶松单株木冠幅的影响因素，得出胸径和林分密度是影响冠幅的重要因子，并建立了单株木冠幅预测模型。玉宝等（2010）建立了天然兴安落叶松冠幅生长及单株冠、枝、叶的生物量模型，得出随林分密度增加，分级木冠幅差距趋于减小，冠长占树高的比例及冠长与冠幅的比值增加。鲍春生等（2010）建立了天然兴安落叶松单木生物量模型。鄂文峰等（2009）对生长在相同环境条件下的 7 个代表不同气候地理条件的兴安落叶松的边材/心材生长和异速生长关系进行了研究，探索了种源地气候条件对边材/心材生长特征的影响，得出兴安落叶松边材/心材生长特征因长期适应不同种源地的温度和降水等环境条件而发生了显著变化，这种变化主要是通过生长速率差异而不是改变其生长格局实现的。

5.4.3　林分生物量特征

在研究森林生长过程和森林生态系统动态变化过程中，生物量的研究和测定显得极为重要。目前，在个体、种群、群落、生态系统、区域、生物圈等多尺度上已开展了相应的生物量研究。马炜等（2010）对生长于小兴安岭暗棕壤上的 7～41 年生的长白落叶松人工林进行了生物量和碳储量调查，得出长白落叶松人工林未成林、幼龄林、中龄林、近熟林和成熟林的乔木层碳储量分别为 3.254t/hm^2、58.521t/hm^2、78.086t/hm^2、108.02t/hm^2 和 138.096t/hm^2，中龄林的碳储量累积速率高于幼龄林及成熟林。闵志强和孙玉军（2010）在小兴安岭暗棕壤上的长白落叶松人工林地上建立了长白落叶松人工林地上生物量与林分因子信息和 TM 遥感影像信息的生物量模型。张全智（2010）对生长于张广才岭暗棕壤上的 50 年生兴安落叶松人工林的碳浓度、生物量、碳密度和净初级生产力进行了调查。孙龙等（2011）采用空间代替时间的方法，研究了中度火烧迹地火后不同恢复时期大兴安岭白桦落叶松天然林土壤理化性质的变化，得出火烧后 A 层和 B 层土壤有机质降低，随恢复时间的增加，土壤 A 层的降幅逐渐缩小，至火烧后 20 年，比火烧前水平大幅增加。马丰丰等（2010）对亚热带日本落叶松中龄林、幼龄林的土壤有机碳密度及其分配特征进行了分析，得出日本落叶松林土壤的固碳能力大于杉木人工林。王秀云等（2011）对立地条件相近、林龄相同、密度不同的中龄长白落叶松人工林生物量与碳储量进行了研究，提出林分密度是影响碳储量积累的重要因子，生物量随林分密度增加而上升，碳储量分布为乔木层>枯落物>林下植被层，枯落物碳储量随林分密度增加先降后升，林下植被层碳储量随林分密度的增加而下降。马炜等（2011）分析了不同林龄长白落叶松人工林的碳密度和年固碳能力，得出碳储存能力方面中龄林>近熟林>成熟林>幼龄林>未成林，平均碳密度为 91.672t/hm²，年固碳量为 3.223t/hm²。潘攀等（2007）对不同密度的长白落叶松林人工成熟林郁闭前和郁闭后不同林龄的林下灌木和草本植物的生物量进行了研究，并建立了人工林下灌木和草本植物的叶、枝、根生物量预测方程。王树力等（2009）对长白落叶松人工林改造成的针阔混交林的土壤有机质进行了研究，得出有机质含量随土层加深显著减少。孙志虎等（2008）采用地统计学的方法对落叶松人工林凋落物的现存量进行了估测。徐郑周等（2010）研究了华北落叶松人工林的生物量，得出乔木层生物量比例最高，各器官生物量的分配规律为树干>树枝>树根>树皮>树叶。马长明等（2010）应用典型样地调查法和相对生长法对华北落叶松人工林乔木层生物量分配格局进行了研究，得出各器官中生物量大小顺序为树干>枝条>根系>叶片>树皮，立地条件越好，林龄越大，生物量越大，林分越稳定，变异系数越小。耿丽君等（2010）对不同年龄阶段华北落叶松林的生物碳储量进行了研究，得出落叶松人工林生物碳储量随林分年龄增加呈增加趋势，不同林龄华北落叶松人工林地上部分和地下部分碳储量所占比例变化不大，枝、叶中碳储量所占比例随林龄增加逐渐降低，凋落物占人工林生物碳库的比例较大，达 20%以上。鲍春生等（2010）对兴安落叶松原始林的生物量与碳储量、平均生产力与年固碳量进行了研究，得出草类落叶松林、藓类落叶松林、杜香落叶松林生物量分别为 196.4942t/hm²、162.2935t/hm²、148.8580t/hm²，平均生产力为 1.18～2.79t/(hm²·年)，碳储量分别为 95.8001t/hm²、76.4845t/hm²、73.1275t/hm²，年固碳量为 0.57～1.37t/(hm²·年)。赵彬等（2011）对大兴安岭不同火烧强度影响下兴安落叶松林的土壤微生物生物量碳和微生物生物量氮进行了研究，结果表明，二者明显受到火烧干扰的影响。闫平等（2008）对兴安落叶松林 3 个类型生物及土壤碳储量进行了研究，得出兴安落叶松含碳量为 0.4946～0.5352g/g，有机碳年净固定量为 3.51t/(hm²·年)。杜香落叶松林、草类落叶松林、杜鹃落叶松林碳储量、生物碳储量、土壤碳储量分别为 173.21t/hm²、207.81t/hm²、118.95t/hm²，53.41t/hm²、86.23t/hm²、33.76t/hm² 和 119.80t/hm²、121.58t/hm²、85.19t/hm²。孙玉军等（2007）对天然兴安落叶松林的幼中龄林的生物量转换因子、生物量及碳储量、碳密度、碳汇功能等进行了估算，提出近年来大兴安岭兴安落叶松林虽然表现出了明显的碳汇功能，但整体上固碳能力不强，碳密度低于我国森林平均碳密度。

5.4.4 气候变化对单木生长的影响

气候是影响树木生长的重要环境因素。落叶松是大兴安岭森林主要组成树种。关于气候变化对落叶松生长影响的研究已有很多。由于树木年轮包含了对气候变化响应的丰富信息，因此树轮气候学分析是研究树轮宽度和气候关系的重要工具。吴祥定和邵雪梅（1996）通过建立落叶松年轮宽度指数与气象因子的回归方程，定量分析了气候变化对树木生长的影响。孙毓等（2010）利用采自 11 个样点的中国落叶松属 9 种 1 变种的树木年轮数据，在较大空间范围内分析了落叶松属树木对气候响应的规律，得出春季温度对落叶松属树木年轮生长有显著影响，降水并未成为其限制因子，海拔是影响落叶松年轮对气候因子响应的重要因素。邵雪梅和吴祥定（1997）研究了落叶松生长对气候的响应，估测了长白山区 339 年 1～4 月的月均最高气温。陈力等（2011）利用采自长白山落叶松分布上限和下限的年轮样本，分析了气候因子与年轮宽度的关系，得出落叶松生长的重要限制因子是气温，下限落叶松与上年气温显著相关，气温对下限落叶松生长产生滞后效应，上限落叶松生长与当年气温和降水显著相关。于大炮等（2005）发现虽然森林内部和高海拔树木生长均对温度响应敏感，但是它们的响应方式不同。陈峰等（2010）利用西伯利亚落叶松年轮样本，分析了年表特征和气候响应特点，得出落叶松年轮最大密度年表与 5～8 月平均温度和平均最高温度呈正相关关系。李峰等（2006）对兴安落叶松地理分布对气候变化响应进行了模拟，得出广义加法模型对兴安落叶松地理分布的模拟效果最好，并应用广义加法模型，结合未来气候变化情景模拟了兴安落叶松分布，提出到 2100 年，兴安落叶松适宜分布区将从我国完全消失。

交互移栽试验是气候暖化对生态系统影响的常用研究方法。王翠等（2008）通过 4 个纬度兴安落叶松的幼树移栽试验，采用包裹式茎流计研究了气候变暖对落叶松树干液流的影响，得出兴安落叶松树干液流密度的日变化呈单峰曲线，展叶期间落叶松的日耗水量与距地面 10cm 处树干直径呈显著正相关关系，单位边材面积液流通量与针叶长度呈显著正相关关系。王庆丰等（2008）将地处 4 个纬度的 8 年生兴安落叶松林生态系统整体移至其分布区的南缘，在春季土壤冻融交替时期，采用红外气体分析法和根系排除法测定了土壤呼吸和异养呼吸，研究了气候暖化对土壤呼吸及其组分的影响，得出相同气候条件下，4 个处理的土壤呼吸随着纬度的增加而增强的趋势，土壤呼吸对土壤温度的响应程度也随纬度增加而增强，提出土壤解冻期间，纬度较高的兴安落叶松林的土壤呼吸对气候变暖方案的响应更为强烈。李夷平等（2009）对移栽自不同纬度的兴安落叶松的水分饱和亏缺和保水力对气候暖化的响应进行了研究，得出气候变暖条件下，移栽自塔河的落叶松的组织需水程度最低，维持组织水分平衡能力最强，移栽自黑河的落叶松的维持组织水分能力较弱，移栽自带岭的兴安落叶松在离体状态下的保水能力最强，塔河和松岭居中，黑河最低。李夷平等（2010）对移栽自不同纬度的兴安落叶松的枝条水势对气候变暖的响应进行了研究，得出生长季内松岭、黑河、带岭、塔河兴安落叶松的枝条清晨、午间水势变化趋势相似。

5.4.5 林分生物量与林分蓄积量的关系

由于受物种和环境因子的限制，不同器官生物量占总生物量的比例也各不相同。树木不同器官生物量之间及其与材积之间存在较强的相关性，这为建立生物量与蓄积量方程及生物量参数的估算奠定了理论基础。方精云等（1996）认为生物量与蓄积量之间存在函数关系，利用生物量转换与扩展因子可以直接推算不同国家森林或不同森林类型的生物量。

通过树干木材密度将林木蓄积量换算成相应的林木生物量，并将得到的生物量通过扩展因子推算出地上生物量或总生物量。因立地条件不同，同一树种木材密度数值的差异变化幅度在10%以内，而不同树种间的木材密度差异较大，所以，为了使估算结果更准确，应根据树种选择适合的木材密度，并与立地条件相结合来转换蓄积量为相应的生物量。研究人员认为根冠比为一常数，进一步研究发现，随着胸径、树高、林龄等的增加，根冠比减小，但同时有研究发现，随着林分密度的增加，根冠比反而增大。一些研究人员发现，在热带雨林和温带森林中，随着林龄的增加，根冠比从幼龄林的 0.30～0.50 下降到过熟林的 0.15～0.30。但是非生物因素（如林分起源、土壤质地、年均降水量）对根冠比的作用目前还不确定。Mokany 等（2006）研究认为根冠比随着年均降水量的增加而减小，同时，在土壤质地从黏土向壤土再到砂土变化过程中，根冠比逐渐增大，而 Caims 等（1997）认为根冠比不受年均降水量和土壤质地变化的影响。

方精云等（1996）收集了大量样地水平林分蓄积量与树木生物量的数据，建立的换算因子连续函数法（利用倒数方程来表示换算因子与蓄积量之间的关系）较好地实现了由样地实测到区域尺度转换，提高了估算精度。在全国森林生物量的估算中得到了较好的应用，但是由于我国地域广阔、气候差异较大、植被类型多样，就全国尺度某一森林类型而言，该方法存在样本数不足的缺陷，在全国尺度上产生的误差较大；将我国进行区域划分，对地理位置相近、气候条件相似、生长规律相同的植被类型进行归类,建立区域尺度上的生物量与蓄积量回归模型,无疑会提高森林生物量估算的精度。计算中国主要森林类型的生物量转换与扩展因子(BCEF)和林分蓄积量的换算关系,不同林型对应参数各不相同,同一地区的相同树种,若林分蓄积量不同,其生物量转换与扩展因子的数值也不同,通过样地调查向区域推算,实现不同的尺度转换,进行大尺度森林生物量估算。生物量经验模型法是利用样地内所有树木的实测数据,建立胸径、树高等测树因子与生物量数学回归模型;模型中引入简单容易获取的测树因子,胸径可以反映林分龄级、树高能够指示立地质量的高低,适于从单木—林分—区域尺度进行生物量与蓄积量关系的研究。生物量转换因子法,是以生物量和平均材积的比值乘以森林总蓄积量,得到总生物量;或使用木材密度乘以总生物量和地上生物量的换算系数。全国森林资源连续清查数据包括各省份各种林型面积和材积,虽然有了全国森林材积的准确信息,但不了解其整体生物量。材积只是森林生物量中的一部分,所占比例与树种组成及立地条件有较大相关关系。很多学者利用不同类型森林蓄积量资料,对全世界范围内的生物量进行了估计。比较实测数据可以发现,估计结果对于非郁闭森林较好,而对于郁闭森林则误差较大。

5.5 小 结

(1)单木生物量模型不同使用方法能够影响林分生物量估测结果

依据算术平均胸径的方法所计算出的乔木生物量比依据每木检尺数据的方法所计算出的乔木生物量低 3.3%～19.7%,平均降低 10.3%;依据平方平均胸径的方法所计算出的乔木生物量比依据每木检尺数据的方法所计算出的乔木生物量低 19.9%～36.7%,平均降低 26.2%。

(2)不同起测径阶标准下的乔木生物量之间存在明显的差异

依据《国家森林资源连续清查技术规定》≥5cm 的起测胸径标准所计算的生物量(简记为清样标准)与起测胸径大于 0cm 所计算出的生物量(简记为每木标准)之间存在明显差异:清样标准的地上部分、树干、树枝和树叶部分的生物量比每木标准相应指标的最高减小比例为 16.88%、18.59%、18.40%和 27.57%,平均减小比例为 7.67%、7.72%、5.90%、7.98%。

(3)随树龄变化落叶松生物量分配表现出有规律的变化

不同树龄落叶松在针叶、树枝、树皮和树根方面的生物量分配比均随年龄增加表现出幂函数的递减趋势,分别于 25 年生、25 年生、18 年生和 25 年生之后,相应组分的生物量分配比达到稳定，分配比分别为 2.3%、6.5%、4.9%和 18.4%；干材生物量分配比随年龄增加表现出"S"形曲线的递增趋势，于 25 年生之后，干材分配比达到稳定，干材分配比为 67.9%；落叶松树皮生物量、针叶生物量和树枝生物量与干材生物量的比值均随年龄增加表现出幂函数的递减趋势，分别于 21 年生、25 年生和 30 年生之后，树皮生物量与干材生物量、针叶生物量与干材生物量、树枝生物量与干材生物量的比值达到稳定，稳定时的生物量比值分别为 0.07、0.02、0.10；地上生物量与地下生物量、树根生物量与针叶生物量的比值随年龄增加分别表现出"S"形曲线和对数函数的增长趋势，25 年生和 30 年生后，比值均达到稳定，此时地上生物量与地下生物量、树根生物量与针叶生物量的比值分别为 4.5 和 9.08。

（4）大兴安岭主要林型生物量转换（扩展）因子与林分蓄积量的关系不同

大兴安岭典型林分生物量与蓄积量之间虽然呈正相关关系,但二者的转换（扩展）因子，随林分蓄积量变化趋势不同，有增加、恒定和降低等多种变化趋势，二者间的关系，除了黑桦林适宜的模型形式为 $BEF=1/(a+b/V)$，人工林落叶松的为 $BEEF=aV/(b+V)$外，其余各林型适宜的模型形式均为 $BEF=aV^{-b}$。3 种方法（每木检尺法、算术平均胸径法、平方平均胸径法）的落叶松人工林生物量转换因子（$BEEF$）连续函数分别为 $1.3424V/(-8.5040+V)$、$1.2588V/(-3.4609+V)$、$V/(-9.8071+V)$。

（5）大兴安岭主要林型生物量转换与扩展因子与林分蓄积量的关系不同

典型林分生物量转换与扩展因子随林分蓄积量增加均呈增加趋势，各林型适宜描述其生物量转换与扩展因子与林分蓄积量的关系模型略有不同，除樟子松林适宜的模型形式为 $BCEF=a+b/V$外，其余各林型的适宜模型形式均为 $BCEF=aV^{-b}$。

参 考 文 献

鲍春生, 白艳, 青梅, 等. 2010. 兴安落叶松天然林生物生产力及碳储量研究[J]. 内蒙古农业大学学报(自然科学版), 31(2): 77-82.

陈传国, 郭杏芬. 1983. 阔叶红松林生物量的回归方程[J]. 延边林业科技, (1): 2-19.

陈峰, 袁玉江, 魏文寿, 等. 2010. 用西伯利亚落叶松年轮最大密度重建和布克赛尔 5—8 月份平均最高温度[J]. 生态学报, 30(17): 4652-4658.

陈力, 吴绍洪, 戴尔阜. 2011. 长白山红松和落叶松树轮宽度年表特征[J]. 地理研究, 30(6): 1147-1155

鄂文峰, 王传宽, 杨传平, 等. 2009. 兴安落叶松边材心材生长特征的种源效应[J]. 林业科学, 45(6): 109-115.

方精云, 刘国华, 徐高龄. 1996. 我国森林植被的生物量和净生产量[J]. 生态学报, 16(5):

497-508.

冯林, 杨玉琪. 1985. 兴安落叶松原始林三种林型生物产量的研究[J]. 林业科学, 21(1): 86-92.

付尧, 马炜, 王新杰, 等. 2011. 小兴安岭长白落叶松相容性生物量模型的构建[J]. 东北林业大学学报, 39(7): 42-45.

耿丽君, 许中旗, 张兴锐, 等. 2010. 燕山北部山地华北落叶松人工林生物碳贮量[J]. 东北林业大学学报, 38(6): 43-45, 52.

顾丽, 王新杰, 龚直文, 等. 2009. 落叶松人工林根径材积表和合理经营密度研究[J]. 西北林学院学报, 24(5): 180-185.

黑龙江省林业厅. 2008. 黑龙江省立木材积表[s].

黑龙江省森林资源调查管理局. 1971. 森林调查工作手册[R].

侯箕, 郭志琦, 续玉田. 1991. 云杉落叶松一元材积表的编制[J]. 山西林业科技, (1): 38-39.

姜荣春, 马学发, 孙志虎, 等. 2010. 长白落叶松人工幼龄林树皮生物量和养分贮量研究[J]. 吉林林业科技, 39(5): 27-31.

巨文珍, 王新杰, 顾丽, 等. 2010. 伊春地区人工长白落叶松生长过程分析[J]. 林业资源管理, (1): 39-45.

巨文珍, 王新杰, 孙玉军. 2011. 长白落叶松林龄序列上的生物量及碳储量分配规律[J]. 生态学报, 31(4): 1139-1148.

孔忠东. 2007. 长白落叶松"两行一带"造林模式的合理性研究[J]. 林业资源管理, (4): 24-28.

雷相东, 张则路, 陈晓光. 2006. 长白落叶松等几个树种冠幅预测模型的研究[J]. 北京林业大学学报, 28(6): 75-79.

李峰, 周广胜, 曹铭昌. 2006. 兴安落叶松地理分布对气候变化响应的模拟[J]. 应用生态学报, 17(12): 2255-2260.

李娟, 高光芹, 黄家荣, 等. 2008. 基于人工神经网络的落叶松一元材积表编制[J]. 山地农业生物学报, 27(1): 1-4.

李夷平, 孙慧珍, 李海朝. 2009. 移栽兴安落叶松幼树水分饱和亏缺及保水力初步研究[J]. 林业科技, 34(6): 11-13.

李夷平, 孙慧珍, 李海朝. 2010. 移栽兴安落叶松枝条水势初步研究[J]. 林业科技, 35(5): 1-4.

梁凤山, 张博, 李亚洲, 等. 2010. 整地方式对杂种落叶松生长的影响[J]. 林业科技, 35(1): 4-6.

梁晓东, 孙兴海, 孙志虎, 等. 2010. 长白落叶松人工林穿透雨的养分特征[J]. 东北林业大学学报, 38(7): 22-24.

刘梅, 陈春伟, 侯艳, 等. 2006. 长白落叶松人工幼林施肥效果分析[J]. 山东林业科技, (5): 38-39.

吕林昭, 亢新刚, 甘敬. 2008. 长白山落叶松人工林天然化空间格局变化[J]. 东北林业大学学报, 36(3): 12-15, 27.

罗天祥. 1996. 中国主要森林类型生物生产力格局及其数学模型[D]. 北京: 中国科学院研究生院(国家计划委员会自然资源综合考察委员会)博士学位论文.

马长明, 张艳华, 赵国华, 等. 2010. 燕山山地华北落叶松人工林乔木生物量空间分布格局[J]. 河北农业大学学报, 33(2): 37-41.

马丰丰, 张灿明, 罗佳, 等. 2010. 亚热带日本落叶松中、幼龄林土壤有机碳密度和分配特征[J]. 湖南林业科技, 37(4): 1-5.

马炜, 孙玉军, 郭孝玉, 等. 2010. 不同林龄长白落叶松人工林碳储量[J]. 生态学报, 30(17):

4659-4667.

马炜, 孙玉军, 王秀云, 等. 2011. 长白落叶松人工林固碳释氧效益评估方法[J]. 东北林业大学学报, 39(1): 58-61.

马跃, 马履一, 刘勇, 等. 2010. 追施氮肥对长白落叶松移植苗生长的影响[J]. 林业科技开发, 24(3): 60-63.

闵志强, 孙玉军. 2010. 长白落叶松林生物量的模拟估测[J]. 应用生态学报, 21(6): 1359-1366.

潘建中, 潘攀, 牟长城, 等. 2007. 长白落叶松人工林的适宜经营密度[J]. 东北林业大学学报, 35(9): 4-6.

潘攀, 牟长城, 孙志虎. 2007. 长白落叶松人工林灌丛生物量的调查与分析[J]. 东北林业大学学报, 35(4): 1-2, 6.

邵雪梅, 吴祥定. 1997. 利用树轮资料重建长白山区过去气候变化[J]. 第四纪研究, 17(1): 76-85.

孙龙, 赵俊, 胡海清. 2011. 中度火干扰对白桦落叶松混交林土壤理化性质的影响[J]. 林业科学, 47(2): 103-110.

孙拖焕, 杜向宽, 王石会, 等. 1991. 云杉落叶松二元材积表的编制[J]. 山西林业科技, (1): 38-39.

孙亚峰, 尹立辉. 2008. 落叶松根径立木材积表的编制[J]. 长春大学学报, 18(3): 91-94.

孙玉军, 张俊, 韩爱惠, 等. 2007. 兴安落叶松幼中龄林的生物量与碳汇功能[J]. 生态学报, 27(5): 1756-1762.

孙毓, 王丽丽, 陈津, 等. 2010. 中国落叶松属树木年轮生长特性及其对气候变化的响应[J]. 中国科学: 地球科学, 40(5): 645-653.

孙志虎. 2008. 长白山西坡天然林生物量和适宜生长空间研究[R]. 哈尔滨: 东北林业大学博士后研究工作报告.

孙志虎, 牟长城, 张彦东. 2008. 用地统计学方法估算长白落叶松人工林凋落物现存量[J]. 北京林业大学学报, 30(4): 59-64.

孙志虎, 张彦东. 2009. 长白落叶松人工林天然更新幼苗分布格局及其研究方法的比较[J]. 生物数学学报, 24(3): 556-566.

王成, 金永焕, 刘继生, 等. 1999. 延边地区天然赤松林单木根系生物量的研究[J]. 北京林业大学学报, 21(1): 44-49.

王翠, 王传宽, 孙慧珍, 等. 2008. 移栽自不同纬度的兴安落叶松的树干液流特征[J]. 生态学报, 28(1): 136-144.

王立明. 1986. 山地樟子松天然林干、枝、叶生物量测定[J]. 内蒙古林学院学报, (2): 63-68.

王钦昊, 卢丹阳. 2009. 浅谈森林资源调查技术规定中立木材积表检验问题[J]. 林业勘查设计, (1): 33-34.

王庆丰, 王传宽, 谭立何. 2008. 移栽自不同纬度的落叶松林的春季土壤呼吸[J]. 生态学报, 28(5): 1883-1892.

王树力, 沈海燕, 孙悦, 等. 2009. 长白落叶松纯林改造对林地土壤性质的影响[J]. 中国水土保持科学, 7(6): 98-103.

王秀云, 孙玉军, 马炜. 2011. 不同密度长白落叶松林生物量与碳储量分布特征[J]. 福建林学院学报, 31(3): 221-226.

王玉辉, 周广胜, 蒋延龄, 等. 2001. 基于森林资源清查资料的落叶松林生物量和净生长量估算模式[J]. 植物生态学报, 25(4): 420-425.

王战. 1992. 中国落叶松林[M]. 北京: 中国林业出版社.

王志明, 刘国荣. 2006. 长白落叶松对叶部病虫危害的补偿与超补偿效应的研究[J]. 林业科学研究, 19(5): 625-628.

魏红旭, 徐程扬, 马履一, 等. 2010. 长白落叶松幼苗对铵态氮和硝态氮吸收的动力学特征[J]. 植物营养与肥料学报, 16(2): 407-412.

吴福田, 陈淑替, 赵海东. 2000. 张广才岭天然林胸径与根径关系的研究[J]. 林业勘查设计, (1): 50-51.

吴祥定, 邵雪梅. 1996. 采用树轮宽度资料分析气候变化对树木生长量影响的尝试[J]. 地理学报, 51(S1): 92-101.

吴耀先, 张日和. 1984. 辽宁落叶松人工林根径材积表的研制[J]. 辽宁林业科技, (1): 33-36.

徐庆华, 刘勇, 马履一. 2009. 长白落叶松苗木生长的数学模型拟合分析[J]. 北方园艺, (7): 34-37.

徐庆华, 刘勇, 马履一, 等. 2010a. 长白落叶松苗高生长与气象因子相关关系分析[J]. 林业科技, 35(1): 1-3.

徐庆华, 刘勇, 马履一, 等. 2010b. 长白落叶松幼苗耗水速率与气象因子的关系[J]. 西北林学院学报, 25(3): 12-14.

徐郑周, 刘广营, 王广海, 等. 2010. 燕山山地华北落叶松人工林群落生物多样性及其生物量的研究[J]. 林业资源管理, (2): 43-49.

闫平, 高述超, 刘德晶. 2008. 兴安落叶松林 3 个类型生物及土壤碳储量比较研究[J]. 林业资源管理, (3): 77-81.

殷鸣放, 赵林, 陈晓非, 等. 2008. 长白落叶松与日本落叶松的碳储量成熟龄[J]. 应用生态学报, 19(12): 2567-2571.

尹艳豹, 曾伟生, 唐守正. 2010. 中国东北落叶松立木生物量模型的研建[J]. 东北林业大学学报, 38(9): 23-26, 92.

于大炮, 王顺忠, 唐立娜, 等. 2005. 长白山北坡落叶松年表及其与气候变化的关系[J]. 应用生态学报, 16(1): 14-20.

玉宝, 乌吉斯古楞, 王百田, 等. 2010. 兴安落叶松天然林树冠生长特性分析[J]. 林业科学, 46(5): 41-48.

曾伟生, 唐守正. 2011. 东北落叶松和南方马尾松地下生物量模型研建[J]. 北京林业大学学报, 33(2): 1-6.

翟冬英, 刘长海. 2006. 黑龙江省市县林区人工落叶松根径材积表的编制[J]. 林业科技, 31(6): 15-17.

张成林, 刘欣. 1992. 黑龙江省西部地区樟子松人工林生物量的研究[J]. 大兴安岭科技, (1): 14-18.

张会儒, 武纪成, 杨洪波, 等. 2009. 长白落叶松-云杉-冷杉混交林林分空间结构分析[J]. 浙江林学院学报, 26(3): 319-325.

张全智. 2010. 东北六种温带森林碳密度和固碳能力[D]. 哈尔滨: 东北林业大学硕士学位论文.

张向忠. 1996. 落叶松一元材积模型的研究[J]. 河北林学院学报, 11(S1): 274.

张向忠, 倪志云, 张瑞文, 等. 1996a. 落叶松人工林二元材积模型的研究[J]. 河北农业大学学报, 19(1): 100-101.

张向忠, 王文勋, 于晓宏, 等. 1996b. 华北落叶松人工林树皮材积与胸径关系的研究[J]. 河北林业科技, (4): 29.

张向忠, 王文勋, 于晓宏, 等. 1996c. 落叶松人工林树皮材积式的建立[J]. 山东林业科技, (4): 48.

赵彬, 孙龙, 胡海清, 等. 2011. 兴安落叶松林火后对土壤养分和土壤微生物生物量的影响[J]. 自然资源学报, 26(3): 450-459.

赵溪竹, 姜海凤, 毛子军. 2007. 长白落叶松、日本落叶松和兴安落叶松幼苗光合作用特性比较研究[J]. 植物研究, 27(3): 361-366.

周振宝. 2006. 大兴安岭主要可燃物类型生物量与碳储量的研究[D]. 哈尔滨: 东北林业大学硕士学位论文.

Brown S L, Schroeder P, Kern J S. 1999. Spatial distribution of biomass in forests of the eastern USA[J]. Forest Ecology and Management, 123(1): 81-90.

Cairns M A, Brown S, Helmer E H, et al. 1997. Root biomass allocation in the world's upland forests[J]. Oecologia, 111(1): 1-11.

Dimitris Z, Maurizio M. 2004. On simplifying allometric analyses of forest biomass[J]. Forest Ecology and Management, 187(2): 311-332.

Mokany K, Raison R, Prokushkin A S. 2006. Critical analysis of root: shoot ratios in terrestrial biomes[J]. Global Change Biology, 12(1): 84-96.

Schroeder P, Brown S, Mo J, et al. 1997. Biomass estimation for temperate broadleaf forests of the US using inventory data[J]. Forest Science, 43(3): 424-434.

Wang C K. 2006. Biomass allometric equations for 10 co-occurring tree species in Chinese temperate forests[J]. Forest Ecology and Management, 222 (1-3): 9-16.

6 森林生物量

6.1 引 言

　　森林生物量是森林生态系统运行的能量基础和物质来源。传统的样地调查方法在推测大面积林分生物量和生产力时成本高、精度低，而遥感图像光谱信息具有良好的宏观性和及时性，且与森林生物量存在相关性，因此，基于遥感信息的森林生物量估测模型比传统方法具有更高的精度，得到广泛的应用。利用遥感技术可以准确、快速、无破坏地对观测地区的生物量进行较为准确的估算，可对生态系统进行有效的宏观监测。也可利用多时相遥感技术定位分析同一样区一定时间范围内的变化，相比之下，传统的估算方法难以解决这一问题，这使真正意义上的动态监测成为可能。为了实现全球范围内的动态监测，人们利用地理信息系统（GIS）技术并且将高时相分辨率的卫星遥感数据，如美国国家海洋大气局（NOAA）的 NOAA 卫星数据、高空间分辨率的专题绘图仪（TM）图像和各种观察数据集成在一起成功地实现了这一目标。

　　利用遥感技术可进行大范围森林生物量研究，可分为 3 个阶段：①利用遥感单波段，估计森林生物量，运算简便，范围广，但受土壤、大气、传感器性能、太阳角度等因素影响较大；②利用植被指数，如归一化植被指数（normalized difference vegetation index，NDVI）、增强型植被指数（enhanced vegetation index，EVI）、差值植被指数（difference vegetation index，DVI）等，方法简便、估算精度较高，被广泛应用到生物量估测中，从使用高空间分辨率的 TM 数据等到使用高时间分辨率的 NOAA 数据，从小范围的精细研究到宏观的粗略研究；③利用航空和航天合成孔径雷达（SAR）数据，研究表明，雷达影像密度与生物量高度相关。Guo 等（2010）利用遥感对生物量进行了反演和动态监测。李明泽（2010）利用遥感和地面数据对东北森林生物量进行了详细研究。

　　大兴安岭林区森林生物量研究方法上大多采用样地调查法估计生物量，很少应用遥感模型估测生物量，尤其缺少森林生物量动态变化研究。为此，本章以大兴安岭典型森林为对象，利用临时样地每木检尺数据，结合收集到的单木生物量模型和遥感影像，估测样地生物量并建立其与遥感因子间的统计模型，并评价材积源法估计林分生物量的效果；利用大兴安岭典型区域森林资源规划设计调查资料（二类调查），结合建立的林分生物量与林分蓄积量的关系模型，估计景观尺度森林生物量；利用林分生物量与遥感因子间的统计模型，估测区域尺度林分生物量，评价大兴安岭森林生物量的空间分布；利用不同时期的遥感影像，研究不同区域森林生物量的动态变化，为准确计算我国东北林区的碳汇提供资料和数据。

6.2 研 究 方 法

6.2.1 材积源法估计林分生物量的效果评价

6.2.1.1 临时样地调查

根据大兴安岭植被区划，于2013年8~9月和2014年8月在大兴安岭不同区域森林的典型地段共设置535块面积为0.01~0.06hm^{2}的临时样地（图6-1），进行每木检尺，并记录样地所处经纬度。

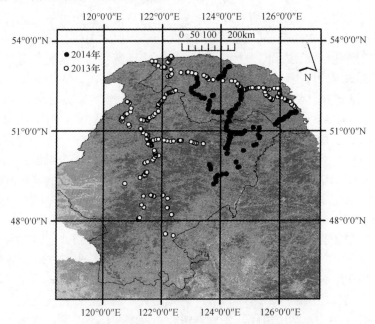

图6-1 大兴安岭森林碳储量临时样地分布图（彩图请扫封底二维码）

2013年374块样地，2014年161块样地

按照林分树种组成，每块样地各树种选择5~10株标准木，于胸径处钻取生长芯并编号、记录。利用临时样地多株样木的生长芯结果，判断林分所处龄组。

6.2.1.2 林分生物量估算

根据临时样地每木检尺结果（DBH≥2cm），结合自建和文献资料收集结果基础上的各树种单木生物量模型，采用回归估计法估算林分生物量。

6.2.1.3 林分蓄积量估计

利用各样地的每木检尺结果，结合各树种单木材积模型，采用回归估计法进行林分蓄积量估算。

6.2.1.4 材积源法估测林分生物量

利用前文建立的树干材积密度模型、根冠比（RSR）模型、生物量扩展因子（BEF=乔木地上生物量与树干生物量之比）模型和生物量转换与扩展因子（BCEF=乔木地上生物量与林分蓄积量之比）模型，结合临时样地林分蓄积量，估测临时样地所处林分的树干材积密度、RSR、BEF 和 BCEF，采用如下公式分别估计林分乔木生物量，并通过与每木检尺结果基础上的回归估计法估计出的林分生物量比较，评价材积源法估测林分生物量的效果。

BEF 模型法：乔木生物量=蓄积量×树干材积密度×BEF×（1+RSR）。

BCEF 模型法：乔木生物量=蓄积量×BCEF×（1+RSR）。

6.2.2 典型区域森林生物量估测

6.2.2.1 研究地区概况

本项研究选择大兴安岭南瓮河自然保护区为对象，进行区域森林生物量估测。南瓮河自然保护区地理位置为东经 125°07′55″～125°50′05″，北纬 51°05′07″～51°39′24″，地处大兴安岭支脉伊勒呼里山的南麓，北以伊勒呼里山脊为界与新林林业局接壤，东与呼玛县相连，西与松岭林业局相邻，南与加格达奇林业局毗邻。

南瓮河自然保护区地处寒温带，气候属寒温带大陆性季风气候，冬季受西伯利亚寒流影响，异常寒冷，晴燥少雪而漫长，长达 9 个月，年平均气温为-3℃，极端最低温度为-48℃。温暖季节甚短，夏季最长不超过 1 个月，极端最高气温为 36℃，年≥10℃积温为 1400～1600℃，年日照时数为 2500h 左右，无霜期为 90～100 天，初霜始于 9 月中旬，晚霜到翌年 5 月中旬，年降雨量为 500mm 左右，80% 以上集中于 7～8 月。蒸发量为 1000mm 左右，5～6 月常有明显旱象，形成云雾少、日照强、温度低的气候特点。9 月末 10 月初开始降雪，消融时间为 4 月下旬、5 月上旬，稳定积雪覆盖日数可达 200 天以上，最大积雪厚度为 30～40cm。南瓮河自然保护区几乎容纳了大兴安岭寒温带针叶林区所有的森林植物、野生动物、森林昆虫、大型真菌。保护区内具有丰富的生态系统多样性，其中有森林生态系统、草甸生态系统、沼泽生态系统、水生生态系统。

土壤以针叶棕色土为主，其次是暗棕壤和泥炭土。

植被属大兴安岭林区的南部柞树兴安落叶松林区。大兴安岭森林类型有兴安落叶松林（兴安落叶松林、杜鹃/樟子松兴安落叶松林、藓类/云杉兴安落叶松林、蒙古栎/黑桦兴安落叶松林、草类/苔草兴安落叶松林、杜香兴安落叶松林、越橘兴安落叶松林、偃松兴安落叶松林）、白桦林（白桦林、兴安落叶松白桦林）、蒙古栎林、樟子松林（杜鹃樟子松林、草类樟子松林、杜香樟子松林）、山杨林、黑桦林、红皮云杉林、春榆林、水曲柳林、偃松矮林等。

依据二类调查数据库，南瓮河自然保护区的森林类型有草类落叶松林、蒙古栎落叶松林、杜鹃落叶松林、偃松落叶松林、杜香落叶松林、杜香藓类落叶松林、溪旁落叶松林、绿苔水藓落叶松林、杜鹃樟子松林、草类白桦林、杜鹃白桦林、草类山杨林、杜鹃山杨林、胡枝子蒙古栎林、榛子黑桦林、河洼杨树林、河洼柳树林、绿苔云杉林、水改落叶松林、坡地落叶松林、水改云杉林、水改杨树林、坡地樟子松林、坡地云杉林、坡地杨树林、杜香白桦林、蒙古栎白桦林。

6.2.2.2　区域景观动态

利用中分辨率成像光谱仪（MODIS）的土地覆盖产品 MCD12Q1（MODIS Terra 卫星和 Aqua 卫星的年合成的地表覆盖类型数据产品，500m 空间分辨率），提取南瓮河自然保护区 2001～2009 年土地覆盖分布状况，进行南瓮河自然保护区地表覆盖类型动态的研究。

6.2.2.3　区域叶面积指数空间分布格局

利用 MODIS 的叶面积指数产品 MOD15A2，提取南瓮河自然保护区 2000～2011 年逐年最大 LAI，据此分析南瓮河自然保护区叶面积指数空间分布格局。

6.2.2.4　区域森林植被分布规律

利用南瓮河自然保护区二类清查数据，结合地形图和林相图，研究南瓮河自然保护区森林植被的分布规律，评价地形因子对森林植被的影响。

6.2.2.5　区域森林生物量估测

本项研究所用资料为南瓮河自然保护区森林资源规划设计调查资料（二类调查）。利用前文建立的树干材积密度模型、根冠比（RSR）模型、生物量扩展因子（BEF=乔木地上生物量与树干生物量之比）模型和生物量转换与扩展因子（BCEF=乔木地上生物量与林分蓄积量之比）模型，结合二类调查数据库中的各小班林分公顷蓄积量，估测各小班的树干材积密度、RSR、BEF 和 BCEF，采用如下公式分别估计林分公顷乔木生物量；利用各小班所处海拔、坡度级、坡位、坡向，分析地形因子对林分生物量的影响；利用各小班面积，结合所估计的各小班公顷乔木生物量，计算各小班的林分生物量，估测南瓮河自然保护区林分生物量。

BEF 模型法：乔木生物量=蓄积量×树干材积密度×BEF×（1+RSR）。

BCEF 模型法：乔木生物量=蓄积量×BCEF×（1+RSR）。

6.2.3 植被指数与林分生物量的关系

6.2.3.1 遥感数据来源

本研究所用遥感数据有两种：一种为 TM 遥感影像，共使用了 33 景图像，条带号为 18~124，行编号为 22~25，全面覆盖大兴安岭，时间为 2012 年和 2014 年 8~9 月，部分云量较大的图像用相近年份或月份数据代替；另一种为 2014 年 MODIS 的各类植被指数产品，利用临时样地经度、纬度，在 http://e4ftl01.cr.usgs.gov 网站上获取研究期间（2014 年 5~9 月）覆盖临时样地的各类 MODIS 的植被指数产品，包括 MOD13Q1、MYD13Q1（用于提取 EVI 和 NDVI；16 天内最大值，250m 分辨率；MOD13Q1 是上午星 Terra 的数据产品，该卫星数据以 MOD 打头；MYD13Q1 是下午星 Aqua 的数据产品，该卫星数据以 MYD 打头）和 MOD15A2（用于提取 FPAR 和 LAI，8 天内最大值，1000m 分辨率）。

6.2.3.2 不同植被指数的提取

利用 TM 遥感影像和 MODIS 的各类植被指数产品，运用 ENVI 4.7 和 ArcGIS 9.3，提取前述临时样地所在像元的各类植被指数，包括增强型植被指数（enhanced vegetation index，EVI）、归一化植被指数（normalized difference vegetation index，NDVI）、植被冠层阻截太阳光合有效辐射比（fractional photosynthetically active radiation，FPAR）和叶面积指数（leaf area index，LAI）。

6.2.3.3 遥感植被指数与地面实测林分生物量的关系

利用临时样地乔木层生物量计算结果，结合 2014 年 MODIS 的各类植被指数产品和同步/准同步的 TM 的 NDVI，分析各类植被指数与临时样地生物量的关系，筛选出适宜的林分生物量遥感估测模型。

本研究利用 MODIS 的植被指数时，运用 ENVI 4.7 提取出不同像元 2014 年植被指数的全年最大值，分析其与林分生物量的关系。

6.2.4 大兴安岭森林生物量估测

利用 2012 年和 2014 年 MODIS 的各像元植被指数最大值，结合建立的生物量估测模型，估计 2012 年和 2014 年大兴安岭森林生物量，分析大兴安岭森林生物量时空变化。

6.3 结果与分析

6.3.1 材积源法估计林分生物量的效果评价

6.3.1.1 不同区域典型林分生物量与林分蓄积量

按照大兴安岭植被区划，结合临时样地经纬度信息，判断临时样地所处植被分区；依据典型林分临时样地每木检尺结果，结合单木生物量模型和一元材积模型估测出的不同区域典型林分生物量和林分蓄积量分区统计出各林型不同龄组林分生物量和林分蓄积量，结果见表 6-1，并分区建立不同林型林分生物量与林分蓄积量的关系模型。

从表 6-1 可以看出，部分林型估测结果，尤其是林分蓄积量估测结果，明显偏高于常识值。分析其原因，可能与野外调查所设置的临时样地面积小，未能如实反映出样地内林木真实的生长空间有关，也可能与本节所选用的生物量模型和材积模型有关。若是前者原因，则此偏高的估测结果对林分蓄积量与林分生物量关系的影响应该不大（二者的关系与样地面积无关）。

表 6-1 大兴安岭不同区域典型林分生物量和林分蓄积量

区号	林型	生物量（t/hm²）				蓄积量（m³/hm²）			
		幼龄林	中龄林	近熟林	成熟林	幼龄林	中龄林	近熟林	成熟林
Ii-1a	白桦林	72.86	129.27	175.47	152.04	112.55	222.37	297.51	295.58
	落叶松人工林	88.75	188.06			160.97	294.47		
	落叶松天然林	171.50	194.02			242.39	284.68		
	山杨林	242.89	265.28	152.04		389.65	446.12	295.58	
	樟子松人工林	48.86	117.37	103.86	99.43	123.53	325.91	273.66	275.13
	樟子松天然林	110.44	149.65	170.51		232.95	317.31	389.67	
Ii-2a	白桦林	111.07	111.72	112.15	88.17	158.93	191.14	200.07	158.49
	黑桦林	91.36				99.37			
	落叶松人工林	138.27	175.97	147.61	106.18	242.74	285.94	214.73	150.70
	落叶松天然林	180.84	183.81	149.74		303.31	310.60	294.69	
	蒙古栎林	133.58				191.45			
	山杨林	165.75	189.18			233.99	304.69		
	樟子松人工林	119.76	138.33	145.57	110.09	309.93	372.53	396.48	302.35
	樟子松天然林	167.29	173.71	169.84	155.77	365.55	401.59	402.01	371.46

区号	林型	生物量（t/hm²）				蓄积量（m³/hm²）			
		幼龄林	中龄林	近熟林	成熟林	幼龄林	中龄林	近熟林	成熟林
Ii-2b	白桦林	123.87	120.16	138.11	145.75	172.91	210.37	241.35	263.73
	落叶松人工林	175.57	237.21	259.03		295.80	387.75	387.68	
	落叶松天然林	268.61	281.28	258.88	127.76	375.16	393.52	357.04	192.93
	山杨林	178.05	163.10	209.71	148.76	216.91	246.16	354.60	266.60
	樟子松人工林	137.20	156.59	172.54		371.62	436.94	478.02	
	樟子松天然林	98.47	210.39			188.61	470.99		
Ii-3a	白桦林	122.07	114.64	164.32	109.01	164.72	197.37	274.63	196.95
	黑桦林	88.40	91.26	136.83		88.87	102.60	143.61	
	落叶松人工林	150.19	195.53	222.58	184.22	257.13	307.79	321.01	255.89
	落叶松天然林	199.79	165.96	132.36	288.12	322.93	278.59	242.73	350.93
	蒙古栎林		132.54	88.92	210.29		119.56	76.37	174.75
	山杨林	171.20	243.60		143.56	216.03	365.43		298.00
	樟子松人工林	61.53	140.99	218.84		146.27	394.61	614.78	
	樟子松天然林	206.69				478.47			
Ii-3b	白桦林	157.26	117.16	150.31	149.94	238.83	194.62	254.28	272.52
	黑桦林	118.22	123.34	114.86		135.91	141.89	151.39	
	落叶松人工林	166.81	214.10	97.65		289.35	335.16	145.14	
	落叶松天然林	125.16	452.60	378.77		257.08	523.71	470.50	
	蒙古栎林	119.89	160.52		151.55	112.17	146.92		131.17
	杨树人工林		177.79	261.99			260.72	432.17	
	樟子松人工林		162.68				453.54		
VIAia-1c	白桦林	89.94	174.30			98.01	201.77		
	落叶松人工林	120.38				211.51			
	蒙古栎林	82.69				80.74			
	杨树人工林				99.42				203.33
VIAia-2a	白桦林	111.76	144.82	187.30		155.68	208.82	293.74	
	黑桦林	75.35				74.56			
	落叶松人工林	176.70	239.59	244.44	255.60	300.69	416.14	348.51	350.87
	蒙古栎林	79.54				77.21			
	樟子松人工林		132.37	101.42			368.81	283.05	

注：Ii-1a，大兴安岭北部山地含藓类的兴安落叶松林小区；Ii-2a，大兴安岭中部含兴安杜鹃和樟子松的兴安落叶松林东部（偏湿性）小区；Ii-2b，大兴安岭中部含兴安杜鹃和樟子松的兴安落叶松林西部（偏干性）小区；Ii-3a，黑河—鄂伦春低山河谷含草类、胡枝子的兴安落叶松、蒙古栎小区；Ii-3b，讷敏河中游—古利牙山山地丘陵含草类、榛子、蒙古栎的兴安落叶松林小区；VIAia-1c，松嫩平原外围蒙古栎林区；VIAia-2a，大兴安岭中南部森林

6.3.1.2 材积源法估测林分生物量效果

依据森林资源连续清查资料判定的林分类型没有完全涵盖此次研究的临时样地所处林分类型，使得所建立的材积源法估测林分生物量模型（BEF 模型法和 BCEF 模型法）不完全，为此，本研究采用材积源法估测林分生物量时所需模型，对于临时样地中的蒙古栎林参照杂木林、樟子松人工林参照樟子松天然林、杨树人工林参照山杨林、落叶松人工林参照落叶松天然林。

研究结果表明，前文所建立的樟子松林生物量估测模型（材积源法）估计部分樟子松林生物量时，在林分蓄积量较大时出现明显偏差，为此，本研究采用材积源法估计樟子松林（人工林和天然林）生物量时使用落叶松林生物量预估模型（材积源法）。

材积源法估测林分生物量的结果（图 6-2，图 6-3）表明，BEF 模型法和 BCEF 模型法估测林分生物量，对于部分林型的估计效果较好。

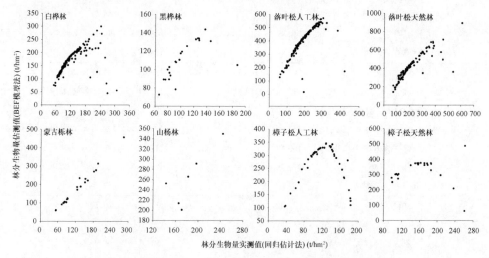

图 6-2 材积源法（BEF 模型法）估计林分生物量效果

6.3.2 区域森林生物量

6.3.2.1 区域土地覆盖历年变化

利用 MODIS 的土地覆盖产品 MCD12Q1，提取出的南瓮河自然保护区 2001～2009 年土地覆盖分布状况见图 6-4。

2001～2009 年，沼泽地面积和常绿针叶林面积增加；混交林、灌丛、疏林地面积减少；落叶针叶林和落叶阔叶林面积呈波动变化的趋势（图 6-5）。历年各类型土地覆盖面积见表 6-2。

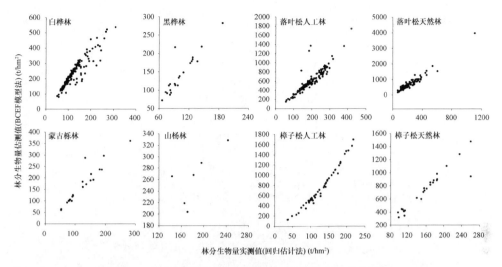

图 6-3 材积源法（BCEF 模型法）估计林分生物量效果

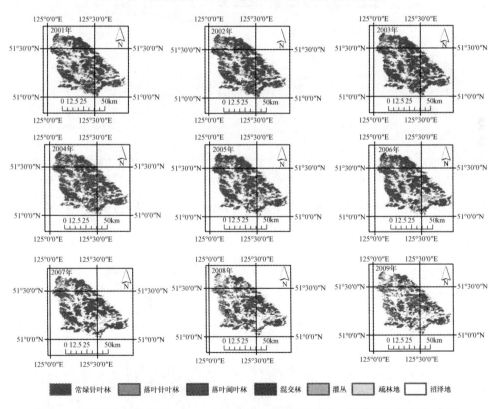

图 6-4 南瓮河自然保护区 2001～2009 年地表覆盖类型分布（彩图请扫封底二维码）

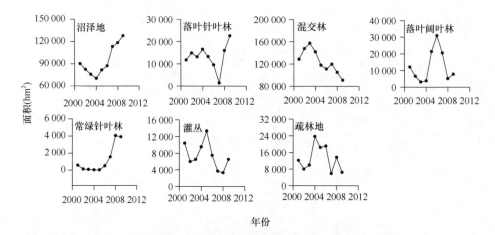

图 6-5　南瓮河自然保护区各地表覆盖类型面积的年际变化

表 6-2　2001～2009 年南瓮河自然保护区各类型地表覆盖面积（单位：hm²）

地表类型	2001 年	2002 年	2003 年	2004 年	2005 年	2006 年	2007 年	2008 年	2009 年
沼泽地	90 175	82 525	75 750	70 225	81 525	87 200	113 075	118 400	127 650
落叶针叶林	11 700	14 800	13 075	16 475	13 225	9 525	1 375	15 950	22 550
混交林	128 375	147 525	157 025	141 750	117 700	110 825	119 525	104 900	90 750
落叶阔叶林	12 100	6 575	3 200	3 825	21 375	30 925	20 575	5 225	7 825
常绿针叶林	575	125	75	25	25	500	1 550	4 050	3 900
灌丛	10 425	5 975	6 500	9 550	13 350	7 500	3 700	3 300	6 525
疏林地	12 225	8 000	9 900	23 700	18 425	19 100	5 825	13 700	6 425

6.3.2.2　区域叶面积指数空间分布格局

利用 MODIS 的叶面积指数产品 MOD15A2，提取出的南瓮河自然保护区逐年最大 LAI 结果见图 6-6。由图 6-6 可以看出，南瓮河自然保护区南部区域的 LAI 较高，中部区域 LAI 较低。

2000～2011 年，南瓮河自然保护区 LAI 表现出波动变化的趋势（图 6-7），2003 年 LAI 最低，为 4.79；2004 年 LAI 最高，为 6.36；2000～2011 年南瓮河自然保护区 LAI 平均值为 5.92。

6.3.2.3　区域森林植被分布规律

利用南瓮河自然保护区二类调查数据统计出的各地类面积见表 6-3。由表 6-3 可以看出，在斑块数和面积方面，有林地均高于其他地类。

有林地中杜鹃落叶松林面积最大（表 6-4），主要分布于海拔 400～500m 的东北向缓坡中坡位，草类落叶松林主要分布于海拔 400～500m 的东北向平坡下坡位，

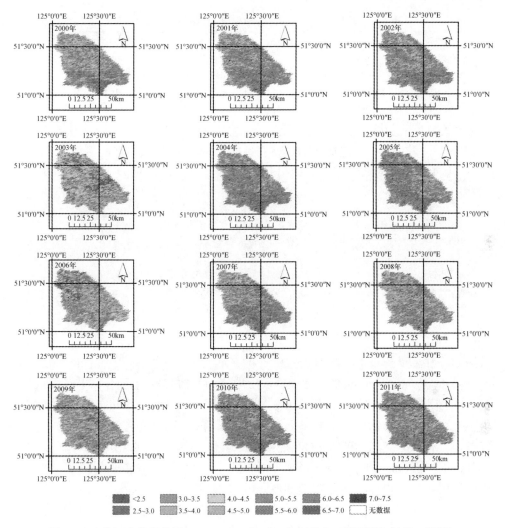

图 6-6　南瓮河自然保护区 2000～2011 年 LAI 空间分布（彩图请扫封底二维码）

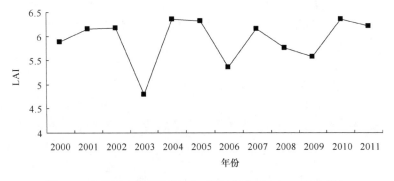

图 6-7　南瓮河自然保护区 LAI 历年变化（2000～2011 年）

表 6-3　南瓮河自然保护区各地类斑块数和面积（2008 年）

地类	斑块数（个）	面积（hm²）	地类	斑块数（个）	面积（hm²）
有林地	6 664	128 137.0	宜林沼泽地	493	16 513.0
疏林地	21	329.0	其他宜林地	646	52 616.0
未成林封育地	428	10 166.0	辅助生产林地	179	289.0
火烧迹地	660	17 446.0	未利用地	7	29.0
宜林荒山荒地	164	2 979.0	水域	411	1 019.0

表 6-4　南瓮河自然保护区各林型斑块数和面积（2008 年）

林型	斑块数（个）	面积（hm²）	林型	斑块数（个）	面积（hm²）
杜鹃落叶松林	2 940	59 733.0	杜香落叶松林	18	230.0
草类落叶松林	1 248	18 499.0	溪旁落叶松林	8	28.0
杜鹃白桦林	987	23 250.0	绿苔云杉林	8	117.0
蒙古栎落叶松林	565	9 808.0	杜香白桦林	8	64.0
草类白桦林	446	7 774.0	榛子黑桦林	6	85.0
杜鹃山杨林	183	4 055.0	绿苔水藓落叶松林	2	48.0
胡枝子蒙古栎林	124	2 056.0	杜香藓类落叶松林	1	5.0
蒙古栎白桦林	120	2 304.0	河洼柳树林	1	2.0
草类山杨林	20	408.0			

杜鹃白桦林主要分布于海拔 500～600m 的东北向缓坡中坡位，蒙古栎落叶松林主要分布于海拔 400～500m 的东南向缓坡上坡位，草类白桦林主要分布于海拔 400～500m 的东向平坡下坡位，杜鹃山杨林主要分布于海拔 500～600m 的西北向缓坡上坡位，胡枝子蒙古栎林主要分布于 400～500m 的西南向缓坡上坡位，蒙古栎白桦林主要分布于 500～600m 的东向缓坡上坡位，草类山杨林主要分布于 500～600m 的西向缓坡上坡位，杜香落叶松林主要分布于 500～600m 的东南向缓坡下坡位，溪旁落叶松林主要分布于 300～400m 的平坡谷地，绿苔云杉林主要分布于 500～600m 的东北向下坡位，杜香白桦林主要分布于 500～600m 的东南向下坡位，榛子黑桦林主要分布于 400～500m 的西南向缓坡中坡位，绿苔水藓落叶松林主要分布于 400～500m 的北向平坡平地，杜香藓类落叶松林主要分布于 400～500m 的东向平坡下坡位，河洼柳树林主要分布于 400～500m 的东南向平坡谷地（表 6-5～表 6-8）。

6.3.2.4　区域森林生物量

南瓮河自然保护区不同海拔、坡向、坡位和坡度下各林型的林分生物量估计结果见表 6-9～表 6-12。从林分公顷生物量来看，不同林型适宜生长的地形条件不同。

表 6-5　南瓮河自然保护区不同海拔各类林型的斑块数和面积（2008 年）

林型	海拔（m）	斑块数（个）	面积（hm²）	林型	海拔（m）	斑块数（个）	面积（hm²）
草类白桦林	400～500	347	6 029.0	杜鹃山杨林	500～600	86	2 070.0
	500～600	53	1 079.0		600～700	84	1 773.0
	300～400	38	409.0		400～500	11	175.0
	600～700	7	207.0		300～400	1	11.0
	700～800	1	50.0		700～800	1	26.0
草类落叶松林	400～500	950	14 672.0	杜香白桦林	400～500	5	9.0
	300～400	209	1 782.0		500～600	3	55.0
	500～600	80	1 826.0	杜香落叶松林	500～600	11	194.0
	600～700	9	219.0		400～500	6	34.0
草类山杨林	500～600	10	161.0		300～400	1	2.0
	600～700	5	130.0	杜香藓类落叶松林	400～500	1	5.0
	400～500	4	80.0	河洼柳树林	400～500	1	2.0
	700～800	1	37.0	胡枝子蒙古栎林	400～500	75	990.0
杜鹃白桦林	400～500	439	9 467.0		500～600	41	883.0
	500～600	387	9 850.0		600～700	7	156.0
	600～700	109	2 932.0		700～800	1	27.0
	300～400	23	427.0	绿苔水藓落叶松林	400～500	1	31.0
	700～800	16	361.0		500～600	1	17.0
	800～900	10	175.0	绿苔云杉林	400～500	4	49.0
	900～1000	3	38.0		500～600	4	68.0
杜鹃落叶松林	400～500	2011	37 896.0	蒙古栎白桦林	500～600	65	1 330.0
	500～600	719	17 711.0		400～500	34	471.0
	300～400	120	1 862.0		600～700	21	503.0
	600～700	73	1 821.0	蒙古栎落叶松林	400～500	338	5 173.0
	700～800	7	166.0		500～600	213	4 357.0
	800～900	5	163.0		600～700	8	164.0
	900～1000	5	114.0		300～400	6	114.0
榛子黑桦林	400～500	4	57.0	溪旁落叶松林	300～400	5	18.0
	300～400	1	8.0		400～500	3	10.0
	500～600	1	20.0				

表6-6 南瓮河自然保护区不同坡向各类林型的斑块数和面积（2008年）

林型	坡向	斑块数（个）	面积（hm²）	林型	坡向	斑块数（个）	面积（hm²）
草类落叶松林	无坡向	239	1 297.0	草类白桦林	无坡向	50	365.0
	东	194	3 267.0		南	44	922.0
	东北	164	3 318.0		西	34	531.0
	西	138	1 990.0		北	25	488.0
	北	128	1 826.0		西北	22	379.0
	东南	121	2 357.0	杜鹃白桦林	东北	207	5 003.0
	南	96	1 516.0		东南	168	3 804.0
	西南	94	1 596.0		东	146	3 577.0
	西北	74	1 332.0		北	107	2 283.0
蒙古栎落叶松林	西南	109	1 742.0		西南	104	2 456.0
	东南	105	1 825.0		西北	102	2 481.0
	南	92	1 397.0		南	84	1 888.0
	西	70	1 247.0		西	64	1 667.0
	西北	57	1 157.0		无坡向	5	91.0
	东	53	896.0	草类山杨林	南	5	57.0
	东北	47	1 025.0		西	4	82.0
	北	30	504.0		西南	3	65.0
	无坡向	2	15.0		东南	3	51.0
杜鹃落叶松林	东北	437	10 040.0		东	2	60.0
	西南	390	7 968.0		西北	1	23.0
	东	378	7 186.0		东北	1	38.0
	北	376	7 524.0		北	1	32.0
	西北	359	7 369.0	杜鹃山杨林	西北	34	883.0
	东南	337	6 864.0		南	32	721.0
	南	324	5 863.0		西南	28	512.0
	西	321	6 620.0		东南	25	535.0
	无坡向	18	299.0		东	25	487.0
杜香落叶松林	东南	6	128.0		东北	22	534.0
	无坡向	4	7.0		西	11	242.0
	东北	4	41.0		北	6	141.0
	东	3	33.0	杜香白桦林	无坡向	5	9.0
	西南	1	21.0		东南	2	34.0
草类白桦林	东	78	1 535.0		西南	1	21.0
	东北	73	1 359.0	杜香藓类落叶松林	东	1	5.0
	东南	64	1 106.0	河洼柳树林	东南	1	2.0
	西南	56	1 089.0	胡枝子蒙古栎林	南	33	478.0

林型	坡向	斑块数（个）	面积（hm²）	林型	坡向	斑块数（个）	面积（hm²）
胡枝子蒙古栎林	东南	27	408.0	蒙古栎白桦林	西南	26	407.0
	西南	25	525.0		东	23	435.0
	东	14	276.0		东南	15	307.0
	西	13	183.0		东北	14	284.0
	西北	7	123.0		西	13	206.0
	北	3	51.0		西北	13	311.0
	东北	2	12.0		南	12	243.0
绿苔水藓落叶松林	南	1	17.0		北	4	111.0
	北	1	31.0	溪旁落叶松林	无坡向	7	23.0
绿苔云杉林	无坡向	3	41.0		东南	1	5.0
	东南	2	24.0	榛子黑桦林	西南	4	57.0
	东北	2	44.0		东南	1	24.0
	北	1	8.0		南	1	4.0

表6-7　南瓮河自然保护区不同坡度级各类林型的斑块数和面积（2008年）

林型	坡度级	斑块数（个）	面积（hm²）	林型	坡度级	斑块数（个）	面积（hm²）
草类白桦林	平	387	6 469.0	杜香白桦林	平	8	64.0
	缓	56	1 217.0	杜香落叶松林	平	18	230.0
	斜	3	88.0	杜香藓类落叶松林	平	1	5.0
草类落叶松林	平	1 109	15 378.0	河洼柳树林	平	1	2.0
	缓	135	3 043.0	胡枝子蒙古栎林	缓	69	1 253.0
	斜	4	78.0		斜	41	534.0
草类山杨林	缓	12	256.0		平	13	256.0
	平	4	90.0		陡	1	13.0
	斜	4	62.0	绿苔水藓落叶松林	平	2	48.0
杜鹃白桦林	缓	500	11 800.0	绿苔云杉林	平	8	117.0
	平	443	10 541.0	蒙古栎白桦林	缓	82	1 601.0
	斜	43	904.0		平	30	588.0
	陡	1	5.0		斜	8	115.0
杜鹃落叶松林	缓	1 658	32 541.0	蒙古栎落叶松林	缓	389	6 717.0
	平	1 169	25 313.0		平	109	2 125.0
	斜	106	1 794.0		斜	65	939.0
	陡	7	85.0		陡	2	27.0
杜鹃山杨林	缓	151	3 373.0	溪旁落叶松林	平	8	28.0
	平	22	501.0	榛子黑桦林	缓	4	48.0
	斜	10	181.0		斜	2	37.0

表 6-8　南瓮河自然保护区不同坡位各类林型的斑块数和面积（2008 年）

林型	坡位	斑块数（个）	面积（hm²）	林型	坡位	斑块数（个）	面积（hm²）
草类白桦林	下部	214	3 570.0	杜香白桦林	平	5	9.0
	中部	147	3 261.0		下部	3	55.0
	平	46	436.0	杜香落叶松林	下部	10	181.0
	上部	20	374.0		谷	3	15.0
	谷	19	133.0		平	3	4.0
草类落叶松林	下部	628	9 625.0		中部	2	30.0
	中部	332	6 098.0	杜香藓类落叶松林	下部	1	5.0
	平	187	1 270.0	河洼柳树林	谷	1	2.0
	谷	53	538.0	胡枝子蒙古栎林	上部	76	1 251.0
	上部	46	930.0		中部	46	789.0
	山脊	2	38.0		山脊	2	16.0
草类山杨林	上部	10	168.0	绿苔水藓落叶松林	下部	1	17.0
	中部	8	204.0		平	1	31.0
	山脊	1	13.0	绿苔云杉林	下部	4	71.0
	下部	1	23.0		谷	4	46.0
杜鹃白桦林	中部	561	13 947.0	蒙古栎白桦林	上部	61	1 249.0
	上部	264	5 651.0		中部	47	848.0
	下部	149	3 388.0		下部	10	199.0
	山脊	6	119.0		山脊	1	6.0
	谷	4	114.0		谷	1	2.0
	平	3	31.0	蒙古栎落叶松林	上部	317	5 131.0
杜鹃落叶松林	中部	1 650	34 750.0		中部	215	4 049.0
	上部	923	17 697.0		下部	27	523.0
	下部	331	6 624.0		谷	4	72.0
	谷	22	416.0		山脊	2	33.0
	山脊	7	48.0	溪旁落叶松林	谷	6	21.0
	平	7	198.0		下部	1	5.0
杜鹃山杨林	上部	100	2 204.0		平	1	2.0
	中部	72	1 650.0	榛子黑桦林	中部	4	53.0
	下部	7	133.0		上部	2	32.0
	山脊	3	44.0				
	平	1	24.0				

表6-9 南瓮河自然保护区不同海拔各类林型林分生物量（2008年）

林型	海拔（m）	林分生物量（t/hm²）		总生物量（t）	
		BEF法	BCEF法	BEF法	BCEF法
草类落叶松林	300～400	77.42	103.42	136 425	173 840
	400～500	92.22	123.73	1 502 613	1 976 612
	500～600	100.12	132.15	194 311	252 133
	600～700	79.79	98.15	17 635	21 234
蒙古栎落叶松林	300～400	78.89	123.94	9 084	13 307
	400～500	76.24	124.60	412 950	641 765
	500～600	80.24	130.10	363 725	573 615
	600～700	75.09	111.52	13 033	19 016
杜鹃落叶松林	300～400	100.75	136.67	203 975	272 852
	400～500	110.23	150.58	4 383 742	5 857 421
	500～600	111.33	148.73	2 015 744	2 628 484
	600～700	104.60	137.16	198 494	255 481
	700～800	92.91	119.68	16 348	20 206
	800～900	69.55	81.98	10 722	12 456
	900～1000	100.79	131.35	13 408	17 349
杜香落叶松林	300～400	156.91	268.74	314	537
	400～500	119.75	197.02	3 253	4 657
	500～600	57.07	68.56	11 982	14 217
杜香藓类落叶松林	400～500	75.56	99.14	378	496
溪旁落叶松林	300～400	39.32	46.23	715	840
	400～500	135.95	214.18	1 383	2 191
绿苔水藓落叶松林	400～500	33.49	34.05	1 038	1 056
	500～600	68.50	83.37	1 165	1 417
草类白桦林	300～400	54.72	74.15	22 225	28 801
	400～500	64.96	90.24	409 833	537 692
	500～600	63.12	84.97	71 656	91 739
	600～700	63.34	82.81	13 329	17 576
	700～800	49.76	52.45	2 488	2 623
杜鹃白桦林	300～400	64.52	84.53	29 025	37 210
	400～500	73.03	98.88	729 818	964 782
	500～600	70.29	93.25	698 229	904 751
	600～700	73.56	98.53	222 494	293 556
	700～800	58.81	76.28	20 164	25 172
	800～900	58.26	75.78	11 389	14 740
	900～1000	65.88	91.34	2 460	3 376

续表

林型	海拔（m）	林分生物量（t/hm²）		总生物量（t）	
		BEF法	BCEF法	BEF法	BCEF法
草类山杨林	400～500	50.24	56.38	4 255	4 770
	500～600	68.71	80.21	12 004	14 059
	600～700	96.80	115.00	11 970	14 139
	700～800	91.27	105.63	3 377	3 908
杜鹃山杨林	300～400	67.95	79.79	747	878
	400～500	90.45	108.36	16 330	19 246
	500～600	83.50	98.21	174 507	204 247
	600～700	88.99	105.73	155 438	183 006
	700～800	108.69	129.88	2 826	3 377
胡枝子蒙古栎林	400～500	72.99	119.11	76 647	120 609
	500～600	64.26	94.45	55 519	77 121
	600～700	63.67	90.28	10 493	14 916
	700～800	80.92	115.38	2 185	3 115
榛子黑桦林	300～400	32.62	40.40	261	323
	400～500	55.96	83.37	3 282	4 737
	500～600	27.26	29.60	545	592
河洼柳树林	400～500	31.76	42.97	64	86
绿苔云杉林	400～500	96.81	83.30	5 050	4 402
	500～600	54.70	49.97	3 738	3 416
杜香白桦林	400～500	71.26	110.78	619	926
	500～600	64.50	83.99	3 575	4 576
蒙古栎白桦林	400～500	73.27	119.14	36 716	57 421
	500～600	72.54	121.52	98 397	160 223
	600～700	81.53	136.96	44 452	75 085

表 6-10 南瓮河自然保护区不同坡向各类林型的林分生物量（2008 年）

林型	坡向	林分生物量（t/hm²）		总生物量（t）	
		BEF法	BCEF法	BEF法	BCEF法
草类落叶松林	东南	99.01	133.51	245 374	324 127
	东	96.78	131.42	327 641	430 563
	南	94.49	127.15	160 800	214 606
	西北	94.34	125.93	142 401	185 365
	东北	92.27	121.46	331 223	428 553
	北	88.32	116.70	183 709	239 978
	西	87.07	115.80	194 524	255 435
	西南	85.83	112.66	148 134	189 023
	无坡向	80.29	108.85	117 177	156 167

续表

林型	坡向	林分生物量（t/hm²）		总生物量（t）	
		BEF 法	BCEF 法	BEF 法	BCEF 法
蒙古栎落叶松林	西北	82.24	138.88	97 470	159 826
	东北	81.56	129.29	88 197	134 004
	北	79.99	131.41	44 298	70 815
	西	79.07	126.55	103 796	160 213
	无坡向	78.80	142.48	1 164	1 985
	东	78.26	130.69	71 848	115 522
	东南	75.96	122.60	142 114	216 682
	西南	75.68	122.00	137 928	213 084
	南	75.53	122.66	111 978	175 572
杜鹃落叶松林	北	114.17	155.75	904 246	1 206 558
	西北	113.17	154.62	868 197	1 157 458
	西	112.98	154.22	782 077	1 044 262
	东	110.32	151.25	814 109	1 087 009
	西南	108.39	146.20	904 137	1 196 233
	东北	107.55	143.31	1 117 655	1 455 774
	东南	106.98	144.22	765 576	1 008 322
	南	105.61	143.43	653 595	864 986
	无坡向	104.92	144.81	32 840	43 647
杜香落叶松林	无坡向	150.31	268.36	942	1 596
	东	79.76	109.30	2 477	3 345
	东南	69.34	84.38	9 333	11 174
	东北	54.75	67.25	2 218	2 701
	西南	27.57	28.36	579	596
杜香藓类落叶松林	东	75.56	99.14	378	496
溪旁落叶松林	无坡向	79.99	117.23	1 875	2 765
	东南	44.53	53.02	223	265
绿苔水藓落叶松林	南	68.50	83.37	1 165	1 417
	北	33.49	34.05	1 038	1 056
草类白桦林	北	70.60	94.77	35 940	47 117
	南	70.35	104.74	64 487	85 846
	西北	68.19	100.27	26 944	35 508
	东北	65.00	86.14	96 545	125 639
	东	63.83	88.46	97 781	129 570
	西	63.33	88.05	32 397	41 956
	西南	62.84	82.40	72 007	90 099
	东南	61.32	82.69	75 534	99 431
	无坡向	55.55	79.85	17 895	23 265

林型	坡向	林分生物量（t/hm²）		总生物量（t）	
		BEF 法	BCEF 法	BEF 法	BCEF 法
杜鹃白桦林	北	73.86	101.28	181 822	245 430
	西北	72.98	98.33	186 833	245 463
	东北	72.09	96.84	367 980	481 331
	东	71.82	96.06	263 137	344 467
	南	71.05	95.90	133 332	173 609
	西	70.96	93.07	121 204	156 469
	西南	69.78	92.07	178 660	231 940
	东南	69.34	92.24	274 656	357 197
	无坡向	62.84	81.60	5 956	7 681
草类山杨林	西南	102.72	123.05	6 687	8 005
	西	85.84	101.59	7 219	8 543
	东	74.75	85.81	4 716	5 426
	东南	73.24	85.96	4 286	5 069
	北	68.79	78.12	2 201	2 500
	南	56.63	65.27	3 599	4 173
	东北	54.12	59.37	2 057	2 256
	西北	36.52	39.37	840	905
杜鹃山杨林	北	105.62	126.21	15 787	18 843
	西北	97.23	115.48	83 319	98 017
	西	94.01	111.95	21 943	25 879
	西南	87.27	103.81	43 915	51 796
	东北	86.60	102.17	46 712	54 798
	东	86.37	102.56	41 308	48 525
	南	80.64	94.97	57 758	67 370
	东南	70.63	82.26	39 108	45 525
胡枝子蒙古栎林	北	83.91	138.51	4 853	7 845
	西	78.87	130.83	9 694	15 430
	东	77.11	120.96	21 344	31 798
	西北	71.85	115.03	13 073	19 717
	西南	68.75	107.26	36 428	53 979
	南	68.46	105.70	33 862	49 651
	东南	63.71	98.26	25 027	36 490
	东北	59.95	105.03	563	851
榛子黑桦林	东南	59.44	79.96	1 427	1 919
	南	52.73	87.36	211	349
	西南	42.89	59.04	2 451	3 383

续表

林型	坡向	林分生物量（t/hm²）		总生物量（t）	
		BEF 法	BCEF 法	BEF 法	BCEF 法
河洼柳树林	东南	31.76	42.97	64	86
绿苔云杉林	无坡向	105.90	90.19	4 494	3 902
	北	69.52	62.60	556	501
	东北	58.66	53.64	2 527	2 311
	东南	50.75	46.30	1 210	1 104
杜香白桦林	无坡向	71.26	110.78	619	926
	东南	67.54	89.45	2 348	3 042
	西南	58.41	73.06	1 227	1 534
蒙古栎白桦林	北	100.53	176.63	12 740	22 466
	东北	82.19	147.72	23 288	40 392
	西北	81.57	136.62	25 577	40 245
	西	79.67	133.62	17 070	27 630
	西南	72.80	126.25	32 514	56 418
	南	71.59	133.47	18 008	34 676
	东南	68.86	100.26	22 219	31 546
	东	64.56	93.47	28 150	39 356

表 6-11 南瓮河自然保护区不同坡度级各类林型的林分生物量（2008 年）

林型	坡度级	林分生物量（t/hm²）		总生物量（t）	
		BEF 法	BCEF 法	BEF 法	BCEF 法
蒙古栎白桦林	缓	75.47	123.67	128 321	204 054
	斜	74.58	139.49	9 143	18 442
	平	71.13	118.97	42 101	70 233
杜香白桦林	平	68.72	100.73	4 194	5 502
绿苔云杉林	平	75.75	66.63	8 788	7 818
河洼柳树林	平	31.76	42.97	64	86
榛子黑桦林	缓	48.91	69.77	2 508	3 448
	斜	44.06	62.21	1 580	2 204
胡枝子蒙古栎林	斜	74.21	122.15	41 846	67 069
	陡	71.81	111.94	933	1 455
	缓	69.48	106.85	88 478	129 292
	平	55.92	81.56	13 586	17 946
杜鹃山杨林	缓	88.15	104.47	295 983	347 860
	平	81.68	96.06	40 847	47 731
	斜	71.97	84.08	13 019	15 163

续表

林型	坡度级	林分生物量（t/hm²）		总生物量（t）	
		BEF 法	BCEF 法	BEF 法	BCEF 法
草类山杨林	缓	76.30	89.43	20 359	23 869
	平	75.42	87.97	6 583	7 628
	斜	61.52	70.79	4 664	5 380
杜鹃白桦林	陡	78.05	118.00	390	590
	斜	71.70	96.74	66 126	87 908
	缓	71.40	95.81	862 869	1 134 416
	平	71.38	95.37	784 193	1 020 674
草类白桦林	缓	68.52	91.08	85 551	112 541
	平	63.16	87.72	428 820	559 897
	斜	58.85	71.68	5 158	5 993
绿苔水藓落叶松林	平	50.99	58.71	2 203	2 473
溪旁落叶松林	平	75.55	109.21	2 098	3 030
杜香藓类落叶松林	平	75.56	99.14	378	496
杜香落叶松林	平	83.51	122.50	15 549	19 411
杜鹃落叶松林	斜	111.07	154.42	202 177	273 653
	缓	110.72	150.98	3 764 417	5 011 920
	平	108.58	145.84	2 867 494	3 767 944
	陡	94.08	126.16	8 344	10 732
蒙古栎落叶松林	缓	78.85	129.28	556 214	881 400
	平	75.69	120.29	166 288	249 258
	斜	75.04	120.73	74 488	114 241
	陡	67.26	105.00	1 802	2 804
草类落叶松林	缓	106.16	141.75	346 499	458 152
	平	88.22	118.16	1 497 379	1 956 664
	斜	87.55	111.83	7 106	9 002

表 6-12　南瓮河自然保护区不同坡位各类林型的林分生物量（2008 年）

林型	坡位	林分生物量（t/hm²）		总生物量（t）	
		BEF 法	BCEF 法	BEF 法	BCEF 法
草类落叶松林	上部	103.99	138.78	99 827	131 038
	中部	94.77	125.84	645 032	848 417
	山脊	94.40	121.47	4 486	5 791
	下部	89.37	119.33	936 348	1 221 451
	谷	88.12	125.71	48 055	63 653
	平	81.73	110.23	117 236	153 469

续表

林型	坡位	林分生物量（t/hm²）		总生物量（t）	
		BEF 法	BCEF 法	BEF 法	BCEF 法
蒙古栎落叶松林	山脊	79.10	126.91	2 768	4 502
	上部	78.14	128.48	419 497	667 373
	中部	77.96	125.86	330 863	510 283
	下部	74.07	113.09	41 938	60 516
	谷	60.62	90.89	3 724	5 031
杜鹃落叶松林	平	122.55	165.40	24 313	31 700
	山脊	121.52	182.98	5 993	8 955
	上部	112.15	153.30	2 079 025	2 770 937
	中部	111.44	151.11	4 032 504	5 345 249
	下部	96.63	127.92	665 997	863 985
	谷	84.84	111.52	34 600	43 424
杜香落叶松林	平	169.81	315.42	666	1 215
	中部	79.48	112.49	1 761	2 365
	谷	64.50	83.90	952	1 221
	下部	64.13	78.20	12 168	14 610
杜香藓类落叶松林	下部	75.56	99.14	378	496
溪旁落叶松林	平	124.36	189.74	249	379
	谷	72.59	105.15	1 627	2 386
	下部	44.53	53.02	223	265
绿苔水藓落叶松林	下部	68.50	83.37	1 165	1 417
	平	33.49	34.05	1 038	1 056
草类白桦林	中部	69.27	93.50	233 435	304 294
	谷	63.59	99.27	7 829	11 193
	上部	63.19	84.84	24 743	31 988
	下部	62.42	86.42	232 477	303 745
	平	53.17	74.85	21 046	27 211
杜鹃白桦林	山脊	76.74	111.84	9 291	13 617
	中部	72.80	96.88	1 050 434	1 367 770
	上部	70.29	95.15	408 528	541 693
	下部	68.77	92.59	238 408	311 735
	平	55.35	73.69	1 857	2 503
	谷	53.88	68.25	5 060	6 268
草类山杨林	山脊	88.92	106.72	1 156	1 387
	上部	82.01	97.05	15 739	18 735
	中部	64.72	73.95	13 870	15 849
	下部	36.52	39.37	840	905

续表

林型	坡位	林分生物量（t/hm²）		总生物量（t）	
		BEF 法	BCEF 法	BEF 法	BCEF 法
杜鹃山杨林	平	118.43	142.85	2 842	3 428
	上部	89.16	105.69	198 337	233 833
	山脊	85.21	102.10	3 245	3 793
	下部	84.59	100.30	11 329	13 244
	中部	82.59	97.34	134 095	156 456
胡枝子蒙古栎林	上部	71.18	112.62	90 244	135 471
	中部	67.54	104.29	53 724	78 898
	山脊	59.53	98.11	876	1 393
榛子黑桦林	中部	51.41	75.63	2 933	4 204
	上部	39.05	50.47	1 155	1 448
河洼柳树林	谷	31.76	42.97	64	86
绿苔云杉林	谷	88.12	76.03	4 049	3 544
	下部	63.39	57.23	4 739	4 274
杜香白桦林	平	71.26	110.78	619	926
	下部	64.50	83.99	3 575	4 576
蒙古栎白桦林	上部	76.08	126.13	98 196	156 977
	下部	75.31	151.18	14 914	31 077
	中部	72.71	115.84	66 097	104 132
	谷	71.26	126.82	143	254
	山脊	36.03	48.37	216	290

6.3.3 不同区域植被指数与林分生物量的关系

植被指数和林分生物量之间有较为明显的相关性（表 6-13）。通过散点图（图 6-8，图 6-9）可以看出，随植被指数增加，林分生物量呈现一定增长趋势，但林分生物量与植被指数之间并非呈现线性关系。部分植被分区林分生物量可用 EVI 植被指数进行估测（表 6-13）。

6.3.4 大兴安岭林分生物量空间变化

利用所建立的不同区域生物量模型（表 6-13）对大兴安岭 2012 年和 2014 年林分生物量进行估计，结果见图 6-10。大兴安岭北部生物量较高，中南部生物量较低。靠近山脉的地方，林分生物量也很高，以至于整个大兴安岭山脉能够清晰地在图像上呈现。

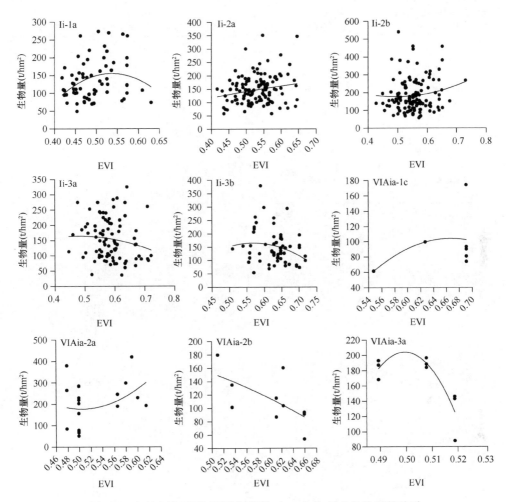

图 6-8 大兴安岭不同区域植被指数（EVI）与林分生物量的关系

表 6-13 大兴安岭不同区域植被指数（x）与林分生物量（y）回归模型参数（$y=a+bx+cx^2$）

区号	植被指数	a	b	c	R^2	P
Ii-1a	EVI*	−1 073.24	4 578.03	−4 265.95	0.088 9	0.048 6
	NDVI	−1 704.06	4 206.254	−2 387.32	0.035 6	0.308
Ii-2a	EVI	−3.859 1	361.041 9	−142.372	0.039 5	0.079 2
	NDVI*	1 092.434	−2 709.3	1 890.312	0.083 9	0.004
Ii-2b	EVI*	541.547 1	−1 480.3	1 499.985	0.018	0.313
	NDVI	−511.535	1 451.6	−743.021	0.005 4	0.706 9
Ii-3a	EVI	−16.848	759.228 5	−793.402	0.026 5	0.323 9
	NDVI*	3 934.796	−9 349.31	5 763.323	0.052 4	0.104 1

续表

区号	植被指数	a	b	c	R^2	P
Ii-3b	EVI*	−718.569	3 105.482	−2 729.84	0.061 8	0.152 2
	NDVI	509.544 9	−777.335	415.153	0.002	0.942 3
VIAia-1c	EVI	−1 228.61	3 995.431	−2 994.37	0.174 9	0.680 9
	NDVI*	−4 992.36	11 599.54	−6 602	0.174 9	0.680 9
VIAia-2a	EVI	2 784.547	−10 341.4	10 254.4	0.124 1	0.303 5
	NDVI*	−28 907.9	73 772.97	−46 481	0.315 5	0.033
VIAia-2b	EVI	184.409 5	202.321 5	−530.962	0.406 5	0.161
	NDVI*	34 428.37	−79 499.8	45 981.05	0.537 1	0.067 5
VIAia-3a	EVI	−52 519.9	211 068.1	−211 240	0.744 1	0.016 8
	NDVI*	−4 306 555	10 559 012	−6 471 984	0.744 1	0.016 8

*大兴安岭不同区域所选用的林分生物量预测模型

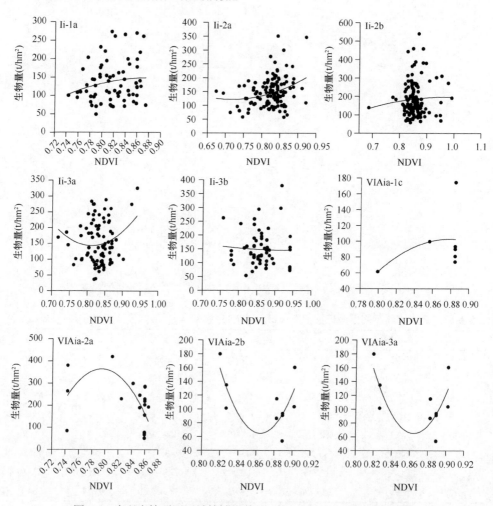

图6-9　大兴安岭不同区域植被指数（NDVI）与林分生物量的关系

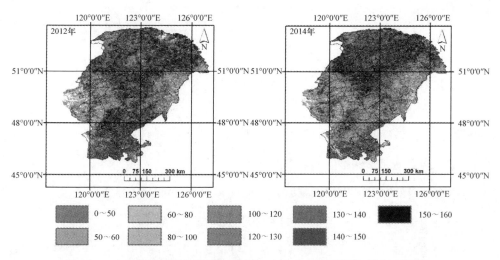

图 6-10　大兴安岭林分生物量空间分布（t/hm²）（彩图请扫封底二维码）

6.3.5　大兴安岭林分生物量动态变化

从大兴安岭林分生物量定期平均生长量分布图（图 6-11）可以看出，随着时间推移，大兴安岭北部生物量增加显著，西北部也有增长，自南向北林分生物量年生长量增加趋势明显，这可能是由于海拔自中部开始向北逐渐降低。

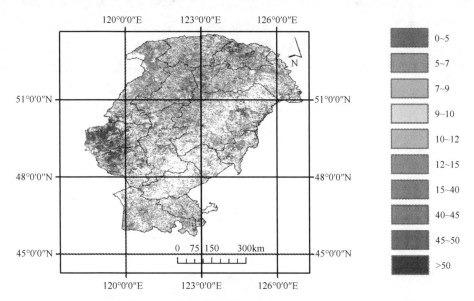

图 6-11　大兴安岭林分生物量定期平均生长量（2012～2014 年）[t/(hm²·年)]
（彩图请扫封底二维码）

6.4 小　结

（1）南瓮河自然保护区不同地类的动态变化规律不同

2001～2009 年，沼泽地面积和常绿针叶林面积增加；混交林、灌丛、疏林地面积减少；落叶针叶林和落叶阔叶林面积呈波动变化的趋势。

（2）南瓮河自然保护区 LAI 的空间格局明显

南瓮河自然保护区南部区域的 LAI 较高，中部区域 LAI 较低。

（3）南瓮河自然保护区 LAI 的时间动态规律不明显

2000～2011 年，南瓮河自然保护区 LAI 表现出波动变化的趋势，2003 年 LAI 最低，为 4.79；2004 年 LAI 最高，为 6.36；2000～2011 年南瓮河自然保护区 LAI 平均值为 5.92。

（4）不同森林植被的适生立地不同

杜鹃落叶松林主要分布于海拔 400～500m 的东北向缓坡中坡位，草类落叶松林主要分布于海拔 400～500m 的东北向平坡下坡位，杜鹃白桦林主要分布于海拔 500～600m 的东北向缓坡中坡位，蒙古栎落叶松林主要分布于海拔 400～500m 的东南向缓坡上坡位，草类白桦林主要分布于海拔 400～500m 的东向平坡下坡位，杜鹃山杨林主要分布于海拔 500～600m 的西北向缓坡上坡位，胡枝子蒙古栎林主要分布于 400～500m 的西南向缓坡上坡位，蒙古栎白桦林主要分布于 500～600m 的东向缓坡上坡位，草类山杨林主要分布于 500～600m 的西向缓坡上坡位，杜香落叶松林主要分布于 500～600m 的东南向缓坡下坡位，溪旁落叶松林主要分布于 300～400m 的平坡谷地，绿苔云杉林主要分布于 500～600m 的东北向下坡位，杜香白桦林主要分布于 500～600m 的东南向下坡位，榛子黑桦林主要分布于 400～500m 的西南向缓坡中坡位，绿苔水藓落叶松林主要分布于 400～500m 的北向平坡平地，杜香藓类落叶松林主要分布于 400～500m 的北向平坡下坡位，河洼柳树林主要分布于 400～500m 的东南向平坡谷地。

（5）植被指数与林分生物量间关系明显

二项式模型能够很好地反映 EVI 和 NDVI 与林分生物量的关系。

（6）大兴安岭不同区域林分生物量差异明显

大兴安岭北部生物量较高，中南部生物量较低。靠近山脉的地方，林分生物量也很高。随着时间推移，大兴安岭北部生物量增加显著，西北部也有所增长，自南向北林分生物量年生长量增加趋势明显。

参 考 文 献

陈良富, 高彦华, 程宇, 等. 2005. 基于 CBERS-02 卫星数据和地面测量的生物量估算及其影响因素分析[J]. 中国科学(E 辑信息科学), 35(S1): 113-124.

成文联, 柳海鹰, 王世冬. 2000. 生物量与其影响因素之间关系的研究[J]. 内蒙古大学学报(自然科学版), 31(3): 285-288.

程秋生. 2013. NDVI 协同下森林生物量定量估算研究[D]. 北京: 北京林业大学博士学位论文.

董宇. 2011. 我国森林生物量估测方法研究进展[J]. 安徽农业科学, 39(34): 21105-21106, 21112.

谷建才, 郝大文, 朱勇, 等. 1996. 用临时样地配合解析木推算固定样地信息的方法探讨[J]. 林业资源管理, (2): 5-8.

韩爱惠. 2009. 森林生物量及碳储量遥感监测方法研究[D]. 北京: 北京林业大学博士学位论文.

李明泽. 2010. 东北林区森林生物量遥感估算及分析[D]. 哈尔滨: 东北林业大学博士学位论文.

刘晓梅, 布仁仓, 邓华卫, 等. 2011. 基于地统计学丰林自然保护区森林生物量估测及空间格局分析[J]. 生态学报, 31(16): 4783-4790.

毛学刚, 范文义, 李明泽, 等. 2011. 黑龙江长白山森林生物量的时空变化分析[J]. 植物生态学报, 35(4): 371-379.

仝慧杰, 冯仲科, 罗旭, 等. 2007. 森林生物量与遥感信息的相关性[J]. 北京林业大学学报, 29(S2): 156-159.

王晓莉, 常禹, 陈宏伟, 等. 2014. 黑龙江省大兴安岭森林生物量空间格局及其影响因素[J]. 应用生态学报, 25(4): 974-982.

吴磊. 2010. 大兴安岭地区植被指数应用分析研究[D]. 哈尔滨: 东北林业大学硕士学位论文.

肖兴威. 2005. 中国森林生物量与生产力的研究[D]. 哈尔滨: 东北林业大学博士学位论文.

徐新良, 曹明奎. 2006. 森林生物量遥感估算与应用分析[J]. 地球信息科学, 8(4): 122-128.

岳彩荣. 2012. 香格里拉县森林生物量遥感估测研究[D]. 北京: 北京林业大学博士学位论文.

翟晓江, 郝红科, 麻坤, 等. 2014. 基于 TM 的陕北黄龙山森林生物量模型[J]. 西北林学院学报, 29(1): 41-45.

张元元. 2009. 大兴安岭地区森林生物量遥感模型的研究[D]. 哈尔滨: 东北林业大学硕士学位论文.

Botkin D B, Woodwell G, Tempel N. 1970. Forest productivity estimated from carbon dioxide uptake[J]. Ecology, 51(6): 1057-1060.

Guo Z F, Chi H, Sun G Q. 2010. Estimating forest aboveground biomass using HJ-1 satellite CCD and ICESat GLAS waveform data[J]. Science China (Earth Sciences), 53(S1): 16-25.

Ma W H, Fang J Y, Yang Y H, et al. 2010. Biomass carbon stocks and their changes in northern China's grasslands during 1982-2006[J]. Science China(Life Sciences), 53(7): 841-850.

7 乔木树种含碳量

7.1 引　言

森林生态系统各组分含碳量/率是估算森林碳储量的关键因子。不同尺度估算森林碳储量，多是直接或间接以生物量乘以各器官含碳量。以往研究者在估算国家或区域尺度森林植被碳储量时，多采用 500g/kg 或 450g/kg 作为植物的平均含碳量，而研究表明不同树种各器官的含碳量为 444～557g/kg，热带和亚热带树种含碳量为 470（440～490）g/kg、温带和寒温带阔叶树种含碳量为 480（460～500）g/kg，针叶树种为 510（470～550）g/kg。因此，若估算森林植被生物量碳储量时不考虑树种间含碳量的差异，将会引起 3%～10%的偏差。

由于树木具有不同的新陈代谢特征，种间和种内的含碳量会受到立地条件、林分特征（如树龄、树木等级等）、经营管理措施等影响，但是目前关于不同树种含碳量的研究仍然较少,我国研究者的研究多集中在南方树种,如魏文俊等（2007）对江西省大岗山的 19 种树木的干、枝、叶、根的含碳量进行了测定，并据此对江西省的森林碳储量进行了估算。蔡会德等（2014）对广西地区 10 个树种的各器官含碳量进行了测定，发现树干含碳量比其他器官高 5%左右，而树叶、树枝和树皮含碳量无显著差异，且针叶树含碳量高于阔叶树，慢生树种高于速生树种，10 个树种含碳量加权平均值为 470 g/kg。李斌等（2015）对湖南省 17 个主要树种各器官的含碳量进行了分析，也发现了树干含碳量高于其他器官，而针叶树含碳量高于阔叶树和毛竹，17 个树种的平均含碳量为 500 g/kg。王立海和孙墨龙（2009）测定了小兴安岭 15 个树种的含碳量，也得出树干含碳量显著高于其他器官，而针叶树的含碳量高于阔叶树。由此可见，不同地区各树种间的含碳量并不相同，而不同区域主要植物类型、不同器官含碳量的测定和分析，对于精确估算区域/国家尺度森林碳储量尤为重要。

大兴安岭森林类型简单，乔木种类稀少，系统研究北方各树种含碳量的空间分布规律却不多见，本研究以大兴安岭不同区域典型树种为对象，通过树根、树干、树枝和树叶取样，研究乔木各器官含碳量随经纬度和海拔的变化规律；通过不同测碳方法结果比较，评价干烧法和湿烧法测定生态系统各组分含碳量效果并以人工林为对象，通过土壤容重与林分属性关系分析，研究土壤容重与土壤有机碳含量的关系，以期能为大兴安岭森林生态系统碳储量准确评价提供参考。

7.2 研 究 方 法

7.2.1 不同区域乔木样品采集

2013～2014 年生长季，依据大兴安岭森林分布规律，以不同植被分区的典型区域的优势树种为对象，各树种各选 3 株标准木，对树根、树干、树枝和树叶分别取样 50g 左右，编号带回，进行含碳量测定。乔木样品分布状况见图 7-1。

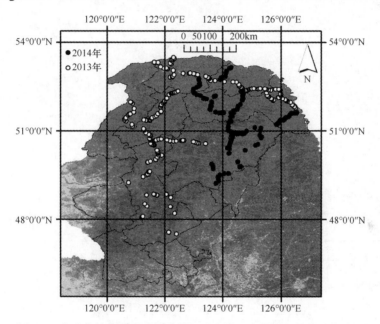

图 7-1 大兴安岭典型树种测碳样品分布图（彩图请扫封底二维码）

7.2.2 生态系统不同组分样品采集

选择东北两种典型针叶林：常绿针叶林——樟子松林、落叶针叶林——落叶松林为对象，在同一生物气候区——三江平原丘陵区的佳木斯市孟家岗林场，按照年龄系列，设置面积为 0.02～0.2hm² 的一系列临时样地并每木检尺。临时样地概况见表 7-1。

表 7-1 人工林临时样地概况

林型	样地	林龄（年）	胸径（cm）	密度（株/hm²）	坡度（°）	坡向	坡位	海拔（m）
落叶松林	1	17	9.9	2650	3.8	北	下	240
	2	19	12.5	1380	2.0	南	下	210
	3	22	11.0	2330	1.6	西	下	245

林型	样地	林龄（年）	胸径（cm）	密度（株/hm²）	坡度（°）	坡向	坡位	海拔（m）
落叶松林	4	26	13.1	1970	4.0	东南	中	225
	5	30	13.4	1370	2.3	西南	下	235
	6	32	12.1	1970	1.1	东南	下	230
	7	36	19.6	600	6.0	西北	下	245
	8	37	14.9	1670	3.0	西南	下	203
	9	38	19.8	780	2.0	南	中	255
	10	40	13.9	2020	4.0	西南	下	252
	11	42	25.6	720	3.6	北	下	235
	12	45	18.7	1270	1.0	西	中	265
	13	47	23.8	650	2.7	南	下	225
	14	49	23.4	680	2.8	东	中	245
	15	50	23.5	710	3.5	西南	下	225
	16	55	25.2	530	2.8	北	中	200
樟子松林	1	15	6.5	4040	3.0	西北	下	255
	2	18	11.4	2200	9.4	西	中	255
	3	26	13.8	2320	9.4	西	中	255
	4	32	18.2	1650	3.3	西南	下	268
	5	36	19.8	910	7.0	北	上	260
	6	41	22.0	780	10.2	南	上	280
	7	45	24.8	780	1.0	北	上	270
	8	49	27.5	470	1.8	东北	下	220

7.2.2.1 土壤样品

每块样地在株行距中心点、株距中心点和行距中心点分别挖 1 个土壤剖面，剖面深度为 30cm。从表土往下每 10cm 为一层，用 100m³ 环刀垂直插入剖面内取土，称湿重。将 3 个剖面同一土层混合均匀后，留样带回实验室，在 105℃ 下烘干至恒重，测含水率，计算土壤容重（bulk density，BD）。并在同一位置取土，自然风干后，碾碎，过 2mm 的筛，由于石砾较少，故忽略不计，再过 100 目筛。

7.2.2.2 乔木样品

在成熟落叶松林和樟子松林中分别选取 3 株平均木，分干、枝、叶、皮、根取样，共 30 个样品，带回室内 72℃ 烘干后测含碳量。

7.2.2.3 灌木和草本样品

每块样地随机设置 3 个 2m×2m 灌木和草本样方，采用全部收获法测定样方内灌木和草本生物量。灌木按枝、叶、根分别称其鲜重，草本按地上部、地下部称其鲜重。同一样地内 3 个样方中各部分样品混合均匀分别取 2 份样品带回实验室，一份在 72℃下烘干至恒重，测含水量，计算干重，推算为样地灌木和草本生物量，另一份样品用于测定含碳量。

7.2.2.4　枯落物层样品

每块样地随机设置 3 个 1m×1m 枯枝落叶样方，采用全部收获法，分别称取未分解层、半分解层、完全分解层鲜重。3 个样方中各部分混合均匀分别取 2 份样品带回实验室，一份在 72℃下烘干至恒重，测含水量，计算干重，推算为样地枯枝落叶现存量，另一份样品用于测定含碳量。

7.2.3　测碳方法

样品带回室内 72℃烘干并粉碎，过 100 目筛。采用两种方法测定样品含碳量：碳氮分析仪（Multi N/C 2100s）测全碳含量（干烧法，SOC_{DC}）和重铬酸钾氧化法测有机碳含量（湿烧法，SOC_{WD}）。

干烧法将样品烘干至恒重，1000℃高温，在高浓度纯氧中瞬间燃烧，仪器（碳氮分析仪，Multi N/C 2100s）测定植物样品释放出的 CO_2 量换算成含碳量；湿烧法即重铬酸钾-硫酸氧化法，将制备好的样品放入重铬酸钾-浓硫酸溶液，190℃氧化，用消解液比色的方法进行溶液中 Cr^{3+} 的测定，代替原始的滴定法测量含碳量。

对 2013 年采集的各树种样品采用干烧法和湿烧法两种方法测定其含碳量，对 2014 年采集的各树种样品采用干烧法测定其含碳量。

7.2.4　典型树种含碳量空间分布

利用干烧法测出的 2013 年和 2014 年样品含碳量资料，分析典型树种不同器官含碳量的空间分布。

7.3　结果与分析

7.3.1　大兴安岭典型树种含碳量特征

大兴安岭典型树种枝、叶、根、干的含碳量分别为 414.1～485.8g/kg、418.4～488.3g/kg、389.9～488.3g/kg、393.6～484.1g/kg（表 7-2），其中榆树的树根和树干含碳量最低，稠李的树枝和树叶含碳量最低。针叶树种各器官的含碳量较高，其中偃松的树枝、樟子松的树叶、毛赤杨的树根、云杉的树干含碳量均在同器官不同树种间最高（表 7-2）。

表 7-2 大兴安岭典型树种各器官含碳量（单位：g/kg）

器官	树种	均值	变动系数（%）	最小值	最大值	置信区间	
						−95.000%	+95.000%
枝	偃松	485.8	9.8	424.1	556.2	442.0	529.6
	毛赤杨	484.0	5.7	441.3	562.0	470.4	497.6
	樟子松	482.2	6.9	410.4	571.2	475.9	488.5
	落叶松	475.0	6.1	404.2	583.6	470.8	479.1
	白桦	474.8	6.9	402.0	562.4	469.4	480.3
	云杉	469.2	8.6	424.2	570.4	443.6	494.8
	黑桦	464.8	6.4	401.5	551.8	454.5	475.2
	枫桦	449.8	7.6	424.8	531.7	421.4	478.2
	蒙古栎	446.8	7.3	404.8	534.9	436.8	456.8
	山杨	445.7	6.0	403.2	536.0	440.3	451.1
	柳树	434.9	1.3	430.1	441.2	420.8	449.1
	小叶杨	425.7	0.2	425.0	426.3	417.4	433.9
	山荆子	423.0	0.3	421.8	424.2	420.0	426.0
	山梨	422.4	7.6	400.8	459.3	342.5	502.2
	茶条槭	421.9	2.5	413.0	433.4	396.0	447.8
	榆树	418.3	1.4	412.1	423.8	403.7	432.9
	黄菠萝	415.6	6.1	387.7	436.7	353.0	478.2
	稠李	414.1					
叶	樟子松	488.3	7.2	401.6	586.4	481.4	495.1
	偃松	484.5	8.8	443.2	582.9	448.9	520.2
	白桦	481.6	6.4	419.1	579.8	476.4	486.8
	云杉	478.8	6.6	448.0	547.9	454.5	503.1
	毛赤杨	477.9	6.9	409.8	553.8	461.5	494.2
	落叶松	475.8	5.5	416.0	567.2	472.0	479.7
	山杨	465.5	5.5	402.2	571.7	460.2	470.8
	黑桦	464.2	5.2	412.8	524.8	455.6	472.8
	蒙古栎	452.8	6.4	380.5	529.3	443.7	461.9
	枫桦	442.4	6.2	421.3	506.1	419.4	465.5
	黄菠萝	434.4	3.8	422.5	453.4	393.1	475.7
	山梨	432.5	5.5	407.5	454.4	373.9	491.2
	柳树	429.9	4.1	409.4	440.8	385.8	474.0
	茶条槭	426.9	3.4	410.4	437.7	390.8	463.0
	榆树	425.0	4.2	412.3	445.6	380.2	469.7

续表

器官	树种	均值	变动系数（%）	最小值	最大值	置信区间	
						−95.000%	+95.000%
叶	小叶杨	424.7	2.2	418.0	431.3	340.2	509.1
	山荆子	421.2	1.7	415.3	429.0	403.7	438.7
	稠李	418.4					
根	毛赤杨	488.3	7.4	433.3	572.1	470.4	506.1
	偃松	485.2	8.8	431.0	562.9	449.6	520.9
	樟子松	474.2	7.0	407.8	572.6	467.8	480.6
	白桦	473.8	6.8	404.2	562.7	468.3	479.2
	云杉	470.4	7.1	408.0	533.1	444.7	496.0
	落叶松	465.8	6.0	379.2	581.1	461.8	469.8
	黑桦	461.5	7.3	407.5	533.5	450.0	472.9
	山杨	455.4	6.5	400.5	558.8	449.2	461.5
	蒙古栎	447.3	7.4	403.6	567.6	437.5	457.1
	黄菠萝	438.7	5.0	413.4	453.7	383.9	493.5
	枫桦	437.4	7.8	417.0	520.8	408.7	466.0
	山梨	434.7	5.7	413.4	461.6	373.6	495.8
	小叶杨	431.5	5.3	415.2	447.7	225.0	637.9
	柳树	426.6	3.5	410.3	439.5	389.6	463.7
	稠李	422.1					
	山荆子	421.0	2.5	409.0	427.5	395.2	446.8
	茶条槭	412.9	2.3	402.5	420.9	389.5	436.3
	榆树	389.9	5.9	369.1	414.8	332.5	447.4
干	云杉	484.1	7.3	433.0	526.9	451.4	516.7
	毛赤杨	479.6	5.7	425.0	548.7	466.1	493.1
	偃松	474.0	5.6	437.2	512.7	451.7	496.2
	落叶松	468.9	5.9	408.4	551.3	465.0	472.9
	樟子松	468.9	6.8	413.4	597.1	462.7	475.0
	白桦	467.2	6.4	405.3	547.4	462.2	472.3
	黑桦	454.8	7.0	408.2	550.9	444.2	465.4
	山杨	450.1	7.0	346.1	540.6	443.6	456.6
	蒙古栎	448.0	6.8	400.7	542.2	439.0	457.0
	小叶杨	442.8	5.8	424.6	461.0	211.5	674.1
	枫桦	439.2	7.6	412.6	518.4	411.5	467.0
	茶条槭	433.8	7.1	408.6	467.9	357.8	509.9
	黄菠萝	432.4	5.6	406.0	453.9	372.0	492.8
	山梨	427.0	9.3	400.1	472.5	328.7	525.4

器官	树种	均值	变动系数（%）	最小值	最大值	置信区间	
						−95.000%	+95.000%
干	柳树	420.4	5.1	404.9	444.9	367.2	473.7
	稠李	418.5					
	山荆子	410.2	1.5	404.3	416.8	394.6	425.8
	榆树	393.6	11.7	362.1	446.4	279.4	507.9

7.3.2 不同区域典型树种各器官含碳量

大兴安岭不同区域典型树种各器官含碳量间存在差异（表7-3）。白桦各器官含碳量不同区域间差异显著，各器官含碳量均属 Ii-1a 区最高（除树干以 Ii-3a 区为最高外），各器官均属 VIAia-1c 区最低。枫桦各器官含碳量相对较低，区域间差异不显著，各器官均表现为 Ii-2a 区高于 Ii-3b 区。黑桦各器官含碳量区域间差异显著，各器官含碳量 VIAia-2a 区最低（除树叶以 Ii-3b 区为最低外），各器官均属 Ii-3a 区最高（除树叶以 Ii-2b 区为最高外）。落叶松各器官含碳量区域间差异显著，Ii-1a 区各器官含碳量最高（除树枝以 Ii-2a 区为最高外），VIAia-3a 区最低（除树枝以 VIAia-2b 区为最低外）。蒙古栎各器官含碳量区域间变化规律不明显，树干和树根含碳量均以 VIAia-2b 区为最低，树叶和树枝均以 VIAia-1c 区为最低，树干和树叶含碳量均以 Ii-2a 区为最高，树根和树枝含碳量均以 Ii-3a 区为最高。山杨各器官含碳量区域间有一定差异，不同区域含碳量高低在各器官上表现各不相同，Ii-3a 区在树干和树根含碳量上最高，Ii-2b 区在树叶、Ii-2a 区在树枝含碳量上表现为最高，Ii-3b 区在树干和树枝含碳量方面为最低，VIAia-2b 区在树根、VIAia-1c 区在树叶含碳量上表现为最低。云杉各器官含碳量在 Ii-1a 区最高，树干和树叶在 Ii-2b 区、树根和树枝在 Ii-2a 区最低。樟子松不同区域各器官含碳量间差异显著，各器官含碳量均以 Ii-1a 区为最高，VIAia-1c 区为最低（除 VIAia-3a 区以树根含碳量为最低外）。毛赤杨各器官含碳量不同区域间变化规律明显，各器官含碳量均是以 Ii-2a 区为最高，Ii-3a 区为最低。偃松各器官含碳量以 Ii-1a 区为最高（除树干含碳量以 Ii-2a 区为最高外），Ii-2b 区为最低（除树干以 Ii-1a 区为最低，树根以 Ii-2a 区为最低）。小叶杨各器官含碳量以 VIAia-1c 区为最高（树叶除外），Ii-1a 区为最低（树叶除外）。

7.3.3 典型树种含碳量空间变化

不同植被分区典型树种各器官含碳量存在差异（表7-3）。同一树种相同器官含碳量随经纬度和海拔变化表现出一定的变化规律（图7-2～图7-11），总体来看，

表 7-3　大兴安岭不同植被分区典型树种各器官含碳量（单位：g/kg）

树种	植被分区号	林业局/县	树干	树根	树叶	树枝
白桦	Ii-1a	阿龙山	477.9	472.2	488.6	472.4
		阿木尔	478.9	459	453.9	453.9
		满归	471.4	478.1	483.9	463.2
		漠河	488.3	505.7	511.3	503.4
		图强	502.4	550.7	561.4	537.7
		平均值	483.8	493.1	499.8	486.1
	Ii-2a	韩家园	429.4	430.5	446.0	433.3
		呼玛	472.1	486.6	514.3	511.3
		呼中	463.8	462.5	485.8	463.3
		十八站	456.3	472.8	466.6	471.0
		塔河	463.1	466.6	476.2	472.6
		新林	456.9	456.5	477.7	446.2
		平均值	456.9	462.6	477.8	466.3
	Ii-2b	得耳布尔	490.6	495.0	500.4	481.7
		甘河	470.1		486.0	505.4
		根河	457.9	474.0	467.0	458.1
		吉文	484.1	510.7	507.4	477.1
		金河	464.3	478.7	496.8	485.4
		克一河	470.7	429.5	442.6	473.4
		库都尔	452.3	454.3	455.5	446.8
		莫尔道嘎	475.7	475.9	486.8	472.7
		图里河	473.7	467.2	471.6	466.1
		乌尔旗汗	436.9	443.9	454.1	449.9
		伊图里河	465.7	459.8	473.9	465.5
		平均值	467.5	468.9	476.6	471.1
	Ii-3a	呼玛	494.9	501.8	494.4	492.8
		加格达奇	476.3	487.8	485.1	484.6
		松岭	472.8	481.5	482.0	470.4
		新林	510.0	467.7	491.7	493.2
		平均值	488.5	484.7	488.3	485.3
	Ii-3b	毕拉河	473.6	484.6	471.8	494.5
		绰尔	435.7	447.8	450.6	445.0
		大杨树	488.8	454.5	464.8	489.6
		乌奴耳	438.0	439.1	459.8	453.4
		平均值	459.0	456.5	461.8	470.6

续表

树种	植被分区号	林业局/县	树干	树根	树叶	树枝
白桦	VIAia-1c	柴河	418.8	427.8	449.4	431.6
	VIAia-2a	绰源	442.4	457.7	481.3	450.5
	VIAia-2b	南木	451.0	454.0	460.9	440.3
稠李	VIAia-1c	柴河	418.5	422.1	418.4	414.1
茶条槭	VIAia-1c	柴河	433.8	412.9	426.9	421.9
枫桦	Ii-2a	呼玛	442.6	432.5	422.1	424.8
		塔河	518.4	520.8	506.1	531.7
		平均值	480.5	476.7	464.1	478.3
	Ii-3b	乌奴耳	422.3	422.6	436.5	441.3
	VIAia-1c	柴河	428.6	426.0	433.9	439.3
黑桦	Ii-2a	韩家园	435.1	441.0	448.4	426.9
		呼玛	433.5	435.9	435.8	446.6
		十八站	498.4	489.7	488.4	509.3
		平均值	455.7	455.5	457.5	460.9
	Ii-2b	甘河	457.9	446.6	496.9	401.5
		吉文	473.3	488.6	464.0	481.5
		平均值	465.6	467.6	480.5	441.5
	Ii-3a	呼玛	475.6	495.5	476.3	495.3
		加格达奇	466.1	479.0	473.7	473.8
		松岭	477.0	471.4	481.6	473.5
		平均值	472.9	482.0	477.2	480.9
	Ii-3b	巴林	417.2	421.9	425.1	435.6
		毕拉河	451.6	479.1	472.1	493.6
		乌奴耳	432.4	441.4	441.0	441.6
		平均值	433.7	447.5	446.1	456.9
	VIAia-2a	绰源	428.6	420.5	453.9	439.7
黄菠萝	VIAia-1c	柴河	432.4	438.7	434.4	415.6
落叶松	Ii-1a	阿龙山	475.7	466.0	478.9	484.7
		阿木尔	479.9	477.0	473.0	478.1
		满归	477.6	474.0	479.8	480.9
		漠河	483.5	483.6	496.2	489.4
		图强	484.4	499.0	497.6	496.5
		平均值	480.2	479.9	485.1	485.9
	Ii-2a	韩家园	433.4	474.6	458.7	470.4
		呼玛	472.7	463.0	474.1	508.6
		呼中	474.8	474.3	484.5	484.4

树种	植被分区号	林业局/县	树干	树根	树叶	树枝
落叶松	Ii-2a	十八站	461.2	451.2	477.8	477.5
		塔河	466.4	468.5	482.1	480.4
		新林	492.2	471.6	496.9	496.2
		平均值	466.8	467.2	479.0	486.3
	Ii-2b	阿龙山	461.3	482.3	463.6	476.6
		得耳布尔	449.8	443.2	458.9	480.4
		甘河	437.1	451.1	460.4	465.8
		根河	435.0	433.1	460.7	451.2
		吉文	485.3	465.1	484.4	478.9
		金河	472.6	467.6	475.8	470.1
		克一河	468.2	445.9	469.2	462.6
		库都尔	440.0	441.9	465.5	456.2
		莫尔道嘎	476.1	481.6	487.3	484.0
		图里河	449.2	434.9	467.2	438.6
		乌尔旗汗	444.7	442.8	463.5	448.3
		伊图里河	466.6	456.2	470.7	476.3
		平均值	457.2	453.8	468.9	465.8
	Ii-3a	呼玛	494.0	486.9	489.7	497.3
		加格达奇	481.2	476.5	470.6	476.3
		松岭	480.1	469.9	477.2	475.7
		新林	431.0		487.1	483.1
		平均值	471.6	477.8	481.2	483.1
	Ii-3b	毕拉河	466.5	475.4	471.9	484.2
		大杨树	479.2	476.4	470.3	474.0
		乌奴耳	449.9	463.8	444.7	454.9
		平均值	465.2	471.9	462.3	471.0
	VIAia-1c	柴河	447.3	452.9	446.2	446.2
	VIAia-2a	绰源	447.5	430.6	460.8	447.3
	VIAia-2b	南木	453.6	456.0	439.6	430.8
	VIAia-3a	免渡河	439.6	430.6	429.7	434.3
柳树	VIAia-1c	柴河	420.4	426.6	429.9	434.9
蒙古栎	Ii-2a	韩家园	426.4	414.9	440.0	445.8
		呼玛	444.6	442.6	460.0	431.3
		十八站	455.8	469.1	469.9	472.4
		塔河	485.6	480.7	468.0	472.5
		平均值	453.1	451.8	459.5	455.5

续表

树种	植被分区号	林业局/县	树干	树根	树叶	树枝
蒙古栎	Ii-2b	甘河	459.4	449.1	437.3	430.2
		吉文	460.7	456.2	466.8	443.2
		克一河	400.7	403.6	438.7	434.7
		平均值	440.3	436.3	447.6	436.0
	Ii-3a	呼玛	443.9	463.3	460.6	457.9
		加格达奇	465.8	456.1	476.3	460.9
		松岭	437.6	443.0	420.7	452.1
		平均值	449.1	454.1	452.5	457.0
	Ii-3b	毕拉河	452.5	447.6	456.3	447.6
		乌奴耳	421.8	418.7	443.4	422.2
		平均值	437.2	433.2	449.9	434.9
	VIAia-1c	柴河	439.3	429.6	426.6	412.9
	VIAia-2b	南木	425.2	421.6	436.0	426.1
毛赤杨	Ii-1a	阿龙山	473.9	481.6	475.1	485.7
		漠河	472.4	481.0	474.8	494.3
		平均值	473.2	481.3	475.0	490.0
	Ii-2a	韩家园	548.7	572.1	553.8	562.0
		十八站	474.3	482.5	456.9	499.2
		塔河	480.5	495.7	504.9	499.2
		平均值	501.2	516.8	505.2	520.1
	Ii-2b	金河	496.4	466.4	492.1	469.8
		莫尔道嘎	483.1	499.4	482.8	473.0
		平均值	489.8	482.9	487.5	471.4
	Ii-3a	加格达奇	463.1	502.9	409.8	472.0
		新林	463.6	456.3	457.8	457.4
		平均值	463.4	479.6	433.8	464.7
偃松	Ii-1a	阿木尔	496.9	516.0	582.9	556.2
		漠河	456.8	468.3	463.8	460.5
		平均值	476.9	492.2	523.4	508.4
	Ii-2a	呼中	485.3	488.4	486.1	507.5
	Ii-2b	根河			466.0	447.6
山杨	Ii-1a	阿木尔	453.6	449.5	462.6	445.6
		满归	458.0	470.7	455.4	454.4
		漠河	456.6	461.2	471.9	446.9
		平均值	456.1	460.5	463.3	449.0

树种	植被分区号	林业局/县	树干	树根	树叶	树枝
山杨	Ii-2a	韩家园	417.4	431.8	434.2	467.8
		呼玛	485.4	498.6	483.2	449.2
		呼中	461.6	462.6	457.9	462.0
		十八站	451.9	447.8	463.2	487.5
		塔河	462.1	469.3	475.0	457.5
		平均值	455.7	462.0	462.7	464.8
	Ii-2b	阿龙山	457.3	461.0	484.6	443.8
		甘河	467.9	469.6	485.9	461.2
		吉文	498.4	470.7	477.0	424.8
		金河	457.9	469.3	480.7	452.2
		克一河	450.5	468.9	457.2	437.7
		库都尔	410.0	422.4	434.0	413.4
		莫尔道嘎	467.3	467.2	470.5	448.9
		图里河	449.5	456.0	471.7	443.2
		乌尔旗汗	411.9	434.4	463.5	439.6
		伊图里河	447.1	460.1	473.0	443.4
		平均值	451.8	458.0	469.8	440.8
	Ii-3a	呼玛	476.0	480.6	466.6	457.4
		加格达奇	475.0	486.8	466.1	451.6
		松岭	462.9	459.9	469.1	450.7
		新林	449.4	443.9	470.6	438.5
		平均值	465.8	467.8	468.1	449.6
	Ii-3b	绰尔	429.9	426.0	456.3	422.3
		乌尔旗汗	432.2	418.7	450.8	403.2
		乌奴耳	398.4	421.0	443.5	436.1
		平均值	420.2	421.9	450.2	420.5
	VIAia-1c	柴河	432.2	441.8	429.6	423.4
	VIAia-2a	绰源	423.9	434.4	462.4	431.3
	VIAia-2b	南木	421.8	418.4	440.7	428.4
山荆子	VIAia-1c	柴河	410.2	421.0	421.2	423.0
山梨	VIAia-1c	柴河	427.0	434.7	432.5	422.4
小叶杨	Ii-1a	图强	424.6	415.2	431.3	425.0
	VIAia-1c	柴河	461.0	447.7	418.0	426.3
云杉	Ii-1a	阿木尔	526.9	533.1	547.9	570.4
	Ii-2a	呼玛				435.1

树种	植被分区号	林业局/县	树干	树根	树叶	树枝
云杉	Ii-2a	塔河	474.1	455.9	468.1	475.2
		平均值	474.1	455.9	468.1	455.2
	Ii-2b	克一河	458.8	473.8	466.2	456.6
	Ii-3a	松岭	506.5	473.3	477.4	487.0
榆树	VIAia-1c	柴河	393.6	389.9	425.0	418.3
樟子松	Ii-1a	阿龙山	488.2	488.1	489.9	497.2
		阿木尔	479.2	488.1	527.4	506.4
		满归	480.1	469.8	493.6	482.8
		漠河	494.8	508.4	522.3	507.2
		图强	474.7	480.7	500.5	498.2
		平均值	483.4	487.0	506.7	498.4
	Ii-2a	韩家园		425.1		442.0
		呼玛	445.8	459.0	445.8	482.2
		呼中	460.2	491.0	487.1	484.8
		十八站	488.4	504.9	509.6	515.5
		塔河	467.3	466.9	482.1	482.0
		新林	488.6	486.9	509.7	499.5
		平均值	470.1	472.3	486.9	484.3
	Ii-2b	甘河	437.7	505.0	497.2	436.0
		吉文	496.4	503.0	506.9	494.8
		金河	477.2	466.8	487.3	504.2
		克一河	454.9	479.3	483.4	448.3
		莫尔道嘎	475.6	472.6	488.8	489.8
		图里河	431.3	447.6	458.7	452.9
		乌尔旗汗	435.7	446.8	450.9	463.6
		伊图里河	434.8	435.4	465.8	454.3
		平均值	455.5	469.6	479.9	468.0
	Ii-3a	呼玛	497.4	497.5	503.3	498.0
		加格达奇	497.1	497.2	506.4	497.7
		松岭	471.3	459.3	487.7	475.0
		新林	459.8	447.7	447.7	447.8
		平均值	481.4	475.4	486.3	479.6

续表

树种	植被分区号	林业局/县	树干	树根	树叶	树枝
樟子松	Ii-3b	毕拉河	480.8	483.1	481.7	482.6
		大杨树	481.4	490.1	486.2	507.7
		乌奴耳	422.3	429.2	438.3	450.3
		平均值	461.5	467.5	468.7	480.2
	VIAia-1c	柴河	435.4	455.7	447.9	444.4
	VIAia-2b	南木	445.1	442.6	472.9	447.5
	VIAia-3a	免渡河	438.4	418.6	455.7	449.9

注：Ii-1a，大兴安岭北部山地含藓类的兴安落叶松林小区；Ii-2a，大兴安岭中部含兴安杜鹃和樟子松的兴安落叶松林东部（偏湿性）小区；Ii-2b，大兴安岭中部含兴安杜鹃和樟子松的兴安落叶松林西部（偏干性）小区；Ii-3a，黑河—鄂伦春低山河谷含草类、胡枝子的兴安落叶松、蒙古栎小区；Ii-3b，讷敏河中游—古利牙山山地丘陵含草类、榛子、蒙古栎的兴安落叶松林小区；VIAia-1c，松嫩平原外围蒙古栎林区；VIAia-2a，大兴安岭中南部森林；VIAia-2b，大兴安岭中南部草原林区；VIAia-3a，大兴安岭西麓和南部山地森林。表中空制数据表示数据缺失，研究时可用总体平均值代替

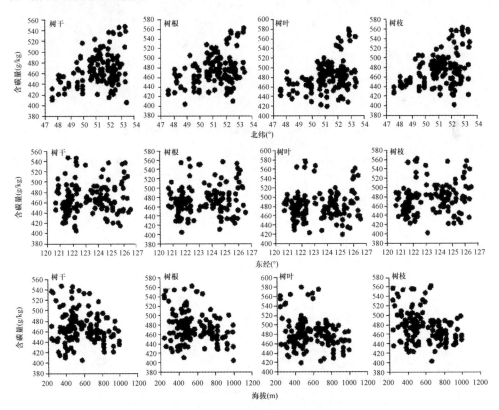

图 7-2　白桦各器官含碳量随经纬度和海拔变化

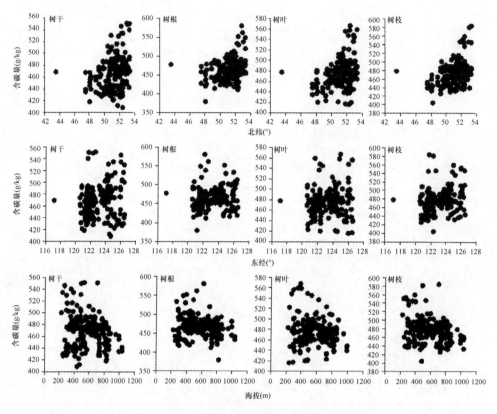

图 7-3　落叶松各器官含碳量随经纬度和海拔变化

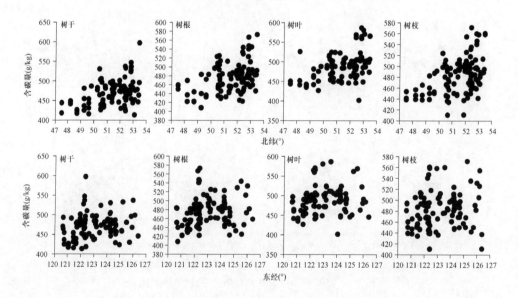

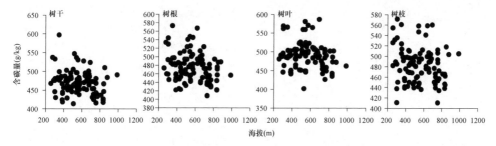

图 7-4 樟子松各器官含碳量随经纬度和海拔变化

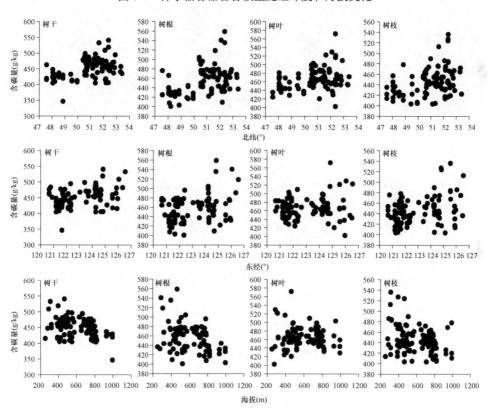

图 7-5 山杨各器官含碳量随经纬度和海拔变化

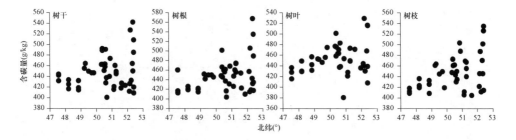

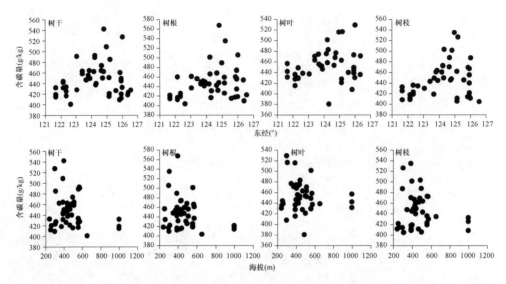

图 7-6 蒙古栎各器官含碳量随经纬度和海拔变化

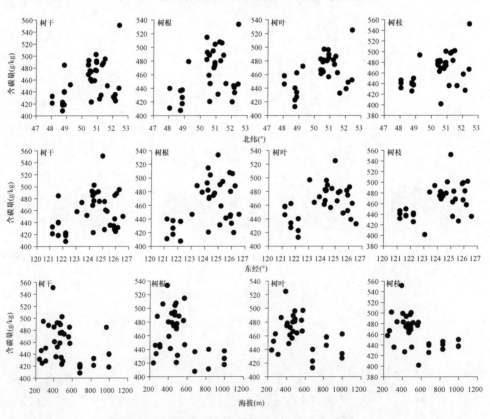

图 7-7 黑桦各器官含碳量随经纬度和海拔变化

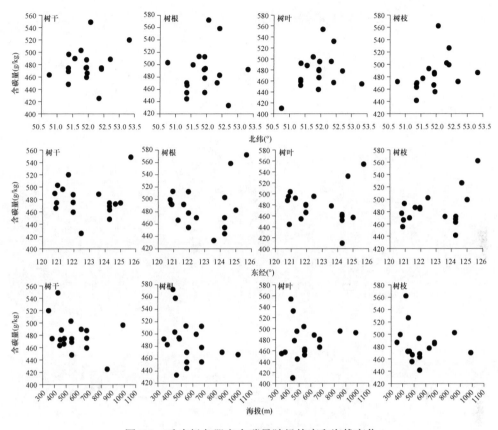

图 7-8　毛赤杨各器官含碳量随经纬度和海拔变化

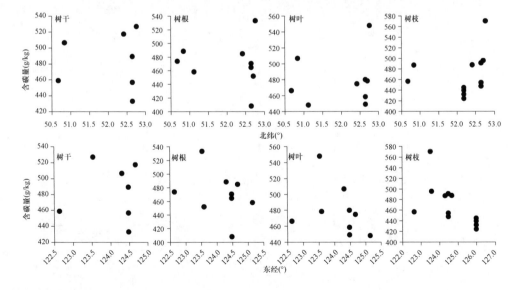

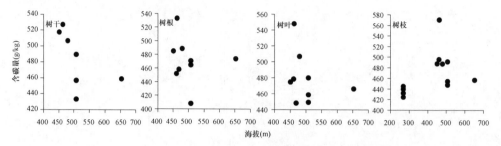

图 7-9　云杉各器官含碳量随经纬度和海拔变化

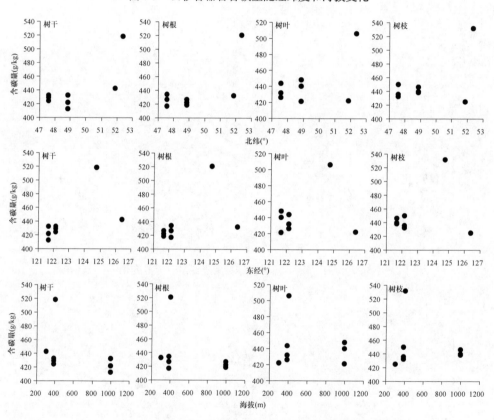

图 7-10　枫桦各器官含碳量随经纬度和海拔变化

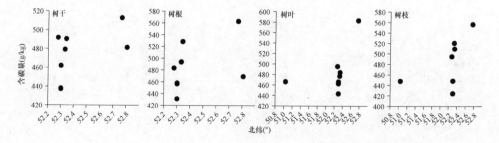

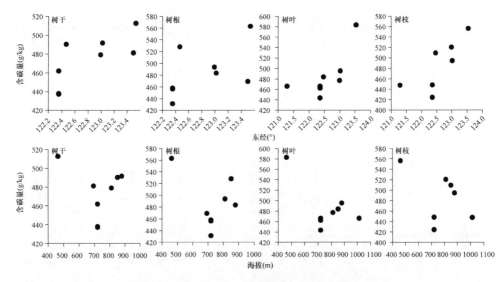

图 7-11 偃松各器官含碳量随经纬度和海拔变化

随纬度变化，各器官含碳量表现出增加的趋势且变动程度逐渐增大；随经度和海拔变化，各器官含碳量表现出抛物线式的变化趋势，在东经 123°～124°、海拔 600m 左右时含碳量均较高。

7.3.4 不同方法测定乔木样品含碳量的差异

两种方法（干烧法和湿烧法）测得植物样品的含碳量存在差异（表 7-4），总体来看，湿烧法测得结果低于干烧法，前者比后者低 0.1%～28.2%，干烧法测量不同树种各器官含碳量数据波动较湿烧法小（图 7-12）。

表 7-4 干烧法和湿烧法测碳结果比较（单位：g/kg）

树种	器官	干烧法	湿烧法	树种	器官	干烧法	湿烧法
白桦	树干	463.1	459.0（0.9）	茶条槭	树干	433.8	403.8（6.9）
	树根	469.9	460.1（2.1）		树根	412.9	434.3（−5.2）
	树叶	480.0	463.9（3.4）		树叶	426.9	446.6（−4.6）
	树枝	472.0	458.0（3.0）		树枝	421.9	436.2（−3.4）
稠李	树干	418.5	382.8（8.5）	枫桦	树干	439.2	431.4（1.8）
	树根	422.1	402.8（4.6）		树根	437.4	424.1（3.0）
	树叶	418.4	405.7（3.0）		树叶	442.4	433.2（2.1）
	树枝	414.1	402.8（2.7）		树枝	449.8	456.8（−1.6）
黄菠萝	树干	432.4	414.6（4.1）	黑桦	树干	439.8	441.7（−0.4）
	树根	438.7	411.6（6.2）		树根	442.5	444.1（−0.4）
	树叶	434.4	402.5（7.4）		树叶	454.5	424.5（6.6）
	树枝	415.6	387.0（6.9）		树枝	449.9	440.6（2.1）

续表

树种	器官	干烧法	湿烧法	树种	器官	干烧法	湿烧法
蒙古栎	树干	442.6	431.4 (2.5)	落叶松	树干	463.3	464.5 (−0.3)
	树根	441.1	416.2 (5.6)		树根	461.5	462.9 (−0.3)
	树叶	446.9	438.5 (1.9)		树叶	471.9	462.3 (2.0)
	树枝	439.6	429.1 (2.4)		树枝	470.3	471.1 (−0.2)
毛赤杨	树干	479.6	458.5 (4.4)	柳树	树干	420.4	374.6 (10.9)
	树根	488.3	467.4 (4.3)		树根	426.6	372.0 (12.8)
	树叶	477.9	456.8 (4.4)		树叶	429.9	433.2 (−0.8)
	树枝	484.0	463.0 (4.3)		树枝	434.9	446.9 (−2.8)
山荆子	树干	410.2	350.5 (14.6)	偃松	树干	470.2	478.5 (−1.8)
	树根	421.0	391.4 (7.0)		树根	484.2	481.6 (0.5)
	树叶	421.2	388.6 (7.8)		树叶	484.0	468.1 (3.3)
	树枝	423.0	356.2 (15.8)		树枝	477.1	477.7 (−0.1)
山梨	树干	427.0	363.8 (14.8)	山杨	树干	446.4	459.0 (−2.8)
	树根	434.7	369.5 (15.0)		树根	451.8	461.6 (−2.2)
	树叶	432.5	370.5 (14.4)		树叶	465.0	452.4 (2.7)
	树枝	422.4	359.0 (15.0)		树枝	443.6	446.1 (−0.6)
樟子松	树干	464.9	471.3 (−1.4)	小叶杨	树干	442.8	445.7 (−0.7)
	树根	470.6	473.5 (−0.6)		树根	431.5	428.6 (0.7)
	树叶	485.3	483.3 (0.4)		树叶	424.7	424.3 (0.1)
	树枝	478.1	478.4 (−0.1)		树枝	425.7	447.1 (−5.0)
榆树	树干	393.6	298.8 (24.1)	云杉	树干	480.4	476.6 (0.8)
	树根	389.9	280.0 (28.2)		树根	468.1	487.8 (−4.2)
	树叶	425.0	414.7 (2.4)		树叶	475.3	496.4 (−4.4)
	树枝	418.3	423.9 (−1.3)		树枝	467.6	486.5 (−4.0)

注：表中所测定的样品为 2013 年采集的各区域样品；括号中数据为湿烧法比干烧法降低的百分比

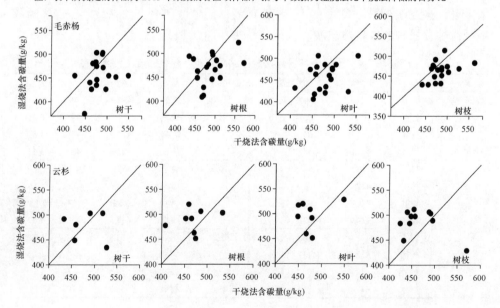

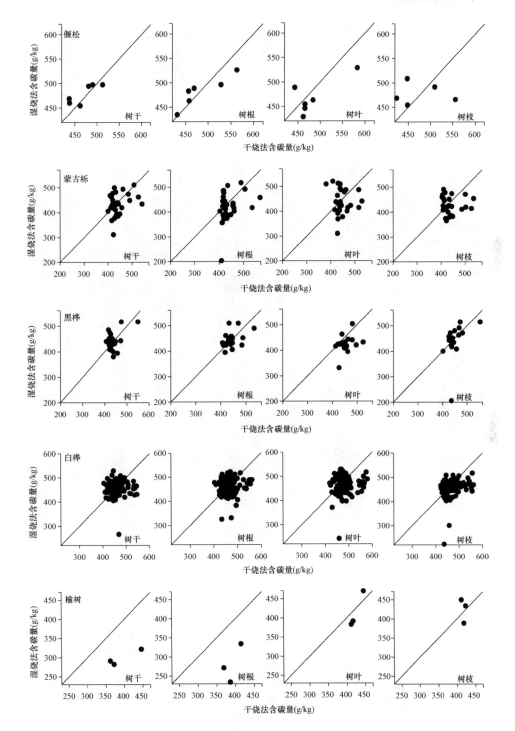

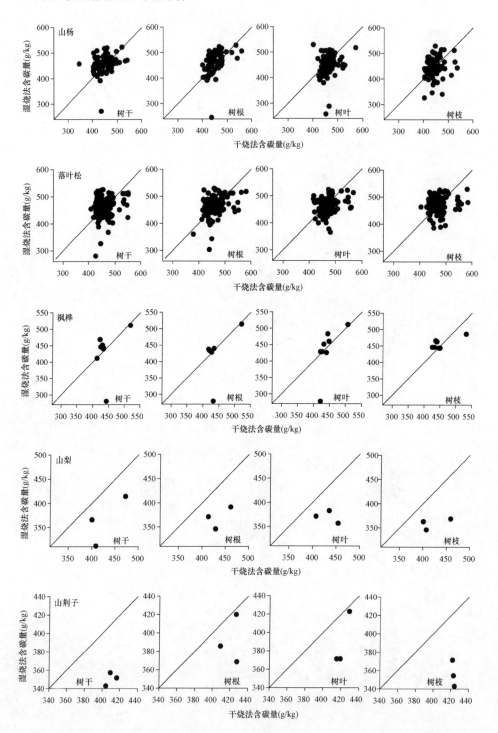

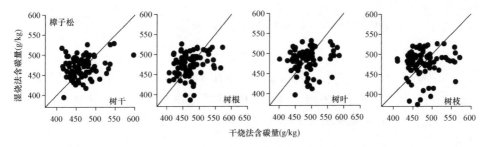

图 7-12　各树种不同器官两种测碳方法结果间关系

7.3.5　生态系统各组分不同测碳方法的差异

7.3.5.1　林型对土壤有机碳的影响

落叶松林和樟子松林土壤有机碳含率均随土层深度增加呈显著降低的趋势（表 7-5）。湿烧法测定含碳率时，落叶松林 3 种土层含碳率均显著低于同一土层樟子松林含碳率；而干烧法测定土壤含碳率时，除 20～30cm 土层外，落叶松林其他 2 种土层含碳率均显著高于同一土层樟子松林含碳率。两种林型湿烧法测得的土壤含碳率变动系数（coefficient of variance，CV）均明显高于干烧法，即前者测得的含碳率明显扩大了同一土层间含碳率的差异。湿烧法测得的落叶松林土壤含碳率在 10～20cm 土层的变动系数最高，而干烧法却得出落叶松林 0～10cm 土层含碳率变动系数最高；湿烧法测得的樟子松林土壤含碳率变动系数随土层深度增加呈增加趋势，即 20～30cm 土层的土壤含碳率变动系数最高，而干烧法却得出樟子松林土壤含碳率变动系数随土层深度增加呈先增加后降低的趋势，10～20cm 土层的土壤含碳率变动系数最高。

表 7-5　人工林不同土层含碳率（%）

测碳方法	林型	土层	均值	标准偏差	95% CI 下限	95% CI 上限	最小值	最大值	CV（%）
湿烧法	落叶松林	0～10cm	4.67	2.82	3.45	5.89	1.00	10.97	60.5
		10～20cm	2.54	1.77	1.77	3.31	0.51	7.80	69.8
		20～30cm	1.40	0.81	1.05	1.75	0.26	3.20	58.0
	樟子松林	0～10cm	6.91	1.37	6.12	7.70	4.03	9.09	19.9
		10～20cm	3.06	1.49	2.20	3.92	1.11	5.91	48.7
		20～30cm	2.19	1.78	1.16	3.21	0.17	6.26	81.4
干烧法	落叶松林	0～10cm	3.88	1.11	3.40	4.36	2.00	6.87	28.7
		10～20cm	2.30	0.56	2.06	2.54	1.42	3.64	24.2
		20～30cm	1.68	0.36	1.53	1.84	1.16	2.87	21.5
	樟子松林	0～10cm	3.38	0.60	3.03	3.72	2.47	4.36	17.9
		10～20cm	2.13	0.42	1.89	2.38	1.53	3.17	19.9
		20～30cm	1.70	0.22	1.57	1.83	1.38	2.12	13.0

注：CI 为置信区间（confidence interval）

7.3.5.2 落叶松和樟子松含碳率差异

湿烧法测得结果（表 7-6）表明，落叶松树干含碳率高于樟子松，树皮含碳率低于樟子松，而干烧法测得，落叶松树干含碳率低于樟子松，树皮含碳率高于樟子松。测碳方法对樟子松各组分含碳率排序结果影响不大，仅对树枝和树叶的排序位置略有影响，而对落叶松各组分含碳率排序结果影响很大，尤其是对树叶、树根、树皮和树干。

表 7-6　落叶松和樟子松不同组分含碳率（%）

测碳方法	树种	组分	均值	标准偏差	95% CI 下限	95% CI 上限	最小值	最大值	CV（%）
湿烧法	落叶松	树干	47.14	2.76	40.30	53.99	44.00	49.14	5.8
		树根	44.09	2.18	38.67	49.51	41.71	46.00	4.9
		树皮	45.43	2.00	40.46	50.39	43.43	47.43	4.4
		树叶	47.62	3.25	39.55	55.69	44.00	50.28	6.8
		树枝	44.86	6.29	29.24	60.47	38.57	51.14	14.0
	樟子松	树干	44.09	0.33	43.27	44.91	43.71	44.28	0.7
		树根	42.47	1.15	39.61	45.34	41.43	43.71	2.7
		树皮	47.05	0.17	46.64	47.46	46.86	47.14	0.4
		树叶	48.19	3.38	39.78	56.60	44.28	50.28	7.0
		树枝	50.38	0.92	48.10	52.66	49.71	51.43	1.8
干烧法	落叶松	树干	45.18	1.51	41.42	48.94	44.04	46.90	3.4
		树根	49.11	1.80	44.63	53.60	47.21	50.80	3.7
		树皮	49.58	3.29	41.40	57.76	46.54	53.08	6.6
		树叶	47.80	1.45	44.21	51.40	46.28	49.16	3.0
		树枝	48.82	0.59	47.35	50.28	48.35	49.48	1.2
	樟子松	树干	47.24	0.47	46.07	48.41	46.96	47.78	1.0
		树根	46.81	1.44	43.23	50.38	45.63	48.41	3.1
		树皮	49.53	1.26	46.40	52.65	48.80	50.98	2.5
		树叶	52.23	0.40	51.23	53.23	51.97	52.69	0.8
		树枝	50.23	1.97	45.33	55.12	48.26	52.20	3.9

注：CI 为置信区间（confidence interval）

7.3.5.3 人工林冠下植被含碳率差异

2 种测碳方法测出的灌木和草本植物含碳率无明显差异（表 7-7），湿烧法和干烧法结果均表明，落叶松林灌木各组分含碳率高于草本植物含碳率，地上部分含碳率高于地下部分含碳率，灌木枝含碳率高于灌木叶含碳率。

表 7-7 落叶松林和樟子松林冠下植被含碳率（%）

测碳方法	林型	组分	均值	标准偏差	95% CI 下限	95% CI 上限	最小值	最大值	CV（%）
湿烧法	落叶松林	灌根	39.52	4.56	28.20	50.84	34.28	42.57	11.5
		灌叶	40.76	1.00	38.27	43.25	39.71	41.71	2.5
		灌枝	45.52	3.62	36.54	54.51	41.43	48.28	7.9
		草地上	38.37	2.95	11.87	64.87	36.28	40.46	7.7
		草地下	23.71	12.52		136.25	14.86	32.57	52.8
	樟子松林	草地上	42.00	0.00			42.00	42.00	0.0
		草地下	27.14	0.00			27.14	27.14	0.0
干烧法	落叶松林	灌根	39.59	3.88	29.96	49.22	35.55	43.28	9.8
		灌叶	42.68	3.77	33.32	52.03	38.93	46.46	8.8
		灌枝	44.75	0.88	42.57	46.94	43.89	45.65	2.0
		草地上	40.56	0.61	35.10	46.02	40.13	40.99	1.5
		草地下	17.00	0.33	14.08	19.92	16.77	17.23	1.9
	樟子松林	草地上	42.21	0.00			42.21	42.21	0.0
		草地下	28.25	0.00			28.25	28.25	0.0

注：CI 为置信区间（confidence interval）

7.3.5.4 不同分解程度凋落物层含碳率差异

随枯枝落叶分解程度增加，其有机碳含量降低，有机碳含量变动系数增大（表 7-8）。除干烧法测得半分解层有机碳含量高于湿烧法外，其他两种分解程度的凋落物层有机碳含量均为湿烧法高于干烧法。

表 7-8 落叶松林不同分解程度凋落物层含碳率（%）

测碳方法	凋落物层	均值	标准偏差	95% CI 下限	95% CI 上限	最小值	最大值	CV（%）
湿烧法	未分解	44.33	1.43	40.78	47.89	42.71	45.43	3.2
	半分解	38.76	4.48	27.62	49.90	33.71	42.28	11.6
	完全分解	36.91	6.75	20.14	53.68	29.14	41.31	18.3
干烧法	未分解	44.07	1.20	41.08	47.06	43.10	45.42	2.7
	半分解	41.20	3.08	33.54	48.86	37.64	43.07	7.5
	完全分解	31.49	3.60	22.56	40.42	29.33	35.64	11.4

注：CI 为置信区间（confidence interval）

7.3.6 土壤容重与有机碳的关系

7.3.6.1 土壤容重随土层深度和林龄及林分密度的变化

落叶松人工林表层（0～30cm）土壤容重（bulk density，BD）为（1.30±0.25）g/cm^3（平

均值±标准偏差，下同），95%置信区间（confidence interval，CI）为 $1.27 \sim 1.33 g/cm^3$，变动系数（CV）为 18.96%，其中 $0 \sim 10cm$、$10 \sim 20cm$ 和 $20 \sim 30cm$ 土层的 BD、CI 和 CV 分别为（1.06 ± 0.17）g/cm^3、（1.34 ± 0.17）g/cm^3、（1.50 ± 0.16）g/cm^3，$1.02 \sim 1.10 g/cm^3$、$1.30 \sim 1.38 g/cm^3$、$1.47 \sim 1.54 g/cm^3$ 和 15.68%、12.72%、10.33%，表现出随土层深度（soil depth，SSD）增加，BD 显著增加（$P<0.05$，图 7-13）和 CV 明显降低的趋势。三因素方差分析结果表明，林龄（forest age，FA）、SSD 和林分密度（forest density，FD）均能显著影响土壤 BD（$P<0.001$），三者能够解释土壤 BD 变异的 72.6%（Adjusted $R^2=0.577$，$P<0.05$）。随 FA 增加，3 种土层 BD 变化趋势不同：$0 \sim 10cm$ 和 $20 \sim 30cm$ 土层均为先降低后升高的趋势，而 $10 \sim 20cm$ 土层表现出持续降低的趋势。

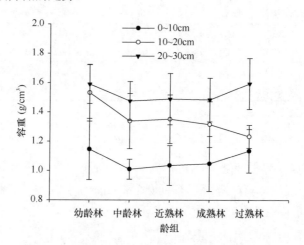

图 7-13 落叶松人工林不同土层土壤容重随林龄变化

方差分解结果表明，SSD 对土壤 BD 的贡献率最大（57.9%，$P=0.030$），其次为 SSD 和 FA 交互作用（15.8%，$P=0.003$）、FA（11.1%，$P=0.188$），FD 和 SSD 交互作用贡献率仅为 0.7%（$P=0.543$），FD 对土壤 SD 的贡献率更低（$P=0.637$）。

7.3.6.2 土壤有机碳含量与土层深度和林龄及林分密度的关系

落叶松人工林表层土壤有机碳（soil organic carbon，SOC）为（26.22 ± 11.89）g/kg，CI 为 23.36~29.08 g/kg，CV 为 45.36%，其中 $0 \sim 10cm$、$10 \sim 20cm$ 和 $20 \sim 30cm$ 土层的 SOC、CI 和 CV 分别为（38.83 ± 11.14）g/kg、（22.98 ± 5.56）g/kg、（16.84 ± 3.62）g/kg，34.02~43.65g/kg、20.58~25.39g/kg、15.28~18.41g/kg 和 28.68%、24.19%、21.47%，表现出随 SSD 增加，SOC 显著降低（$P<0.05$，图 7-14）和 CV 明显降低的趋势。三因素方差分析结果表明，FA 对土壤 SOC 无显著影响（$P=0.112$），而 SSD 和 FD

均能显著影响土壤SOC（$P<0.001$），二者能够解释土壤SOC变异的80.80%（$R^2=0.716$，$P<0.05$）。随FA增加，3种土层SOC变化趋势相同，均为先升高后降低。

方差分解结果表明，SSD对土壤SOC的贡献率最大（68.3%，$P<0.001$），其次为SSD和FD交互作用（21.7%，$P<0.001$）、FD（9.2%，$P=0.009$），FA贡献率仅为0.7%（$P=0.427$）。

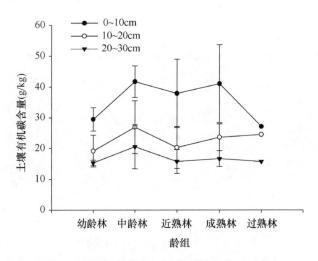

图7-14　落叶松人工林不同土层土壤有机碳随林龄变化

7.3.6.3　土壤有机碳含量与容重的关系

随土壤含碳量增加，土壤容重表现出降低趋势（图7-15～图7-17），表7-9中的对数方程[BD=$a+b×$Ln（SOC）]均能很好地反映出相应土层土壤有机碳含量与容重的关系。总体来看，干烧法测得有机碳与容重关系好于湿烧法。

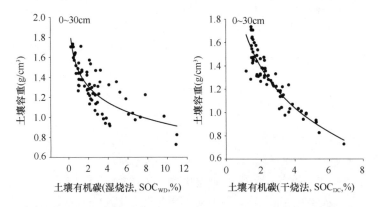

图7-15　落叶松人工林表层土壤（0～30cm）有机碳与容重的关系

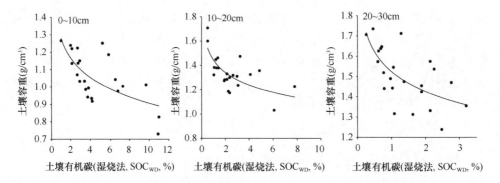

图 7-16　落叶松人工林不同土层湿烧法测得有机碳与容重的关系

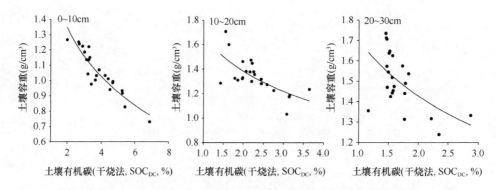

图 7-17　落叶松人工林不同土层干烧法测得有机碳与容重的关系

表 7-9　落叶松人工林土壤有机碳与容重间回归模型参数

土层（cm）	湿烧法				干烧法			
	a	b	R^2	P	a	b	R^2	P
0～30	1.4743	−0.2338	0.6688	<0.0001	1.7452	−0.5094	0.8269	<0.0001
0～10	1.2793	−0.162	0.4656	0.0003	1.4442	−0.1479	0.523	<0.0001
10～20	1.5245	−0.141	0.4336	0.0006	1.6674	−0.4632	0.8513	<0.0001
20～30	1.6659	−0.4069	0.4655	0.0003	1.7014	−0.3949	0.2943	0.0075

7.4　小　　结

1）大兴安岭典型树种树枝、树叶、树根、树干的含碳量分别为 414.1～485.8g/kg、418.4～488.3g/kg、389.9～488.3g/kg、393.6～484.1g/kg。

2）随纬度变化，各器官含碳量表现出增加的趋势且变动程度逐渐增大；随经度和海拔变化，各器官含碳量表现出抛物线式的变化趋势，在东经 123°～124°、海拔 600m 左右时含碳量均较高。

3）湿烧法测植物样品含碳率结果低于干烧法，前者比后者低 0.1%～28.2%。

4）落叶松人工林表层土壤有机碳为（26.22±11.89）g/kg，土层深度对有机碳影响最大，林分年龄对有机碳影响最小；落叶松林和樟子松林土壤有机碳含量均随土层深度增加呈显著降低趋势；湿烧法测得的土壤含碳率变动系数明显高于干烧法。

5）落叶松人工林表层土壤容重为（1.30±0.25）g/cm³，土层深度对土壤容重影响最大，林分密度对土壤容重影响最小。

6）随土壤含碳量增加，土壤容重表现出降低趋势，对数方程能很好地反映出土壤有机碳含量与容重关系；干烧法测得有机碳含量与容重关系好于湿烧法。

7）测碳方法对灌木和草本植物含碳率测定结果无明显影响。

8）随枯枝落叶分解程度增加，其有机碳含量降低，有机碳含量变动系数增大。

参 考 文 献

蔡会德, 张伟, 农胜奇, 等. 2014. 广西主要乔木树种碳含量测定[J]. 林业科技开发, 28(5): 72-74.

李斌, 方晰, 田大伦, 等. 2015. 湖南省现有森林植被主要树种的碳含量[J]. 中南林业科技大学学报, 35(1): 71-78.

王立海, 孙墨珑. 2009. 小兴安岭主要树种热值与碳含量[J]. 生态学报, 29(2): 953-959.

魏文俊, 王兵, 李少宁, 等. 2007. 江西省森林植被乔木层碳储量与碳密度研究[J]. 江西农业大学学报, 29(5): 767-772.

8 森林碳储量

8.1 引　　言

抚育间伐是培育森林的重要措施之一，在促进林木生长方面具有重要作用。近年来，抚育间伐作为改善森林碳汇量的措施之一，引起了人们的进一步重视，并通过多种强度的抚育间伐试验来寻找林分增汇的调控措施。在此过程中，不同研究者的研究结果并不一致，存在抚育间伐能够增加、降低和不影响森林碳储量的报道。研究发现这与森林类型、间伐强度、间伐后森林恢复期、间伐期长短、是否考虑移出系统的间伐木和枯死木等因素有很大关系。另外，由于林木生长周期长，已建立的森林生产力模型缺少长期、多次间伐林分的实测数据验证。

东北天然林以中龄林和幼龄林为主，分别占森林总面积的 43%和 20%（李文华，2011），但是，森林植被碳储量以中龄林、近熟林和成熟林为主，三者共占东北森林植被总碳储量的 83%，而幼龄林仅占 8%，单位面积碳储量为 13.28～17.33t/hm^2。东北天然林中龄林、幼龄林较低的林分碳密度除了与林分自身所处林龄阶段有关外，还与林分没有及时地进行抚育管理等森林经营活动有很大关系。大兴安岭森林是我国寒温带针叶林分布的重要地区，还以兴安落叶松为主，其面积和蓄积量分别占我国寒温带有林地面积和蓄积量的 55%和 75%。关于抚育间伐对落叶松林碳储量影响方面的研究多采用时空互代的方式调查主伐期前（林龄 40 年）乔木层和土壤层碳储量，缺少林下灌草和枯枝落叶层碳储量方面的研究，尤其缺少初次抚育林分（林龄 10～20 年）至成熟龄、过熟龄前多次抚育间伐影响下成熟期间（林龄 40～60 年）林分碳储量变化的研究，而已有研究表明近熟落叶松林和成熟落叶松林所占面积比例虽小，但其所占碳储量比例大，落叶松碳成熟龄在 47 年左右。因此，进行长期、多次、不同强度抚育间伐影响下森林碳储量的变化研究具有重要意义。

大兴安岭森林主林层树种组成简单，主要有兴安落叶松（落叶松）、白桦、山杨、蒙古栎和黑桦，按所占比例不同，能够相应形成落叶松林、白桦林、山杨林、蒙古栎林和黑桦林等天然混交林，冠下乔木类稀少，灌草类多为榛子、杜鹃、杜香等。与矿质土壤层相比，由于受低温影响，该区森林枯枝落叶层发达。该层对于供应寒温带森林水分、养分和保护永冻层具有重要意义。然而关于大兴安岭森林枯枝落叶层的水分保持特征少见报道。枯枝落叶层（FL 层）是寒温带森林生长所需水分和养分的重要来源。FL 层也能影响热量传递从而对高纬度森林永冻层动态变化产生重要影响。不同的林分类型，FL 层的理化性质和分解过程不同，其水分保持能力也不同。由于 FL 层的隔热作用，其也是高纬度地区维持永冻层的有力保障。FL 层密度和含水量能够影响其隔热能力，高密度 FL 层能够引起永冻层退化，从而增加景观尺度的侵蚀，改变地下水和地表水资源。森林经营管理活动能够直接影响枯枝落叶层，也能间接通过改变群落结构，尤其是影响林分物种组成，从而影响林分凋落物数量和质量。

本章针对以往研究中的不足，以落叶松人工林为对象，通过 5 种不同强度和间伐次数的长期抚育间伐影响下成熟林（林龄 56 年）生态系统各组分碳储量调查，结合累计间伐木碳储量和枯死木碳储量，从枯死木、间伐木和成熟林活立木的生物量碳、土壤碳、生态系统碳分配和林分累计固碳量方面，评价长期间伐对落叶松人工林碳储量的影响，以期为落叶松人工林经营、提高其增汇能力、平衡其经济效益和生态效益提供参考；以不同类型落叶松林、白桦林、山杨林、黑桦林和蒙古栎林为对象，研究林分物种组成对枯枝落叶层特征的影响，分析不同林型间水分保持能力的差异，研究其与林分树种组成之间的关系，为大兴安岭天然林保护、物种组成调整、协调林分水源涵养和保护森林永冻层的关系提供参考；以未经干扰的典型中龄天然落叶松林为对象，利用光学仪器法测出的生长季内不同时期叶面积指数（leaf area index，LAI），研究中龄落叶松天然林冠层结构季节变化规律，并利用同期中分辨率成像光谱仪（MODIS）的遥感影像资料，建立各类植被指数与地面实测 LAI 间的统计模型；在此基础上，利用间伐干扰下不同冠层结构、不同时期的落叶松天然林和白桦天然林地面实测 LAI（光学仪器法），研究间伐影响下冠层结构的年际变化规律，评价不同抚育间伐处理对冠层结构的影响，为天然林生态功能调整、促进林分生长、定量解释不同冠层结构林分生产力间差异的影响因素提供参考；利用临时样地林分乔木碳储量与遥感因子间的统计模型，估测区域尺度森林碳储量，评价大兴安岭森林碳储量的空间分布；利用不同时期的遥感影像，研究不同区域森林碳储量的动态变化，为准确计算我国东北林区的碳汇提供资料和数据。

8.2 研究方法

8.2.1 间伐对生态系统碳储量的影响

8.2.1.1 人工林固定样地设置

本章所选择的落叶松林为人工林，位于佳木斯市孟家岗林场，为 1958 年春造林，苗龄为 2 年，初植密度为 6600 株/hm²。1971 年冬（林龄 14 年），进行机械疏伐，间伐株数强度为40%～50%。1974年冬（林龄17年），对其进行首次定量抚育间伐（下层抚育），设置5种长期间伐处理：L1——2次高强度间伐（35.6%～43.4%）、L2——2次中强度间伐（23.2%～24.3%）、L3——3次中强度间伐（15.3%～23.8%）、L4——4次低强度间伐（5.8%～17.1%）和CK——对照（历次间伐时仅移出枯立木，不进行其他抚育间伐作业）。前4种长期间伐处理的历次间伐时间和间伐强度（株数）见表8-1。5种处理的林分面积均为1hm²，在各处理林分的中央位置设0.2hm²的永久样地（L1为0.14hm²），历年调查其胸径，每次抚育间伐时均将枯死木和活立木的枝丫和干材（含树皮）移出林地，而根桩、根系和针叶（落叶后的秋、冬季间伐）留存系统。林龄56年时，5种处理林分的活立木几何平均胸径分别是22.6cm、21.3cm、20.5cm、20.1cm和19.5cm；密度分别是893株/hm²、1050株/hm²、1190株/hm²、1275株/hm²和1370株/hm²。

表8-1 落叶松人工林历次定量抚育间伐概况

林分属性	L1		L2		L3			L4			
	1	2	1	2	1	2	3	1	2	3	4
间伐林龄（年）	17	43	17	43	17	24	43	17	24	29	43
间伐强度（%）	43.4	35.6	24.3	23.1	23.8	23.6	15.3	17.1	5.8	13.5	14.1
伐前胸径（cm）	10.4	18.6	10.7	18.0	10.6	12.8	18.0	10.3	12.1	13.6	17.4
伐后胸径（cm）	11.8	20.3	11.6	19.3	11.4	13.4	18.8	11.0	12.3	14.1	18.2
伐前密度（株/hm²）	2536	1386	2205	1430	2505	1910	1440	2595	2140	2000	1565
伐后密度（株/hm²）	1436	893	1670	1100	1910	1460	1220	2150	2015	1730	1345
伐前断面积（m²/hm²）	21.5	37.7	19.8	36.4	22.0	24.5	36.5	21.8	24.6	28.9	37.3
伐后断面积（m²/hm²）	15.6	29.0	17.5	32.3	19.6	20.7	33.7	20.3	23.8	26.9	34.9
伐前蓄积量（m³/hm²）	108.0	238.7	100.6	228.8	111.0	132.4	228.0	109.2	130.5	160.6	230.7
伐后蓄积量（m³/hm²）	81.0	188.7	90.4	206.8	100.6	113.6	213.0	103.2	126.6	151.1	218.7

8.2.1.2 人工林各组分碳储量估测

利用1974年首次定量间伐前后的历年每木检尺数据，结合单木各组分生物量模型（孙志虎等，2009）和各器官（各处理林分3株平均木的树干、树枝、针叶、树皮和树根）含碳率测定结果（利用碳氮分析仪Multi N/C 2100s测定），估计历年活立木、枯立木和间伐木的碳储量。

秋季各处理林分中均随机设置3个2m×2m的灌木和草本样方、3个1m×1m的枯枝落叶层样方，分别调查灌木（分枝、叶、根）、草本（分地上和地下）和枯枝落叶层（分未分解层、半分解层和完全分解层）现存量（Vargas et al.，2009），并分别留样测定含碳率后，估算灌木、草本植物和枯枝落叶层的碳储量。

秋季各处理林分中均随机挖 3 个土壤剖面，分 3 个土层（0～10cm、10～20cm 和 20～30cm）调查土壤容重，并分层取样测定土壤有机碳含量，估算 0～30cm 土层的土壤碳储量。

8.2.2 间伐对冠层结构的影响

8.2.2.1 天然林固定样地位置

本章所用的大兴安岭各类间伐林分固定样地位于大兴安岭新林林业局。该林业局南北长约 108km，东西宽约 103km，地理位置为东经 123°41′～125°25′，北纬 51°21′～52°10′，地处大兴安岭中部，伊勒呼里山北坡，东邻十八站林业局、韩家园林业局，南与松岭林业局毗邻，西与呼中区接壤，北接塔河县。林业局河流属于黑龙江流域呼玛河水系，寒温带大陆性气候，有明显的山地气候特点，8 月下旬开始出现初霜，无霜期为 80～100 天。冬季寒冷而漫长，春、秋两季日温差较大，年平均气温为-2.6℃，最高气温为 37.9℃，最低气温为-46.9℃。年降水量为 513.9mm，集中在 7～8 月。全年冻结期约为 7 个月，结冰一般在 9 月下旬，终冻在 4 月中下旬。年日照时数为 2357h，日照百分率为 51%～56%。年平均风速为 2～3m/s，4～5 月平均为 3m/s，大风日数 10 天左右，集中在 5 月。土壤为棕色森林土。

本章所用的未经抚育间伐干扰的天然落叶松中龄林固定样地位于大兴安岭南翁河自然保护区。

8.2.2.2 天然林抚育间伐概况

在新林林业局白桦和落叶松中幼龄天然林典型地段（分别为 2 个地段），均进行不同强度的抚育间伐试验。

白桦天然林中共设置 8 种抚育间伐强度/处理：对照、只伐除腐木、只伐除腐木和灌草、10%、20%、30%、40%和 50%。落叶松天然林中共设置 7 种抚育间伐强度/处理：对照、只伐除腐木、只伐除腐木和灌草、10%、20%、30%和 40%。

每个地段，每种处理 4～5 个重复。

8.2.2.3 天然林冠层结构季节变化调查

1）在南翁河自然保护区天然落叶松中龄林典型地段设置面积为 50m×18m 临时样地，逐株调查胸径、冠幅并利用超声波测高仪测定其树高和活枝高，计算出的林分各项特征指标为密度 1833 株/hm²（其中落叶松、白桦和山杨分别为 1389 株/hm²、422 株/hm² 和 22 株/hm²）、胸高断面积 26.35m²/hm²（其中落叶松、白桦和山杨分别为 19.82m²/hm²、5.50m²/hm²、1.04m²/hm²)、平均树高 13.4m、枝下高 8.0m。

2）在临时样地中设置一条 10m 样线，按照 2m 间距，机械布设 10 个固定样点，进行 LAI 定点调查。

3）2014 年 5～9 月，雨后不定期(共获得 11 期)利用冠层分析仪(WinScanopy)获取所有固定样点的冠层照片（每期每个固定样点 3 张冠层照片）。

4）利用 HemiView 软件计算出不同时期 10 个固定样点的逐期有效叶面积指数（本章以有效叶面积指数代替 LAI）并利用 10 个固定样点的有效叶面积指数平均值，分析落叶松中龄林 LAI 季节变化规律。

8.2.2.4 天然林冠层结构年际变化调查

在各地段各处理每个重复林分中，设置样地（面积 1～2hm²），布设 6～16 个固定样点（样点间隔 10m 以上），利用冠层分析仪获取处理前（2012 年）和处理后(2013 年和 2014 年)各样地的冠层照片(每次每个样点 3 张照片)。利用 HemiView 软件计算出不同时期（2012 年秋、2013 年秋和 2014 年秋）的 LAI，评价不同抚育间伐强度下 LAI 的年际变化。

8.2.2.5 遥感植被指数获取

本章所选用的植被指数有归一化植被指数（normalized difference vegetation index，NDVI）和增强型植被指数（enhanced vegetation index，EVI）。具体获得方法如下。

1）利用 GPS 测定前述未经抚育间伐干扰的天然落叶松中龄林临时样地中心经纬度。

2）利用临时样地经纬度（北纬 51.124 45°、东经 125.139 48°、海拔 469m），在 http://e4ftl01.cr.usgs.gov 网站上获取研究期间（2014 年 5～9 月）覆盖临时样地的各类 MODIS 的植被指数产品，包括 MOD13Q1、MYD13Q1（用于提取 EVI 和 NDVI；16 天内最大值，250m 分辨率；MOD13Q1 是上午星 Terra 的数据产品，该卫星数据以 MOD 打头；MYD13Q1 是下午星 Aqua 的数据产品，该卫星数据以 MYD 打头）和 MOD15A2[用于提取植物吸收性光合有效辐射分量（fraction of absorbed photosynthetically active radiation，FAPAR）和 LAI；8 天内最大值；1000m 分辨率]。

3）利用 MODIS 的各类植被指数产品，运用 ENVI 4.7 和 ArcGIS 9.3，提取前述临时样地所在像元的各类植被指数，包括 EVI 和 NDVI，以及 FPAR 和 LAI。

8.2.2.6 遥感植被指数与地面实测 LAI 的关系

1）利用前述不定期（共 11 期）实测出的临时样地有效叶面积指数，结合同步/准同步的各类 MODIS 植被指数产品，分析各类植被指数与临时样地有效叶面积指数的关系，筛选出适宜的 LAI 遥感估测模型。

2）利用地面实测 LAI，评价 MODIS 的 LAI 产品质量。

8.2.3 群落组成对枯落物层现存量的影响

8.2.3.1 研究林分概况

本章所用的林分位于南瓮河自然保护区。该区原为松岭林业局施业区，1965 年开发，1977 年 5 月南邻的山火一直蔓延到南瓮河源，于 1999 年成立保护区，2003 年和 2006 年先后发生两起比较大的森林火灾。2014 年生长季典型林分土壤剖面调查时，所设置的 13 块样地中，仅杜香落叶松林样地在表层 0～20cm 的土层中出现未完全融化的永冻层。该区森林多为火烧或皆伐干扰后天然形成的混交林。从 13 块样地所处区域 4 个典型树种的年龄结构看（图 8-1），该区域的森林多为 50～70 年生。

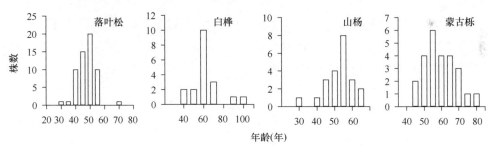

图 8-1 嫩江源头典型树种年龄结构

8.2.3.2 临时样地设置

依据南瓮河自然保护区森林资源二类调查数据库中各小班所属植被类型，选择 13 种林型（可归为 5 大类：落叶松林、白桦林、山杨林、蒙古栎林和黑桦林）为对象，并在其典型地段设置 20m×30m 临时样地，进行林分特征调查，具体见表 8-2。

8.2.3.3 枯落物层现存量和持水特征调查

2013 年和 2014 年均在 13 块样地的典型地段设置 3 个 0.5m×0.5m 样方，按照

表 8-2 嫩江源头典型林分临时样地概况

林型	样地	树种组成	海拔(m)	胸径(cm)			胸高断面积(m²/hm²)	蓄积量(m³/hm²)	密度(株/hm²)
				几何平均	最小值	最大值			
白桦林	杜香白桦林	8白1落–杨	445	11.3	5.5	21	13.8	91.5	1375
	杜鹃白桦林	9白1落	477	11	4.5	23.4	17	110.2	1778
	草类白桦林	10白	431	13.8	7.8	22.2	35.6	230.2	2385
黑桦林	榛子黑桦林	7黑2白1蒙+落	480	9	2	42.1	32.6	171.3	5159
落叶松林	榛子落叶松林	6落3黑+白+蒙	491	16	5.1	43.8	32	238.5	1583
	杜香落叶松林	9落1白	473	16.1	7	41.2	25.8	218.9	1267
	杜鹃落叶松林	7落2白1杨	453	17.5	6.9	36.6	34.9	293.8	1447
	草类落叶松林	7落3白	475	17.9	6.7	32.1	37.4	310.4	1488
蒙古栎林	蒙古栎白桦林	7蒙1落1白1杨	488	12	2.6	39	21.6	114.3	1900
	胡枝子蒙古栎林	10蒙	501	13.5	4.3	34.7	23.7	100.1	1654
	蒙古栎落叶松林	5蒙3落2白	496	10.8	3.2	20.1	26.6	152.9	2889
山杨林	杜鹃山杨林	8杨1落1白	459	10.9	4.2	19	11.4	87.2	1214
	草类山杨林	5杨3落2白	461	16.7	6.3	30.5	24.5	200.6	1114

注：白，白桦；落，落叶松；杨，山杨；蒙，蒙古栎；黑，黑桦

分解层次（未分解层和半分解层）测定其厚度后，分层取样（取样时近1周内没有降水），带回实验室，测定自然含水率（%）、饱和持水率（浸泡24h，%）、枯枝落叶层现存量（t/hm²）、容重（t/m³）和毛细管容量（mm/cm）。

8.2.4 人工林碳密度

8.2.4.1 人工林枯落物现存量调查

在落叶松人工林样地中，按照图8-2的样点布设方法，进行枯落物现存量的调查，每块样地共设82个取样点，调查时每个取样点的取样范围为 0.1m×0.1m 的正方形。

取样时将落叶松人工林的枯枝落叶层分4层：分解较少的枯枝落叶层（简称未分解层）；分解较多的半分解的枯枝落叶层（简称半分解层）；分解强烈的枯枝落叶层，已失去其原有植物组织形态（简称完全分解层）；疏松腐殖质层（简称腐殖质层）。分层标准如下。

1）未分解层，凋落物叶、枝、皮和果等保持原状，颜色变化不明显，质地坚硬，叶形完整，外表无分解的痕迹。

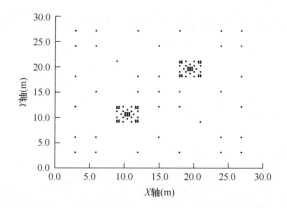

图 8-2　落叶松人工林枯落物现存量外业调查取样点空间分布图

2）半分解层，叶无完整外观轮廓但仍能辨别其种类。

3）完全分解层，多数凋落物已粉碎，叶肉被分解成碎屑，看不出其种类。

4）腐殖质层，质地细腻，颜色为黑褐色。

8.2.4.2　人工林碳密度测定

落叶松人工林乔灌草的含碳量以张全智（2010）所测出的落叶松含碳量46.9%为标准，估计落叶松人工林乔灌草碳储量；枯落物的含碳量以不同分解程度的枯落物层的混合样品的实测含碳量56.4%为标准，估计落叶松人工林枯落物碳储量；土壤含碳量以不同土层的混合土样的实测有机碳含量2.48%为标准，结合不同样地实测的土层厚度和土壤容重，估计人工林土壤碳储量；通过乔灌草、枯落物层和土壤层碳储量的累计，估计落叶松人工林的碳密度。

8.2.5　天然林碳密度

8.2.5.1　不同区域临时样地设置

根据大兴安岭植被区划，于2013年8～9月和2014年8月在大兴安岭不同区域森林的典型地段，共设置535块面积为0.01～0.06hm²的临时样地（参见图6-1），进行每木检尺，并记录样地所处经纬度。

8.2.5.2　临时样地所属植被分区

依据临时样地经纬度信息，结合矢量化后的大兴安岭山脉所处区域的植被区划结果，判断临时样地所属植被分区和归属林业局。不同植被分区所设置的临时样地数量见表8-3。

表 8-3　大兴安岭不同区域所设样地数量和所取生长芯数量

区号	样地号	样地数量	生长芯数量	取样数量	归属林业局
Ii-3a	001～009	9	51	71	加格达奇
Ii-3a	010～031	22	95	72	松岭
Ii-3a	032～060	29	112	112	呼玛县
Ii-2a	061～071	11	42	40	塔河
Ii-1a	072～080	9	29	16	阿木尔
Ii-2a	081～092	12	57	52	呼中
Ii-2a	094～101	8	29	27	呼中
Ii-2a	102～111	10	46	32	新林
Ii-2a	112～121	10	46	32	塔河
Ii-3a	122～133	12	51	37	松岭
Ii-3a	134～142	9	51	40	松岭
Ii-3a	144～145	2	10	8	加格达奇
Ii-3b	146～149	4	24	24	大杨树
Ii-3b	150～152	3	15	12	毕拉河
Ii-3b	154～158	5	20	20	毕拉河
Ii-3b	160～163	4	25	20	毕拉河
Ii-3a	164～166	3	13	10	松岭
Ii-2a	093	0	5	0	呼中
Ii-3b	153	0	4	16	毕拉河
Ii-3b	159	0	5	4	毕拉河
Ii-1a	180～182	3		44	阿龙山
Ii-1a	183～191	9		48	满归
Ii-1a	192～199	8		48	漠河
Ii-1a	267～269	3		24	阿木尔
Ii-1a	270～299	30		152	漠河
Ii-1a	300～307	8		36	图强
Ii-1a	308～311	4		22	阿木尔
Ii-2a	258～266	9		103	塔河
Ii-2a	312～320	9		73	塔河
Ii-2a	321～338	18		111	十八站
Ii-2a	339～341	3		17	呼玛
Ii-2a	342	0		4	呼玛
Ii-2a	343～362	20		98	呼玛
Ii-2a	363	0		8	呼玛
Ii-2a	364～370	7		32	韩家园
Ii-2a	371～373	3		12	十八站

续表

区号	样地号	样地数量	生长芯数量	取样数量	归属林业局
Ii-2a	374～382	8		32	塔河
Ii-2b	095～110	16		52	乌尔旗汗
Ii-2b	111～134	24		64	库都尔
Ii-2b	135～145	11		48	图里河
Ii-2b	146～151	6		28	伊图里河
Ii-2b	152～159	8		20	根河
Ii-2b	160～172	13		90	金河
Ii-2b	173～179	7		16	阿龙山
Ii-2b	200～202	3		20	金河
Ii-2b	203～217	15		97	莫尔道嘎
Ii-2b	218～220	3		11	得耳布尔
Ii-2b	221～228	8		37	伊图里河
Ii-2b	229～241	13		50	克一河
Ii-2b	242～244	3		25	甘河
Ii-2b	245～247	3		28	吉文
Ii-3a	248～250	3		26	加格达奇
Ii-3a	251	1		24	松岭
Ii-3b	018～021	4		0	巴林
Ii-3b	022～040	19		73	乌奴耳
Ii-3b	041～058	18		12	巴林
Ii-3b	080～084	5		20	绰尔
Ii-3b	094	1		4	乌尔旗汗
VIAia-1c	001～007	7		151	柴河
VIAia-2a	059～079	21		76	绰源
VIAia-2b	008～017	10		60	南木
VIAia-3a	085～093	9		23	免渡河
Ii-3a	384、385、390、391	0		46	松岭
Ii-3b	392	0		12	乌奴耳
Ii-2b	393	0		2	根河
Ii-2b	397	0		4	得耳布尔
Ii-3a	252、256、257	0		47	新林

8.2.5.3 不同区域典型林分碳密度计算

根据临时样地每木检尺结果（DBH≥2cm），结合文献资料收集结果基础上的各树种单木生物量模型和不同区域典型树种含碳率测定结果，估算林分生物量和碳储量（仅为乔木层）。

8.2.6　大兴安岭森林碳储量

8.2.6.1　遥感数据来源

本章所用遥感数据有两种：一种为美国国家航空航天局的陆地卫星（Landsat）TM 遥感影像，共使用了 33 景图像，条带号为 18～124，行编号为 22～25，全面覆盖大兴安岭，时间为 2012 年和 2014 年 8～9 月，部分云量较大的图像用相近年份或月份数据代替；另一种为 2014 年 MODIS 的各类植被指数产品，利用临时样地经纬度，在 http://e4ftl01.cr.usgs.gov 网站上获取研究期间（2014 年 5～9 月）覆盖临时样地的各类 MODIS 的植被指数产品，包括 MOD13Q1、MYD13Q1（用于提取 EVI 和 NDVI；16 天内最大值，250m 分辨率；MOD13Q1 是上午星 Terra 的数据产品，该卫星数据以 MOD 打头；MYD13Q1 是下午星 Aqua 的数据产品，该卫星数据以 MYD 打头）和 MOD15A2（用于提取 FPAR 和 LAI，8 天内最大值，1000m 分辨率）。

8.2.6.2　不同植被指数的提取

利用 TM 遥感影像和 MODIS 的各类植被指数产品，运用 ENVI 4.7 和 ArcGIS 9.3，提取前述临时样地所在像元的各类植被指数，包括 EVI、NDVI、FPAR 和 LAI。

8.2.6.3　植被指数与林分碳储量的关系

利用临时样地乔木层碳密度计算结果，结合 2014 年 MODIS 的各类植被指数产品和同步/准同步的 TM 的 NDVI，分析各类植被指数与临时样地碳密度的关系，筛选出适宜的林分碳储量遥感估测模型。

本章利用 MODIS 的植被指数时，运用 ENVI 4.7 提取出不同像元 2014 年植被指数的全年最大值，分析其与林分碳储量的关系。

8.2.6.4　大兴安岭森林碳储量估测

利用 2012 年和 2014 年 MODIS 的各像元植被指数最大值，结合建立的碳储量估测模型，估计 2012 年和 2014 年大兴安岭森林碳储量，分析大兴安岭森林碳储量的时空变化。

利用涵盖大兴安岭的 TM 遥感影像所提取出的 NDVI，结合前文建立起的碳储量估测模型，估计高分辨率下大兴安岭森林碳储量。

8.3 结果与分析

8.3.1 间伐对生态系统碳储量的影响

8.3.1.1 抚育间伐对成熟林碳密度的影响

4 种抚育间伐处理下落叶松幼龄林生长至成熟林时生态系统碳储量平均为 373.8 （358.1～385.8）t/hm², 低于 CK 处理（380.4t/hm²）。非参数统计的秩和检验结果表明，间伐次数和间伐强度对成熟林生态系统碳储量无显著影响（Spearman 秩相关系数分别为 0.70 和–0.70，$P>0.050$），但是不同间伐处理下生态系统碳储量不同（表 8-4），随间伐次数增加和间伐强度降低，生态系统碳储量表现出增加趋势（表 8-4），CK 处理下生态系统碳储量不为最高而是居中。4 种抚育间伐处理下生态系统碳储量是 CK 处理的 94.1%～101.4%，L3 和 L4 处理下生态系统碳储量高于其他处理，其中 L4 处理生态系统碳储量比 CK 提高 1.4%，L1 处理的生态系统碳储量比 CK 仅减少 5.9%。

表 8-4 不同抚育间伐处理下落叶松人工成熟林（56 年）碳储量（单位：t/hm²）

层次	L1	L2	L3	L4	CK
活立木	258.0（72.0）	260.9（71.0）	267.5（69.7）	273.8（71.0）	269.7（70.9）
枯立木	0.0（0.0）	4.6（1.3）	1.9（0.5）	2.7（0.7）	9.1（2.4）
灌木层	4.6±3.5（1.3）ᵃ	1.1±0.4（0.3）ᵇ	0.6±0.5（0.2）ᵇ	0.4±0.4（0.1）ᵇ	0.3±0.3（0.1）ᵇ
草本层	0.3±0.2（0.1）ᵃ	0.4±0.4（0.1）ᵃ	0.7±0.6（0.2）ᵃ	0.9±1.1（0.2）ᵃ	1.0±0.5（0.3）ᵃ
枯枝落叶层	6.9±0.8（1.9）ᵃᵇ	5.6±1.5（1.5）ᵇ	6.6±1.0（1.7）ᵃ	8.5±0.1（2.2）ᵃ	8.1±1.5（2.1）ᵃ
土壤层（0～30cm）	88.3±4.8（24.7）ᵇ	95.0±7.1（25.8）ᵃᵇ	106.5±6.4（27.7）ᵃ	99.5±7.0（25.8）ᵃᵇ	92.2±11.1（24.2）ᵇ
生态系统	358.1	367.6	383.8	385.8	380.4

注：表中数据为平均值±标准差；括号中数据为相应组分碳储量占生态系统碳储量的百分比（%）；不同字母表示 0.05 水平上差异显著

间伐次数对成熟林活立木碳储量亦无显著影响，但是间伐强度能显著影响活立木碳储量（Spearman 秩相关系数分别为 0.40 和–0.90）。成熟林活立木碳储量对抚育间伐的反应趋势与林分总碳储量相同，亦是随着间伐次数增加和间伐强度降低，活立木碳储量表现出增加趋势（表 8-4），CK 处理活立木碳储量居中；L4 处理下林分活立木碳储量明显高于其他处理，其比 CK 提高 1.5%；L1 处理下林分活立木碳储量比 CK 减少最多，但也仅为 4.3%。抚育间伐对灌层碳储量和草本层碳储量影响不同，其对草本层碳储量无显著影响（$P=0.581$），但对灌木层碳储量有显著影响（$P=0.040$），并且草本层碳储量和灌木层碳储量对抚育间伐的反应趋势不同（表 8-4），前者随间伐次数增加和间伐强度降低表现出增加趋势，后者表现出降低趋势。CK 处理在草本层碳储量和灌木层碳储量方面分别是所有处理中的最高和最低，间伐处理下草本层碳储量比 CK 平均降低 42.5%（10.0%～70.0%），而灌木层碳储量平均比 CK 增加 458.3%（33.3%～1433.3%）。

抚育间伐处理下落叶松人工成熟林枯立木碳储量（不含针叶）平均为 2.3（0.0～4.6）t/hm²，是 CK 处理（9.1t/hm²）的 25.3%（0.0～50.5%）。L1 处理下，林分内甚至无枯立木。间伐处理后枯枝落叶层、土壤层及二者之和的碳储量分别为 6.9（5.6～8.5）t/hm²、97.3（88.3～106.5）t/hm² 和 104.2（95.2～113.1）t/hm²。除枯枝落叶层碳储量比 CK 降低 14.8%（−30.9%～4.9%）外，土壤层和枯枝落叶层之和、土壤层碳储量分别比 CK 提高 3.9%（−5.1%～12.8%）和 5.6%（−4.2%～15.5%）。整体来看，虽然抚育间伐对枯枝落叶层和土壤层碳储量均无显著影响（$P=0.065$ 和 $P=0.108$），但是随间伐次数增加和间伐强度降低，二者碳储量均表现出增加趋势，CK 处理在枯枝落叶层和土壤层碳储量方面居中；L1 处理下枯枝落叶层和土壤层碳储量分别比 CK 降低 14.8% 和 4.2%，L2 和 L1 处理分别不利于枯枝落叶层和土壤层碳积累（L2 处理枯枝落叶层碳储量比 CK 低 30.9%）；L4 和 L3 处理分别有利于枯枝落叶层和土壤层碳积累（L4 处理枯枝落叶层碳储量比 CK 提高 4.9%，L3 处理土壤层碳储量比 CK 提高 15.5%）。

8.3.1.2 抚育间伐对成熟林碳分配影响

抚育间伐没有改变落叶松人工成熟林生态系统碳储量的分配特征（表 8-4），各处理生态系统碳储量构成中，均以活立木碳库最大（69.7%～72.0%），其次为土壤层（24.7%～27.7%）、枯枝落叶层（1.5%～2.2%）和枯立木（0.0～1.3%），灌木层和草本层碳库最低（分别占 0.1%～1.3% 和 0.1%～0.2%）。随间伐次数降低，活立木碳储量占生态系统碳储量比例表现出显著增加趋势（Spearman 秩相关系数为−0.90，$P < 0.050$）；随间伐强度降低，灌木层碳储量和草本层碳储量占生态系统碳储量比例分别表现出显著降低和显著增加趋势（Spearman 秩相关系数分别为 1.00 和−1.00，$P < 0.050$），L4 处理草本层碳储量占生态系统碳储量比例甚至高于灌木层碳储量占生态系统碳储量比例。与抚育间伐处理林分相比（表 8-4），CK 处理在枯立木、草本层和枯枝落叶层碳储量占生态系统碳储量比例方面均高于抚育间伐处理林分（L4 处理除外），而在活立木、土壤层和灌木层碳储量占生态系统碳储量比例方面均低于抚育间伐处理林分（L1、L3 处理除外）。

抚育间伐没有改变林分尺度活立木碳分配规律（表 8-5），活立木中树干所占比例最大（67.7%～68.7%），其次为树根（17.5%～18.0%）、树枝（6.8%～7.0%）和树皮（4.8%～4.9%），树叶比例最低（2.2%～2.3%），但是与 CK 相比，间伐过的成熟林，树干占活立木碳库比例增加（增加 0.3%～1.3%），树根、树枝、树皮和树叶占活立木碳库比例降低（分别降低 0.2%～0.7%、0.1%～0.3%、0.0～0.1%、0.0～0.1%；表 8-5）。抚育间伐后至成熟林时活立木碳储量平均低于 CK 1.7%（–4.3%～1.5%）。活立木不同组分碳储量比 CK 降低程度不同，降低幅度由高到低依次为树叶 5.2%（–11.1%～0.0）、树枝 4.2%（–8.9%～0.5%）、树根 3.7%（–7.9%～0.6%）、树皮 3.2%（–6.8%～0.8%）和树干 0.7%（–2.5%～2.0%）。L4 处理下，活立木除树叶碳储量与 CK 处理相等外，活立木其他各组分碳储量均高于 CK（高出0.5%～2.0%）。

表 8-5　不同抚育间伐处理下落叶松人工成熟林（56 年）活立木生物量碳（单位：t/hm²）

组分	L1	L2	L3	L4	CK
树叶	5.6（2.2）	5.9（2.3）	6.1（2.3）	6.3（2.3）	6.3（2.3）
树枝	17.5（6.8）	18.0（6.9）	18.8（7.0）	19.3（7.0）	19.2（7.1）
树干	177.3（68.7）	178.0（68.2）	181.4（67.8）	185.4（67.7）	181.8（67.4）
树皮	12.4（4.8）	12.6（4.8）	13.1（4.9）	13.4（4.9）	13.3（4.9）
树根	45.2（17.5）	46.4（17.8）	48.1（18.0）	49.4（18.0）	49.1（18.2）
树干+树皮	189.7（73.5）	190.6（73.1）	194.5（72.7）	198.8（72.6）	195.1（72.3）
树干+树皮+树枝	207.2（80.3）	208.6（80.0）	213.3（79.7）	218.1（79.7）	214.3（79.5）
树根+树叶	50.8（19.7）	52.3（20.0）	54.2（20.3）	55.7（20.3）	55.4（20.5）
树根+树叶+树枝	68.3（26.5）	70.3（26.9）	73.0（27.3）	75.0（27.4）	74.6（27.7）
全树	258.0	260.9	267.5	273.8	269.7

注：括号中数据为相应组分碳储量占活立木碳储量的百分比（%）

依据东北落叶松人工商品林主伐时采伐物的常规处置方式（树干、树枝和树皮移出林地），对成熟林生态系统不同层次碳储量重新合并，并分别计算其占生态系统碳储量比例（表 8-6）。随间伐强度降低和间伐次数增加，虽然树叶（5.6～6.3t/hm²），树干、树枝和树皮（207.2～220.3t/hm²），以及地下碳储量（145.3～162.9t/hm²）均表现出增加趋势（表 8-6），但是相应组分碳储量占生态系统碳储量比例中，仅地下比例（40.5%～42.4%）表现出增加趋势，而树叶比例维持恒定（1.6%），树干、树枝和树皮之和所占比例甚至呈降低趋势（56.0%～57.9%）。CK处理在树叶碳储量（6.3t/hm²），树干、树枝和树皮碳储量之和（221.7t/hm²），以及二者分别占生态系统碳储量比例方面（1.7%和 58.3%）均高于抚育间伐林分，但在地下碳储量方面（152.4t/hm²）居于不同抚育间伐处理之间，其占生态系统碳储量比例（40.0%）低于抚育间伐林分。

表 8-6 不同抚育间伐处理下落叶松人工成熟林（56 年）生态系统碳分配（单位：t/hm²）

组分	L1	L2	L3	L4	CK
树叶	5.6（1.6）	5.9（1.6）	6.1（1.6）	6.3（1.6）	6.3（1.7）
树干+树枝+树皮	207.2（57.9）	212.3（57.8）	214.8（56.0）	220.3（57.1）	221.7（58.3）
地下	145.3（40.5）	149.4（40.6）	162.9（42.4）	159.2（41.3）	152.4（40.0）

注：地下指 56 年生落叶松成熟林活立木和枯立木树根、0~30cm 土壤层、枯枝落叶层、灌木层和草本层碳储量之和（Vargas et al., 2009）；括号中数据为相应组分碳储量占生态系统碳储量的百分比（%）

抚育间伐过的落叶松成熟林冬季主伐时若仅利用干材（仅移出活立木树干和树皮），能造成活立木碳库的 72.6%~73.5%移出系统（CK，72.3%；表 8-5），使得活立木生物量碳库的 26.5%~27.4%留存于林地（CK，27.7%）；冬季主伐时若全树利用（活立木和枯立木的树根和树叶留地），能将活立木碳库的 79.7%~80.3%（CK，79.5%）、生态系统碳储量的 56.0%~57.9%移出系统（CK，58.3%；表 8-5），使得活立木碳库的 19.7%~20.3%（CK，20.5%）、生态系统碳储量的 42.1%~44.0%留存于系统（CK，41.7%）。

8.3.1.3 抚育间伐对成熟林累计固碳量的影响

抚育间伐下的落叶松幼龄林至成熟林时累计枯死木生物量碳平均为 8.3（3.1~14.1）t/hm²，远低于 CK 处理 40.3t/hm²（表 8-7）；在此期间，通过抚育间伐共获得活立木间伐材 32.8（21.9~50.1）m³/hm²，加上枯死木碳储量（含 2013 年枯立木），能够产生 28.6（24.4~38.7）t/hm² 的生物量碳（间伐木树干+间伐木和枯死木生物质燃料）通过抚育间伐移出系统，其中 18.2（12.0~30.5）t/hm² 的

表 8-7 不同抚育间伐处理下落叶松人工成熟林（56 年）累计固碳量

组分	L1	L2	L3	L4	CK
间伐木干材（m³/hm²）	50.1	21.9	33.9	25.4	0.0
间伐木树干（不含树皮）（t/hm²）	30.5	12.0	17.5	12.6	0.0
间伐木全树（不含树叶）（t/hm²）	44.5	18.2	27.0	19.8	0.0
枯死木全树（不含树叶）（t/hm²）	3.1	14.1	3.7	12.1	40.3
间伐木和枯死木树根（t/hm²）	9.0	6.5	6.4	6.7	8.5
间伐木和枯死木生物质燃料（t/hm²）	8.2	13.8	6.9	12.5	31.4
林分累计量（t/hm²）	405.7	395.3	412.6	415.0	411.6

注：间伐木为各处理林分在 17~56 年生所间伐的活立木；枯死木为各处理林分在 17~56 年生全部枯死木（包括 56 年生时的枯立木）；抚育间伐均在冬季，故抚育间伐的枯死木和间伐木树叶均留存于林地；生物质燃料为间伐木和枯死木（含 56 年生时的枯立木）的树枝、树皮及枯死木的树干之和；全树为单木的树叶、树根、树干、树皮和树枝之和；林分累计量=56 年生生态系统碳储量+往期间伐木和枯死木（不含 2013 年枯立木）全树碳储量（不含树叶）（Powers et al., 2012）

生物量碳存在于间伐木干材中，占林分累计固碳量的 4.5%（3.0%～7.5%），10.4（6.9～13.8）t/hm² 的生物量碳存在于生物质燃料中，占林分累计固碳量的 2.5%（1.7%～3.5%），而 CK 处理移出系统的生物量碳为 31.4t/hm²，并且全部存在于生物质燃料中，占林分累计固碳量的 7.6%。抚育间伐使得 7.2（6.4～9.0）t/hm² 的生物量碳以间伐木和枯死木树根方式留存于系统，而 CK 处理是 8.5t/hm²。

虽然抚育间伐过的落叶松幼龄林至成熟林时林分累计固碳量平均为 407.2（395.3～415.0）t/hm² 低于 CK 处理（411.6t/hm²）1.1%，但随间伐强度降低和间伐次数增加，成熟林时的林分累计固碳量呈增加趋势（表 8-7），L3 和 L4 处理下林分累计固碳量（412.6～415.0t/hm²）甚至高于 CK 处理，即便考虑往期随间伐木和枯死木（不含 2013 年枯立木）而移出系统用作生物质燃料和间伐木干材部分而实际留存于系统的间伐木和枯死木树根，在不考虑间伐木和枯死木树根分解释放碳时（Vargas et al.，2009），抚育间伐过的成熟林生态系统平均累计固碳量（2013年生态系统碳储量与间伐木和枯死木树根固碳量之和）为 380.5（367.1～392.0）t/hm²，也仅比 CK 处理（387.2t/hm²）降低 1.7%，L3 和 L4 处理下生态系统累计固碳量（389.8～392.0t/hm²）仍然高于 CK 处理。

8.3.2 间伐对林冠层结构的影响

8.3.2.1 天然落叶松中龄林 LAI 季节变化

生长季不同时期（阴天）测得的天然落叶松中龄林 LAI（此处指有效叶面积指数，图 8-3 左图）存在显著差异（$P<0.005$）。随时间变化，LAI 表现出明显的周期性波动减小趋势，每月上旬林分 LAI 显著高于同月下旬，当月下旬显著低于次月上旬（图 8-3）。总体来看，生长季内，8 月上旬之前林分 LAI 均较高，8 月中旬间林分 LAI 急剧下降，8 月中旬以后林分 LAI（0.81～1.11）显著低于 8 月上旬之前。

一般说来，5 月林木开始展叶，林分 LAI 相应增大；7 月中旬林木生长速率达到稳定，同时林分 LAI 也达到最大。随着林分叶量趋于稳定，树冠间遮挡程度加重，此时林分有效叶面积反而有所下降，某种程度上 LAI 甚至开始减小；至 8 月中旬，落叶松针叶开始凋落，从而林分 LAI 也相应减小。

从 MODIS 的 LAI 产品中所提取出的研究林分所在像元 LAI（1000m 分辨率，8 天内最大值）随时间变化可以看出（图 8-3 右图），在反映林分 LAI 季节变化规律时，MODIS 的 LAI 产品动态监测效果好于地面实测 LAI，主要原因是前者能够较好地去除天气干扰（采用 8 天内最大值法），而后者则多受制于天气状况对照片质量的影响（即便是在阴天状况下所获取的冠层照片）和木质组织对 LAI 的估测干扰。

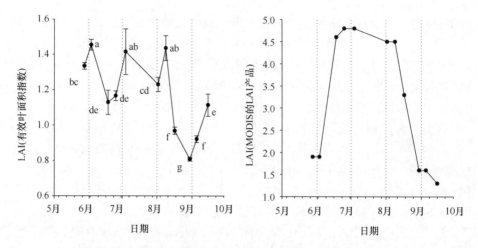

图 8-3　天然落叶松中龄林 LAI 季节动态

图中字母相同表示二者间无显著差异（$P>0.05$）

另外，MODIS 的 LAI 产品所估测的 LAI 值高于地面测得的 LAI（有效叶面积指数），平均高估 2.67 倍（1.17~4.12 倍），主要原因是此次仪器所获得的冠层照片处理时没有考虑木质组织干扰（如树干、树枝）和针叶聚集效应等因素。

8.3.2.2　遥感植被指数与地面实测 LAI 的关系

天然落叶松中龄林地面实测 LAI 与遥感植被指数 EVI 呈抛物线关系（图 8-4）。初始时，随 EVI 增加，林分 LAI 表现出增加趋势，当 EVI 达到一定值后，林分 LAI 便不再增加，随 EVI 进一步增加，林分 LAI 甚至呈现降低趋势。

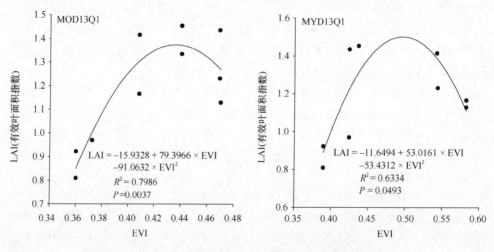

图 8-4　天然落叶松中龄林 LAI 与遥感植被指数 EVI 的关系

虽然林分 LAI 与遥感植被指数 NDVI 亦呈抛物线关系（图 8-5），但是二者间的表现与 LAI 和 EVI 间相反。初始时，随 NDVI 增加，林分 LAI 不仅未增加甚至呈现降低趋势，当 NDVI 达到一定值后，随 NDVI 的进一步增加，林分 LAI 呈急剧增加趋势。

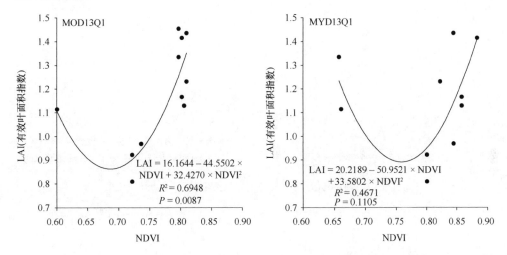

图 8-5　天然落叶松中龄林 LAI 与不同来源遥感植被指数 NDVI 的关系

从 MODIS 的遥感植被指数产品 MOD13Q1 和 MYD13Q1 所提取出的 EVI 和 NDVI 与 LAI 的关系来看，利用 MOD13Q1 的 EVI 和 NDVI 指标估测林分 LAI 的效果好于利用 MYD13Q1 产品。

从遥感植被指数 EVI 和 NDVI 与林分 LAI 的关系来看，利用 EVI 估测林分 LAI 的效果好于利用 NDVI。最佳模型为 LAI=15.9328+79.3966×EVI−91.0632×EVI^2。

8.3.2.3　抚育间伐对典型林分 LAI 年际变化的影响

从不同抚育间伐强度下白桦和落叶松天然林 LAI 随时间变化可以看出（图 8-6，图 8-7），虽然抚育间伐 1 年后，2 种林型不同处理间 LAI 差异显著，但是抚育间伐 2 年后，2 种林型不同处理间 LAI 差异不大。

8.3.3　树种组成对枯枝落叶层现存量的影响

此次研究的 5 种（2013 年为 4 种）天然林 13 块样地的枯落物层厚度（未分解+半分解）、累积量和容重（bulk density，BD）结果见表 8-8。天然林枯落物层总厚度（2013 年和 2014 年调查结果的平均值）为蒙古栎林>白桦林>落叶松林>山杨林（图 8-8）；枯落物累积量为山杨林>落叶松林>白桦林>蒙古栎林（图 8-9）；枯落物容重为落叶松林>山杨林>白桦林>蒙古栎林（图 8-10）。

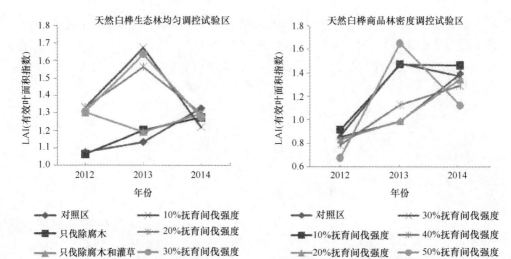

图 8-6　不同抚育间伐处理下白桦天然林 LAI 动态变化

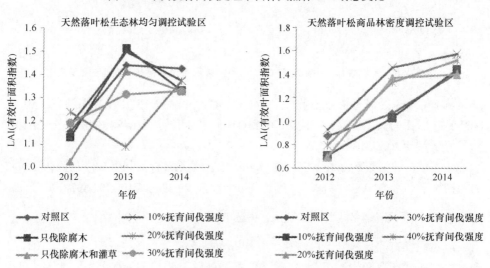

图 8-7　不同抚育间伐处理下落叶松天然林 LAI 动态变化

表 8-8　大兴安岭天然林枯落物层特征

年份	林型	样地	厚度（cm）			累积量（t/hm²）			容重（t/m³）		
			总枯落物层	未分解层	半分解层	总枯落物层	未分解层	半分解层	总枯落物层	未分解层	半分解层
2013	白桦林	草类白桦林	6.8	4.0	2.8	6.2	2.9	3.3	0.009 13	0.007 58	0.012 00
		杜鹃白桦林	5.0	3.2	1.8	7.9	4.2	3.7	0.015 59	0.013 15	0.019 87
		杜香白桦林	4.5	2.6	1.9	7.8	4.7	3.1	0.017 86	0.019 31	0.016 18
	落叶松林	草类落叶松林	6.9	3.5	3.4	8.6	3.6	5.0	0.012 72	0.012 21	0.014 91
		杜鹃落叶松林	5.9	3.1	2.8	7.1	4.0	3.1	0.011 82	0.012 76	0.011 11

续表

年份	林型	样地	厚度（cm）			累积量（t/hm²）			容重（t/m³）		
			总枯落物层	未分解层	半分解层	总枯落物层	未分解层	半分解层	总枯落物层	未分解层	半分解层
2013	落叶松林	杜香落叶松林	3.5	2.4	1.1	7.1	3.5	3.6	0.021 00	0.015 64	0.034 09
		榛子落叶松林	4.6	2.3	2.3	8.6	4.6	4.0	0.018 61	0.020 10	0.017 50
	蒙古栎林	胡枝子蒙古栎林	7.1	4.5	2.6	6.9	2.3	4.6	0.009 65	0.005 44	0.018 75
		蒙古栎白桦林	4.2	2.3	1.9	6.0	2.2	3.8	0.014 44	0.009 82	0.020 03
	山杨林	草类山杨林	4.3	1.7	2.6	8.9	2.1	6.8	0.020 96	0.012 23	0.027 14
		杜鹃山杨林	4.6	2.2	2.4	6.8	2.6	4.2	0.014 56	0.011 73	0.017 25
2014	白桦林	草类白桦林	3.5	1.5	2.0	9.1	3.2	5.9	0.026 48	0.021 72	0.030 17
		杜鹃白桦林	4.0	1.9	2.1	8.1	3.1	5.0	0.020 47	0.016 56	0.024 01
		杜香白桦林	3.3	1.5	1.8	6.6	2.1	4.5	0.020 50	0.014 90	0.025 16
	黑桦林	榛子黑桦林	4.4	2.0	2.4	9.0	2.1	6.9	0.020 61	0.010 54	0.028 97
	落叶松林	草类落叶松林	2.7	1.2	1.5	9.0	3.1	5.9	0.035 62	0.026 97	0.043 73
		杜鹃落叶松林	3.5	1.5	2.0	7.7	3.0	4.7	0.022 21	0.020 49	0.023 52
		杜香落叶松林	2.4	1.2	1.2	5.4	2.4	3.0	0.023 67	0.022 02	0.025 53
		榛子落叶松林	2.8	1.2	1.6	8.5	3.2	5.3	0.031 38	0.027 89	0.034 06
	蒙古栎林	胡枝子蒙古栎林	4.2	2.1	2.1	9.8	4.2	5.6	0.023 54	0.019 76	0.028 07
		蒙古栎白桦林	3.8	1.9	1.9	6.1	2.3	3.8	0.016 21	0.012 25	0.020 07
		蒙古栎落叶松林	4.4	2.0	2.4	6.5	1.6	4.9	0.015 00	0.008 05	0.020 93
	山杨林	草类山杨林	3.4	1.7	1.7	9.0	3.6	5.4	0.026 88	0.020 93	0.033 20
		杜鹃山杨林	3.5	1.7	1.8	7.5	1.9	5.6	0.021 55	0.011 41	0.031 13

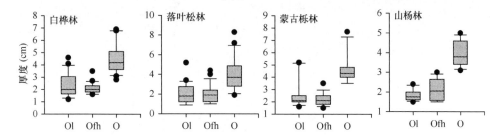

图 8-8　大兴安岭不同类型天然林枯落物层厚度

Ol. 未分解层；Ofh. 半分解层；O. 总枯落物层；图中数据为 2013 年和 2014 年调查结果的平均值

　　同一林型，不同年际间枯落物层厚度和枯落物层累积量之间差异明显（表 8-8），随时间变化，枯落物层厚度均呈降低趋势而枯落物层累积量均呈增加趋势。

　　以林型为固定效应，时间和样地为随机效应的方差分解结果表明，枯落物层总厚度（图 8-11）显著受时间因素影响（$P=0.0295$），而林型和样地对枯落物总厚度无显著影响（$P=0.7169$ 和 $P=0.3459$）；时间、样地及二者的交互作用分别能够

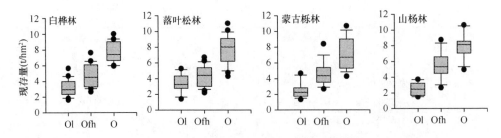

图 8-9　大兴安岭不同类型天然林枯落物层累积量

Ol. 未分解层；Ofh. 半分解层；O. 总枯落物层；图中数据为 2013 年和 2014 年调查结果的平均值

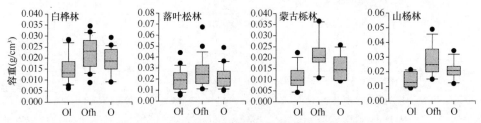

图 8-10　大兴安岭不同类型天然林枯落物层容重

Ol. 未分解层；Ofh. 半分解层；O. 总枯落物层；图中数据为 2013 年和 2014 年调查结果的平均值

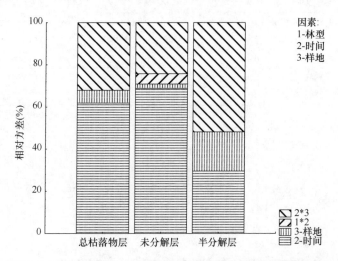

图 8-11　不同因素对大兴安岭天然林枯落物层厚度影响的贡献

解释枯落物层总厚度变化的 61.9%、6.1% 和 32.0%。未分解层枯落物厚度与枯落物层总厚度类似，时间显著影响未分解层总厚度（$P=0.0278$），而林型和样地对未分解层厚度无显著影响（$P=0.6296$ 和 $P=0.4254$）；时间、样地及二者的交互作用分别能够解释其变化的 68.9%、2.1% 和 24.2%，林型和时间的交互作用仅能解释其变化的 4.8%。半分解层总厚度受林型、时间和样地影响均不显著（$P=0.9382$、$P=0.0762$、$P=0.2514$），时间、样地及二者交互作用分别解释其变化的 29.6%、18.5%

和 51.8%。

林型、时间和样地（位置）对总枯落物层、未分解层和半分解层累积量均无显著影响（P=0.1203；图 8-12）。方差分解结果表明，样地、时间及二者的交互作用分别能够解释总枯落物层累积量变化的 37.0%、0.6% 和 62.4%；林型和时间交互作用能够解释未分解层蓄积量变化的 34.0%，而时间和样地交互作用能够解释其变化的 66.0%；时间、样地及二者交互作用能够解释半分解层蓄积量变化的 24.1%、24.0% 和 47.2%，林型和时间交互作用能够解释其变化的 4.7%。

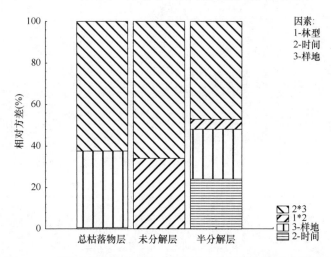

图 8-12 不同因素对大兴安岭天然林枯落物层累积量影响的贡献

林型、时间和样地（位置）对总枯落物层、未分解层和半分解层枯落物容重均无显著影响（P=0.0711；图 8-13）。方差分解结果表明，时间能够解释总枯落物层容重变化的 57.2%，时间和样地交互作用解释了总枯落物层容重变化的 42.8%；时间解释了未分解层容重变化的 45.1%，时间和样地交互作用解释了未分解层容重变化的 54.9%；时间解释了半分解层容重变化的 41.3%，时间和样地交互作用解释了半分解层容重变化的 58.7%。

8.3.4 树种组成对枯落物层水分保持能力的影响

大兴安岭 5 种林型的水分特征见表 8-9。不同年份间 5 种林型的枯落物层自然含水率和饱和持水率的排序均不同（图 8-14）。2013 年落叶松林自然含水率最低，而 2014 年却为所有林型中最高，白桦林自然含水率不同年份均高于山杨林。2013 年和 2014 年蒙古栎林饱和持水率均高于同年的白桦林和山杨林。枯落物层的毛细管能力（容量）比自然含水率和饱和持水率稳定，2013 年和 2014 年的排序基本均是落叶松林>山杨林>黑桦林>白桦林>蒙古栎林。

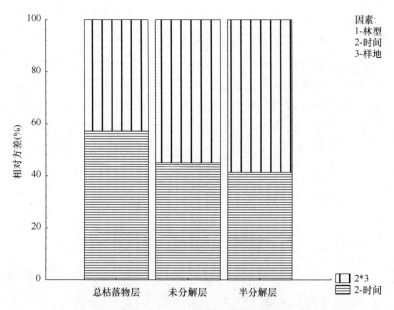

图 8-13　不同因素对大兴安岭天然林枯落物层容重影响的贡献

表 8-9　大兴安岭不同林型枯落物层水分特征

年份	林型	样地	自然含水率（%）			最大持水率（%）			毛细管容量（mm/cm）		
			总枯落物层	未分解层	半分解层	总枯落物层	未分解层	半分解层	总枯落物层	未分解层	半分解层
2013	白桦林	草类白桦林	187.3	141.2	228.1	472.9	418.7	521.6	0.4	0.3	0.6
		杜鹃白桦林	163.0	122.3	210.1	453.2	427.8	482.8	0.7	0.6	1.0
		杜香白桦林	170.7	145.3	206.5	430.4	407.2	462.5	0.8	0.8	0.7
	落叶松林	草类落叶松林	105.6	65.3	135.9	470.3	395.4	525.5	0.6	0.5	0.8
		杜鹃落叶松林	64.1	44.5	88.9	444.5	351.5	564.9	0.5	0.4	0.6
		杜香落叶松林	135.7	190.8	102.3	390.3	502.4	323.2	0.8	0.7	1.0
		榛子落叶松林	143.9	121.6	170.0	409.3	394.3	427.0	0.8	0.8	0.8
	蒙古栎林	胡枝子蒙古栎林	158.9	115.3	181.0	495.8	1083.5	205.5	0.5	0.6	0.4
		蒙古栎白桦林	177.6	93.4	224.1	493.6	455.6	516.9	0.7	0.4	1.0
	山杨林	草类山杨林	168.5	68.9	197.9	398.2	350.3	418.2	0.8	0.4	1.1
		杜鹃山杨林	158.6	84.8	205.3	464.2	395.6	507.9	0.7	0.5	0.9
2014	白桦林	草类白桦林	73.4	53.9	86.2	311.4	301.2	329.0	0.8	0.6	1.0
		杜鹃白桦林	65.5	56.9	69.3	350.7	320.0	370.0	0.7	0.5	0.9
		杜香白桦林	59.7	61.3	57.8	359.0	341.4	367.0	0.7	0.5	0.9
	黑桦林	榛子黑桦林	86.1	52.2	96.3	418.2	418.7	417.8	0.9	0.4	1.2
	落叶松林	草类落叶松林	91.2	218.5	66.3	367.1	649.9	311.5	1.1	1.1	1.2
		杜鹃落叶松林	125.6	99.3	142.1	413.4	360.9	447.0	0.9	0.7	1.1
		杜香落叶松林	49.6	45.7	51.7	337.2	301.3	368.6	0.8	0.6	1.0
		榛子落叶松林	131.1	105.3	147.4	371.6	342.3	391.2	1.2	0.9	1.3

年份	林型	样地	自然含水率（%）			最大持水率（%）			毛细管容量（mm/cm）		
			总枯落物层	未分解层	半分解层	总枯落物层	未分解层	半分解层	总枯落物层	未分解层	半分解层
2014	蒙古栎林	胡枝子蒙古栎林	103.0	63.6	132.6	312.1	242.4	365.6	0.7	0.5	1.0
		蒙古栎白桦林	37.4	32.4	40.3	383.0	335.4	411.7	0.6	0.4	0.8
		蒙古栎落叶松林	93.4	61.4	108.1	404.5	432.3	402.8	0.6	0.4	0.8
	山杨林	草类山杨林	33.8	25.0	39.8	313.4	232.9	369.0	0.9	0.5	1.2
		杜鹃山杨林	83.9	55.8	93.9	410.0	356.3	428.8	0.9	0.4	1.3

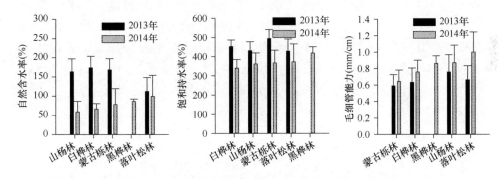

图 8-14 大兴安岭不同林型枯落物层含水率和毛细管能力

以林型为固定效应，时间（年份）和样地（位置）为随机变量的方差分解结果表明，林型、时间和样地对总枯落物层、未分解层和半分解层的自然含水率均

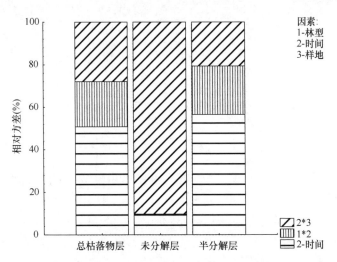

图 8-15 不同因素对大兴安岭天然林枯落物自然含水率影响的贡献

无显著影响（*P*=0.070；图 8-15）；时间、时间与样地间的交互作用，以及时间与林型间的交互作用分别能够解释总枯落物层自然含水率变化的 50.8%、28.0%和 21.2%。时间和样地间的交互作用能够解释未分解层自然含水率变化的 90.3%，时间因素仅能解释其变化的 9.7%。时间、时间与样地间的交互作用，以及时间与林型间的交互作用分别能够解释半分解层枯落物自然含水率变化的 56.6%、20.6%和 22.8%。

　　林型和样地（位置）对总枯落物层、未分解层和半分解层枯落物饱和持水率均无显著影响（*P*=0.1463；图 8-16），仅时间显著影响了总枯落物层饱和持水率（*P*=0.0273）。时间、样地，以及二者交互作用能够解释总枯落物层饱和持水率变化的 67.2%、9.0%和 13.7%，林型和时间交互作用能够解释其变化的 10.1%。时间、时间和林型交互作用能够解释未分解层饱和持水率变化的 8.2%和 25.7%，时间和样地交互作用能够解释未分解层饱和持水率变化的 66.1%。时间、样地，以及时间和样地交互作用分别解释半分解层枯落物饱和持水率变化的 20.7%、16.5%和 62.7%。

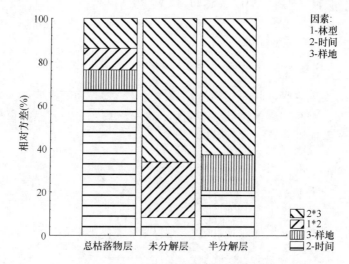

图 8-16　不同因素对大兴安岭天然林枯落物层饱和持水率影响的贡献

　　林型、时间和样地（位置）对总枯落物层、未分解层和半分解层枯落物毛细管能力均无显著影响（*P*=0.0883；图 8-17）。时间、时间和样地间交互作用分别能够解释总枯落物层毛细管能力变化的 37.5%和 62.5%；时间和样地间交互作用能够解释未分解层枯落物毛细管能力变化的 98.8%；时间，以及时间和样地间交互作用能够解释半分解层枯落物毛细管能力变化的 36.1%和 63.9%。

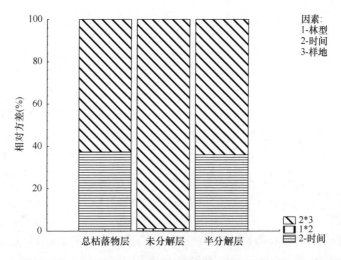

图 8-17 不同因素对大兴安岭天然林枯落物层毛细管容量（能力）影响的贡献

8.3.5 人工林碳密度

8.3.5.1 人工林枯落物现存量

落叶松人工林枯落物现存量的调查结果表明（表 8-10），随着林分年龄的增加，未分解层、半分解层、完全分解层和腐殖质层枯落物的现存量均呈增加趋势；随着枯落物层深度的增加（分解程度的增加），相应层次的枯落物现存量也呈增加趋势（表 8-10）。

表 8-10 落叶松人工林枯落物现存量（$n=82$）（单位：t/hm²）

样地号	未分解层	半分解层	完全分解层	腐殖质层	总和
样地 1	4.4560（1.313）	4.7008（2.185）	6.2438（5.353）	8.1335（6.060）	23.5341
样地 2	3.8585（1.113）	4.6614（4.590）	2.2493（3.250）	1.2387（2.861）	12.0079
样地 3	5.0184（1.215）	9.2089（3.865）	2.4511（4.762）	2.2825（5.454）	18.9609
样地 4	8.2799（2.790）	7.6890（2.416）	7.0732（2.652）	9.6198（3.959）	32.6619
样地 5	8.1814（2.473）	10.4985（3.189）	9.6081（5.897）	18.1176（8.103）	46.4056
样地 6	6.0791（1.857）	7.3190（3.226）	7.3469（4.699）	24.3931（20.327）	45.1381
样地 7	7.9738（3.554）	8.2258（3.031）	8.2285（5.639）	20.5527（18.442）	44.9808
样地 8	4.9576（1.657）	6.0913（1.770）	3.5155（4.624）	11.0783（7.647）	25.6427
样地 9	6.1921（1.543）	5.8580（2.115）	2.2101（3.964）	10.8753（10.593）	25.1355
样地 10	8.1130（2.778）	7.1115（2.232）	7.4549（7.178）	12.7931（7.971）	35.4725

注：括号中数据为标准偏差

8.3.5.2 人工林碳密度的测定

落叶松人工林碳密度的计算结果表明（表 8-11），人工林总碳库为 170.90～377.64t/hm^2。随着林分年龄的增加，人工林总碳库和枯落物碳库均表现出增加趋势，土壤碳库表现出降低趋势，枯落物碳库和土壤碳库的碳密度分别为 7.13～27.55t/hm^2 和 106.35～141.22t/hm^2；随着林龄的增加，乔灌草碳库在人工林总碳库中所占比例表现出增加趋势，土壤碳库所占比例表现出降低趋势，二者占林分总碳库的比例分别为 21.58%～61.60%和 32.82%～71.36%。不同林龄长白落叶松人工林，利用平方平均胸径和密度所计算出的乔灌草碳库均低于利用每木检尺数据所计算出的乔灌草碳库，前者比后者低估 19.52%～35.46%，使得林分总碳库方面，前者比后者低估 4.73%～18.57%；利用算术平均胸径和密度所计算出的乔灌草碳库也低于利用每木检尺数据所计算出的乔灌草碳库，前者比后者低估 3.15%～18.77%，使得林分总碳库方面，前者比后者低估 1.61%～7.56%。

表 8-11　落叶松人工林碳密度（单位：t/hm^2）

计算方法	样地编号	乔灌草碳库	枯落物碳库	土壤碳库	总碳库
利用每木检尺数据	样地 1	42.71（21.58）	13.97（7.06）	141.22（71.36）	197.90
	样地 2	74.10（35.26）	7.13（3.39）	128.96（61.35）	210.19
	样地 3	53.29（31.18）	11.26（6.59）	106.35（62.23）	170.90
	样地 4	153.30（51.93）	19.39（6.57）	122.53（41.51）	295.22
	样地 5	138.87（47.13）	27.55（9.35）	128.25（43.52）	294.67
	样地 6	78.59（33.54）	26.80（11.43）	128.96（55.03）	234.35
	样地 7	122.10（44.43）	26.70（9.72）	126.02（45.85）	274.82
	样地 8	157.37（52.38）	15.22（5.07）	127.86（42.56）	300.45
	样地 9	153.62（51.20）	14.92（4.97）	131.52（43.83）	300.06
	样地 10	186.04（56.20）	21.06（6.36）	123.95（37.44）	331.05
	样地 11	232.63（61.60）	21.06（5.58）	123.95（32.82）	377.64
利用算术平均胸径和密度	样地 1	37.54（19.48）	13.97（7.25）	141.22（73.27）	192.79
	样地 2	60.20（30.67）	7.13（3.63）	128.96（65.70）	196.29
	样地 3	45.57（27.93）	11.26（6.90）	106.35（65.18）	163.18
	样地 4	130.97（47.99）	19.39（7.10）	122.53（44.90）	272.89
	样地 5	129.55（45.40）	27.55（9.65）	128.25（44.95）	285.35
	样地 6	71.47（31.45）	26.80（11.79）	128.96（56.75）	227.23
	样地 7	111.98（42.30）	26.70（10.09）	126.02（47.61）	264.70
	样地 8	149.93（51.17）	15.22（5.20）	127.86（43.64）	293.01
	样地 9	148.79（50.40）	14.92（5.05）	131.52（44.55）	295.23

计算方法	样地编号	乔灌草碳库	枯落物碳库	土壤碳库	总碳库
利用算术平均胸径和密度	样地 10	173.61（54.49）	21.06（6.61）	123.95（38.90）	318.62
	样地 11	213.06（59.50）	21.06（5.88）	123.95（34.62）	358.07
利用平方平均胸径和密度	样地 1	33.34（17.69）	13.97（7.41）	141.22（74.90）	188.53
	样地 2	52.69（27.91）	7.13（3.78）	128.96（68.31）	188.78
	样地 3	39.93（25.35）	11.26（7.14）	106.35（67.51）	157.54
	样地 4	123.38（46.51）	19.39（7.31）	122.53（46.19）	265.30
	样地 5	102.80（39.75）	27.55（10.65）	128.25（49.60）	258.60
	样地 6	59.13（27.52）	26.80（12.47）	128.96（60.01）	214.89
	样地 7	97.00（38.84）	26.70（10.69）	126.02（50.46）	249.72
	样地 8	101.57（41.52）	15.22（6.22）	127.86（52.26）	244.65
	样地 9	118.56（44.74）	14.92（5.63）	131.52（49.63）	265.00
	样地 10	142.13（49.50）	21.06（7.33）	123.95（43.17）	287.14
	样地 11	177.77（55.07）	21.06（6.52）	123.95（38.40）	322.78

注：括号中数字为各组分碳库占总碳库的比例（%）

8.3.6　天然林碳密度

大兴安岭相同龄组不同林型林分碳密度存在差异（表 8-12）。幼龄林和近熟林中落叶松林林分碳密度显著高于同龄组的其他林型（山杨林除外），其他林型间的林分碳密度在同一龄组方面无显著差异。中龄林方面，落叶松林林分碳密度最高，其次为山杨林和蒙古栎林林分碳密度，中龄林中的黑桦林、白桦林和樟子松林林分碳密度显著低于落叶松林。成熟林中的樟子松林林分碳密度与山杨林和白桦林的林分碳密度间无显著差异，但前者的林分碳密度显著低于其他两种林型。阔叶林中，白桦林和黑桦林在各龄组中碳密度均较小；针叶林中，落叶松林各龄组林分碳密度都显著高于樟子松林。

表 8-12　天然林典型林分碳密度（单位：t/hm^2）

林型	幼龄林		中龄林		近熟林		成熟林	
	均值	标准差	均值	标准差	均值	标准差	均值	标准差
白桦林	32.32[b]	14.81	33.54[b]	11.63	40.86[b]	16.33	36.17[ab]	10.55
黑桦林	25.41[b]	4.9	31.17[b]	10.94	33.70[b]	5.5		
落叶松林	49.78[a]	23.16	62.81[a]	34.08	61.69[a]	23.08	51.56[a]	19.87
蒙古栎林	27.27[b]	11.15	41.81[ab]	12.59	31.15[b]	8.84	53.40[a]	22.56
山杨林	47.94[ab]	0	53.55[ab]	10	59.77[ab]	11.94	34.02[ab]	8.74
樟子松林	30.25[b]	14.41	41.30[b]	11.41	42.19[b]	14.93	31.31[b]	6.86

注：同列相同字母表示两种林型间碳密度无显著差异

8.3.7 植被指数与林分碳密度的关系

　　植被指数和林分碳密度之间有较为明显的相关性（表 8-13）。通过散点图（图 8-18，图 8-19）可以看出，随植被指数增加，森林碳密度呈现一定增长趋势，但森林碳密度与植被指数之间并非呈现线性关系。大兴安岭部分植被分区林分碳密度可用 EVI 植被指数进行估测（表 8-13）。

8.3.8 大兴安岭森林碳密度空间变化

　　利用所建立的不同区域碳密度模型（表 8-13）对大兴安岭 2012 年和 2014 年森林碳密度进行估计，结果见图 8-20。大兴安岭中北部生物量碳比较高，这可能是由于北方地区纬度较高，林分密度大，森林较少受到人为破坏。靠近山脉的地方，森林碳密度也较高。

8.3.9 大兴安岭森林碳密度动态变化

　　从大兴安岭森林碳密度定期平均生长量分布图（图 8-21）可以看出，随着时间推移，大兴安岭西南地区生物量碳增加明显，东北地区虽然也有增长，但是增长量远不如西南地区。

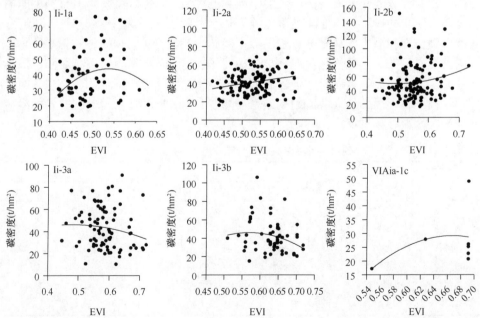

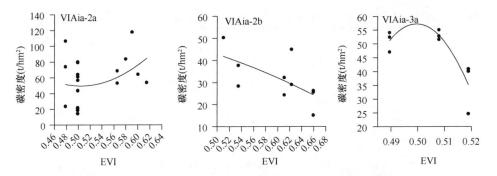

图 8-18　大兴安岭不同区域植被指数（EVI）与林分碳密度的关系

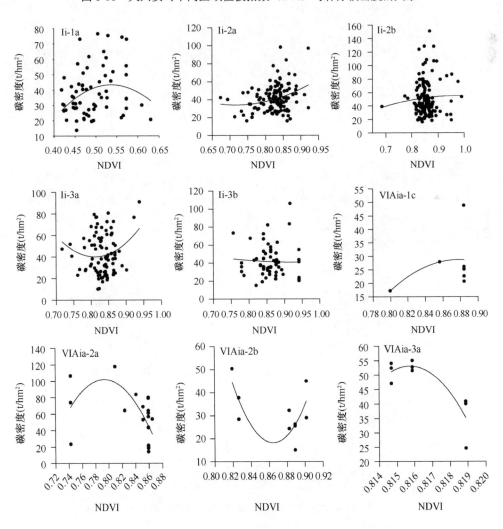

图 8-19　大兴安岭不同区域植被指数（NDVI）与林分碳密度的关系

表 8-13　大兴安岭不同区域植被指数（x）与林分碳密度（y）回归模型参数（$y=a+bx+cx^2$）

区号	植被指数	a	b	c	R^2	P
Ii-1a	EVI*	−300.508	1 281.848	−1 194.46	0.088 9	0.048 6
	NDVI	−477.137	1 177.751	−668.449	0.035 6	0.308
Ii-2a	EVI	−1.080 5	101.091 7	−39.864	0.039 5	0.079 2
	NDVI*	305.881 5	−758.605	529.287 4	0.083 9	0.004
Ii-2b	EVI*	151.633 2	−414.485	419.995 7	0.018	0.313
	NDVI	−143.23	406.448	−208.046	0.005 4	0.706 9
Ii-3a	EVI	−4.717 4	212.584	−222.153	0.026 5	0.323 9
	NDVI*	1 101.743	−2 617.81	1 613.73	0.052 4	0.104 1
Ii-3b	EVI*	−201.199	869.535	−764.354	0.061 8	0.152 2
	NDVI	142.672 6	−217.654	116.242 8	0.002	0.942 3
VIAia-1c	EVI	−344.012	1 118.721	−838.424	0.174 9	0.680 9
	NDVI*	−1 397.86	3 247.872	−1 848.56	0.174 9	0.680 9
VIAia-2a	EVI	779.673 2	−2 895.6	2 871.232	0.124 1	0.303 5
	NDVI*	−8 094.2	20 656.43	−13 014.7	0.315 5	0.033
VIAia-2b	EVI	51.634 7	56.65	−148.669	0.406 5	0.161
	NDVI*	9 639.944	−22 259.9	12 874.69	0.537 1	0.067 5
VIAia-3a	EVI	−14 705.6	59 099.07	−59 147.1	0.744 1	0.016 8
	NDVI*	−1 205 835	2 956 524	−1 812 156	0.744 1	0.016 8

*为大兴安岭不同区域所选用的林分碳密度预测模型

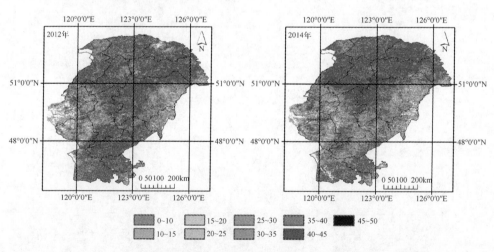

图 8-20　大兴安岭森林碳密度空间分布（t/hm²）（彩图请扫封底二维码）

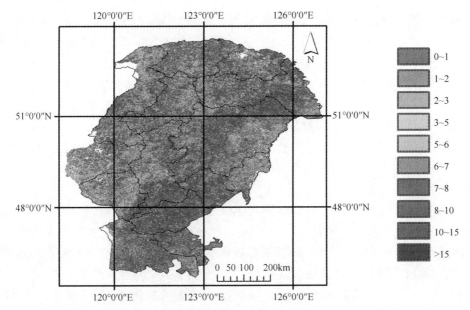

图 8-21 大兴安岭森林生物量碳定期平均生长量（2012～2014 年）[t/(hm²·年)]
（彩图请扫封底二维码）

8.4 讨　论

8.4.1 抚育间伐对土壤碳储量的影响

土壤碳库是维持土壤肥力的重要载体，包括枯枝落叶层和矿质土壤层，其大小是反映土壤肥力特征的重要指标之一，占全球森林生态系统碳库的 50%，是地上生物量碳库的近 3 倍，是大气碳库的近 2 倍。土壤固碳量比生物量更稳定、持续时间更久，在减缓全球变化效应中占有重要作用。采伐对森林土壤碳库影响主要集中于主伐（如皆伐），缺少间伐对土壤碳储量影响的研究。频繁的采伐干扰所引起的采伐物移出系统加上集材、运材等林地干扰活动，能够降低土壤碳储量。与生物量碳库相比，土壤碳库增加速率虽然缓慢，但后者对森林经营的抗性远强于前者。Kurth 等（2014）认为土壤碳库的时间效应影响远强于不同采伐物利用方式效应影响，采伐物利用方式对土壤碳库所造成的影响受不同立地条件影响很大，与单纯矿质土壤碳库相比，枯枝落叶碳库和土壤碳库（矿质土壤和枯枝落叶碳库之和）更易受到采伐物利用方式的影响。Johnson 和 Curtis（2001）认为采伐对土壤碳库影响甚微，即使是全树利用的采伐方式对土壤碳库也无显著性影响，仅使得土壤碳库略有降低。Powers 等（2012）也认为森林经营对土壤碳库影响甚微。间伐属调整林分密度、盖度和结构的重要森林经营措施，能够影响活立木和枯死木数量，改变凋落量，并且不同的收获方式尤能影响留存于地表的细小采伐剩余物，从而影响土壤有机物积累，对土壤碳库效应有增加、降低和无影响报道。树种、气候和土壤类型均能影响土壤有机碳积累。土壤碳库对间伐的反应，受立地条件、土壤类型、林分组成、间伐物利用方式和间伐后森林所处恢复时间等影响。林分枯枝落叶层碳库比矿质土壤库更易受到间伐降低效应影响。随间伐强度增加，枯枝落叶层重量降低，影响矿质土壤碳库。Nave 等（2010）利用荟萃法（meta-analysis）得出抚育间伐降低温带森林土壤碳库 8%。采伐物全树利用方式（根系除外）能够降低土壤碳库 6%，而仅移出干材的采伐方式却能增加针叶林土壤碳储量 18%以上。

本章研究的落叶松人工林间伐物利用方式虽属全树利用（枝丫、梢头和干材均移出，仅根系和针叶留存林地），但是幼龄林抚育间伐后林分生长至成熟林时，总体来看，此时的枯枝落叶层碳库与以往研究结果类似，也是低于 CK（比 CK 降低 14.9%），而土壤碳库（枯枝落叶层+矿质土壤层）却与他人研究结果相反，比 CK 提高 3.9%，尤其是矿质土壤碳库提高达 5.6%，L3 处理土壤碳库和矿质土壤碳库比 CK 提高的比例甚至高达 12.8%和 15.5%，仅是在高强度处理下，土壤碳储量低于 CK，而且高强度 L1 处理土壤碳库和矿质土壤碳库也仅比 CK 降低 5.1%和 4.2%，说明从抚育间伐后的中长期效果来看，3 次、15.3%～23.8%的抚育间伐有利于土壤供养能力维持，不仅没有降低反而提高土壤肥力。此次研究的间伐物全树利用方式增加成熟落叶松人工林土壤碳库，与 Powers 等（2012）无影响和 Nave 等（2010）降低土壤碳库结果相反。分析其原因，与所研究的间伐强度和间伐次数，尤其是间伐后森林恢复时间有关。以往评价抚育间伐效果多采用模型或依据抚育间伐 1～5 年后的短期控制试验结果，缺少抚育间伐 15 年以上的中、长期效果评价，且多是抚育间伐 1 次或往期间伐次数难以获知的调查结果，而本章研究是依据立地条件近乎一致的林分抚育间伐后近 40 年后的调查结果，而且抚育间伐次数也高达 4 次，所研究的抚育间伐强度低于 50%，而他人的研究强度高达 76.5%～94.1%，甚至 100%（即皆伐）。伐后森林恢复时间不同，是造成抚育间伐对土壤碳库影响效果不同结果的重要原因之一。Dwyer 等（2010）认为评价采伐对土壤碳库影响效果时应考虑采伐后森林所处时期。Nave 等（2010）认为土壤碳储量在伐后 5 年内低于对照，伐后 6～20 年为土壤碳恢复期。此次研究的不同抚育间伐处理下落叶松人工成熟林在枯枝落叶层和矿质土壤层碳储量方面均存在显著差异。这种现象可能是由于抚育间伐后，短期内林地表层温度升高、湿度降低，产自立木的枯枝落叶量减少，影响地表有机物积累（抚育间伐处理下枯枝落叶层碳储量低于 CK），土壤生物活性增加，地被物层分解加速，表层土壤呼吸速率增加，短期内土壤碳储量可能会低于对照，土壤碳库甚至不增反降，但是在间伐剩余物（如集材、造材时总会有部分树皮、枝丫和木屑等留存林地），尤其是间伐木树根分解和保留木增加细根生产量影响下，进入土壤中的有机物和土壤含水量增加，长期来看，抚育间伐后土壤碳储量反而会高于对照（抚育间伐处理下矿质土壤层碳储量高于 CK）。

8.4.2 抚育间伐对生物量碳库及分配特征的影响

生物量碳库是森林生态系统碳储量的重要组成部分，比土壤碳库更易受到各类自然和人为干扰因素影响，其变化影响着生态系统源/汇功能的转变。林分生物量研究多以干材为对象，估测不同类型现有林碳储量或以模型方式进行生物量长期变化研究，缺少冠下植被、立木根系和枝丫碳储量研究，尤其缺少长期抚育间伐后生物量特征的实测变化研究。间伐虽然降低林分密度，短期内减少活立木碳储量，但间伐后，林内光、温环境改善，林分水文学过程改变，林地水分含量和养分循环速率明显提高，冠下植被数量和生物量增加，保留木生长速率加速，抚育间伐 20~30 年后，活立木碳储量与对照间无差异，甚至高于未抚育林分（维持近 20 年）。Dwyer 等（2010）在天然林恢复性间伐(restoration thinning，强度 76.5%~94.1%）2 年后的实地调查结果基础上，利用模型研究了间伐后 50 年内地上生物量变化，认为间伐处理过的林分经过一定时间的生长，林分地上生物量能高于未间伐林分，保留木密度 6000 株/hm^2（间伐强度 64.7%）的林分有利于冠层向成熟林冠层结构发展。

本章研究的落叶松人工成熟林（56 年）活立木地上生物量碳库（活立木碳库=全树碳库–树根碳库；表 8-5）为 212.8~224.4t/hm^2，高于同龄天然落叶松林。孙玉军等（2007）报道，25~80 年生天然落叶松林活立木地上生物量为 23.93~126.17t/hm^2，按 0.5097 的含碳率计算，天然落叶松林地上生物量碳库仅为 12.20~64.31t/hm^2，远低于此次研究的落叶松人工林。分析二者间差异原因，除了与研究地区（前者为大兴安岭西坡，后者为完达山脉西麓）在温度、降水、土层深度和土壤质地间存在差异有关外，还与天然落叶松林缺少抚育经营，虽然具有高的林分蓄积量（53.54~217.66m^3/hm^2），但由于林分密度高（3206~39 447 株/hm^2），单木生长普遍不良有关（林分胸径和树高分别仅为 2.7~11.5cm 和 2.9~14.0m）。巨文珍等（2011）报道，落叶松人工林活立木碳储量为 2.51~116.58t/hm^2，其中成熟林（46 年）碳储量为 116.58t/hm^2，而本章研究的落叶松人工成熟林（56 年）活立木生物量碳储量为 258.0~273.8t/hm^2。二者所处区域（前者位于伊春市带岭区，后者位于佳木斯市桦南县）在温度、降水、土壤特征和经纬度方面近似，但活立木生物量碳储量方面存在较大差异，分析其原因，除了与二者林龄间存有较大差异有关外（虽然二者均为成熟林，但林龄相差 10 年），还可能与本章研究的林分抚育间伐强度低、林分保留密度（893~1370 株/hm^2）远高于前者（867 株/hm^2）

有关。

落叶松人工幼龄林间伐后至成熟林时（56 年），不同处理间的灌木层植物碳储量有显著差异，而草本层植物碳储量无显著差异，分析其原因，与不同生活型植物的耐阴程度和更新能力等因素有关。落叶松人工林枯枝落叶层发达，阻碍了1 年生草本植物更新，加上高的林分密度导致林冠下弱的光照强度，从而限制了喜光草本植物的生长，缩小了不同处理草本植物碳储量间的差异，导致不同抚育间伐处理下草本植物碳储量间无显著差异；历次抚育间伐处理时均无人为主动清除冠下灌木层植物，使得多年生的灌木植物得以保留，加上抚育间伐后，林冠下光照异质性增强，林中高光强空隙处的榛子类灌木植物得以更新，加上其强的萌蘖能力，从而使得随着林分演替，不同抚育间伐处理下的灌木层植物碳储量间存在显著差异。落叶松人工幼龄林间伐后至成熟林时（56 年），活立木生物量碳库已恢复至与 CK 近似水平，仅比 CK 降低 1.7%，L4 处理甚至比 CK 提高 1.5%，所有间伐处理下灌木碳库竟高于 CK 458.3%。气候、立地条件、林分组成、林分密度和林龄等因素均能影响林分生物量分配。抚育间伐能够调整保留木生物量分配规律，间伐后，保留木光合产物较多地分配于地上部分。此次研究发现，抚育间伐虽然没有改变落叶松成熟林活立木生物量碳分配规律，与 CK 相比，各组分所占比例变化幅度均甚小，与 Powers 等（2012）研究结果相同，但不同间伐处理下活立木各组分所占比例均有一致的增加或降低趋势（除树干比例增加外，其他组分均降低）。此种结果，除与间伐后森林经历了较长时间的恢复性生长有关外，亦与造林密度和保留木密度较高、间伐后针叶光合速率提高和针叶树冠对林分密度降低响应不敏感有关。此次研究的间伐强度虽然较高，但是间伐后林分密度仍然高达 893~1345 株/hm^2，且历次抚育间伐均无使得林冠产生明显大的天窗。Dwyer 等（2010）、Nunery 和 Keeton（2010）及 Bagdon 和 Huang（2014）均认为好的冠层结构对于森林碳储量恢复至对照处理水平至关重要，只要保持好的林冠结构，经营管理过的林分碳储量未必低于对照林分。本章研究表明，高的保留木密度和冠层结构有利于落叶松人工林生物量碳库的恢复，只要保持较高的保留木密度和林冠盖度，抚育间伐后的林木碳储量能够恢复至与未抚育间伐林分相一致的水平。

8.4.3 抚育间伐对生态系统碳储量和累计固碳量的影响

准确评价森林减缓全球变化作用需要完全估测出生态系统各组分碳库。林分尺度生态系统碳储量研究，多忽视往期的间伐木根桩、调查时枯立木已死亡多年，缺少生态系统某些组分（如地下部分、灌草或矿质土壤碳库），而集中于单一层次，如乔木地上生物量，缺少全面评价生态系统各组分碳库，尤其缺少长期干扰对生态系统碳储量及其分配特征影响的研究，而森林经营又是影响森林碳储量的首要因素。Pan 等（2011）采用清单法估测全球尺度森林碳库为 861×10^9 t，其中土壤库占 50%（1m 深矿质土壤库占 45%，枯枝落叶层占 5%），生物量库占 42%，枯死木占 8%。造林密度和经营密度、抚育间伐、更新伐，尤其是间伐策略（thinning regime）、轮伐期长度、采伐频率、采伐技术和林分结构调控等森林经营措施极大地影响了森林生物量，进而影响森林碳汇功能。关于长期干扰对生态系统碳储量影响研究多采用模型或空间代替时间法，缺少干扰后的中、长期试验效果评价。森林经营对森林碳储量影响存在不一致的结论。Thornley 和 Cannell（2000）利用模型得出各种强度抚育间伐均使得人工针叶林生态系统碳储量低于未经干扰林分；Nunery 和 Keeton（2010）利用模型研究阔叶林也得出相同结论，认为降低采伐频率，保持林冠结构原状有利于森林碳储量；Ruiz-Peinado 等（2013）认为抚育间伐显著降低生态系统碳储量，随间伐强度增加，生态系统碳储量明显降低。Alam 等（2013）利用模型得出，随着下层抚育强度的增加，生态系统碳储量增加，即使全树利用（含根桩和根系）的高强度抚育间伐处理，也没有明显降低森林生产力。Dwyer 等（2010）认为天然更新高密度林分，进行适当间伐，能够促进保留木生长和木本植物更新，加速林分结构发展，林分固碳量会高于未间伐林分。Tveite 和 Hanssen（2013）利用蓄积强度 20%～60% 的抚育间伐后 19～35 年的材积数据，得出全树利用间伐木比单纯利用干材方式降低林分蓄积相对生长量 5%～11%。Zhao 等（2014）认为主伐时单纯利用干材比全树利用方式有利于保留林地养分，前者使得 12 年生人工林地上生物量碳的 71%～79% 移出系统。Powers 等（2012）通过长期抚育间伐控制试验，认为间伐降低针叶林和阔叶林生态系统碳储量，增加矿质土壤比例，降低活立木生物量碳比例。

贾忠奎等（2012）从 35 年生立木碳储量角度提出，强度 38.6% 的抚育间伐有利于落叶松人工林生长。本章研究的落叶松人工林 4 种抚育间伐处理后至成熟林时（56 年）生态系统碳储量与 CK 处理间相差不大：高强度 23.2%～43.4% 的 2 次抚育间伐处理后至成熟林（L1 和 L2 处理），生态系统碳储量仅比 CK 降低 4.6%（3.4%～5.9%），而低强度 5.8%～23.8% 的 3～4 次间伐后至成熟林（L3 和 L4 处理），生态系统碳储量竟比 CK 提高 1.1%（0.9%～1.4%），表明 5.8%～23.8% 的低强度 3～4 次抚育间伐有利于提高落叶松人工林生态系统碳储量，同时也说明抚育间伐后森林恢复时间尤为重要。短期内受间伐木影响，林分生物量碳库减少，生态系统碳储量会低于未经抚育间伐的对照林分，即使是高强度抚育间伐处理，只要经过长时期的森林恢复性生长，生态系统碳储量就能够增长至未抚育间伐处理林分同等水平，而强度较低的多次抚育间伐处理，至成熟林时，生态系统碳储量甚至能够超过未经抚育间伐过的林分。Thornley 和 Cannell（2000）运行森林经营模型后认为，获得高的木材产量和维持森林高的碳储量并不对立，提出采用遵循林分自然生长规律的经营措施，保持林冠良好结构前提下，能够达到既获得木材产量又能保持高的林分碳储量的目的，对人工林可采用适当的全树利用间伐措施，不仅能够获得间伐材和生物质燃料，而且能够增加森林的碳储量。Pyorala 等（2012）也持相同观点，认为适当地经营森林能够同时增加木材产量、生物质能源和林分碳储量，提高森林生态系统碳平衡，长远来看，森林所固定的碳量能够超过当前的碳排放量。本章研究也证明了上述观点。落叶松人工林通过抚育间伐共获得间伐材 $32.8m^3/hm^2$，同时能够提供 $10.4t/hm^2$ 的生物量碳用作生物质燃料，并且不同间伐处理下生态系统碳储量平均值略低于 CK，部分处理（L3 和 L4）甚至高于 CK。

Dewar 和 Cannell（1992）利用模型对英国不同立地条件、不同间伐措施下不同类型人工林稳定时的各组分碳储量（包括活立木、枯死木、间伐木和土壤）进行分析，得出抚育间伐普遍降低林分累计固碳量，使得北美云杉人工林降低 15%，提出在林分碳储量研究中应重视枝丫和树根在生物量中所占比例、枯死物和土壤有机物分解、细根周转作用，并提出由于间伐材占林分累计固碳量比例低，可忽略其木制品使用寿命对林分净固碳量的影响。Powers 等（2012）认为间伐降低针叶林累计固碳量，但能增加阔叶林累计固碳量。本章研究的落叶松人工林至成熟林时，累计间伐材占林分累计固碳量比例亦低，为 4.5%，虽然抚育间伐时将枯死木和间伐木的枝丫和树干移出林地，部分用作农村的生物质燃料，但将针叶和树根留存于系统，在不考虑树根分解释放碳前提下，抚育间伐过的成熟林生态系统平均累计固碳量仅比 CK 处理降低 1.7%，L3 和 L4 处理甚至高于 CK 处理（表 8-7）。这一结果同 Powers 等（2012）研究的阔叶林和 Alam 等（2013）的北方森林结果相同。Alam 等（2013）提出在林分碳储量研究中也应重视枯死物分解等作用，其利用模型得出高的林分密度和下层抚育间伐强度，均有利于增加用作能源的采伐剩余物和林分累计固碳量，在森林经营活动中所投入的能量仅相当于由系统所获得的生物质能源的 2.4%～3.3%。

8.5 小 结

（1）适度抚育间伐有利于增加土壤碳储量

抚育间伐虽然降低落叶松人工成熟林枯枝落叶层碳储量，但能增加矿质土壤碳储量。评价抚育间伐对土壤碳储量影响效果时除了应该考虑间伐强度和间伐次数外，还应考虑调查时森林已恢复的时间。长远来看，全树利用的抚育间伐能够提高落叶松人工林土壤碳储量，尤其是强度 15.3%～23.8% 的 3 次抚育间伐有利于增加土壤碳储量。

（2）抚育间伐能够提高成熟林地下碳储量比例

抚育间伐落叶松人工林时，若保持高的保留木密度和林冠盖度，至成熟林时活立木生物量碳能够恢复至与未抚育间伐林分近似水平。抚育间伐没有改变落叶松成熟林活立木生物量碳分配规律，但能提高生态系统地下碳储量占生态系统碳储量比例。主伐时，仅利用干材而其他采伐剩余物留地时，能使得活立木生物量碳库的 26.5%～27.4%留存于林地（CK，27.7%）；全树利用采伐剩余物时，能使得活立木碳储量的 19.7%～20.3%（CK，20.5%）、生态系统碳储量的 42.1%～44.0%留存于系统（CK，41.7%）。

（3）低强度抚育间伐能够维持成熟林生态系统碳储量和林分累计固碳量

抚育间伐明显降低成熟林累计枯死木生物量碳。间伐处理下至成熟林时累计枯死木生物量碳为 8.3t/hm², 远低于 CK 处理的 40.3t/hm²。通过抚育间伐可获得间伐材 32.8m³/hm², 并能提供 10.4t/hm² 的生物量碳用作生物质燃料。5.8%～23.8% 的低强度 3～4 次抚育间伐既可提供间伐材和生物质燃料，又可使生态系碳储量和林分累计固碳量不低于未抚育间伐林分。

（4）不同计算方法能够影响林分碳密度估计效果

不同林龄落叶松人工林，利用平方平均胸径和密度所计算出的乔灌草碳库均低于利用每木检尺数据所计算出的乔灌草碳库，前者比后者低估 19.52%～35.46%，林分总碳库方面，前者比后者低估 4.73%～18.57%；利用算术平均胸径和密度所计算出的乔灌草碳库也低于利用每木检尺数据所计算出的乔灌草碳库，前者比后者低估 3.15%～18.77%，林分总碳库方面，前者比后者低估 1.61%～7.56%。

（5）林分郁闭状况能够影响林分生物量和碳储量

林分郁闭前，林龄对灌木和草本植物的总生物量，以及灌木的叶、枝、根和草本植物的地下部分的生物量影响均显著，对草本植物地上部分生物量的影响不显著；林分郁闭后，林龄对灌木的叶、根和草本植物地上部分的生物量影响显著，而对灌木的枝生物量和草本植物的地下部分的生物量影响不显著；随林分年龄增加，未分解层、半分解层、完全分解层和腐殖质层枯落物的现存量均呈增加趋势；随枯落物层分解程度的增加，相应层次的枯落物现存量也呈增加趋势。随着林龄的增加，乔灌草碳库在人工林总碳库中所占比例表现出增加趋势，土壤碳库所占比例表现出降低趋势。

（6）抚育间伐后天然林冠层结构恢复速度快

抚育间伐后林分，经过两年的冠层恢复性生长，冠层结构能够恢复至与未抚育间伐处理类似的水平。

（7）天然林树种组成对枯落物层现存量和持水能力无明显影响

大兴安岭天然林枯落物层现存量主要受时间因素影响，受不同树种组成的林分类型影响不显著。

（8）大兴安岭碳密度空间格局明显而时间变化趋势不明显

二项式模型能够很好地反映植被指数与林分生物量和碳密度的关系；大兴安岭中部生物量和碳密度较低，南部和北部生物量和碳储量增加量高于中部地区；大兴安岭森林生物量和碳储量年增量变化不明显。

参 考 文 献

贾忠奎, 公宁宁, 姚凯, 等. 2012. 间伐强度对塞罕坝华北落叶松人工林生长进程和生物量的影响[J]. 东北林业大学学报, 40(3): 5-7, 31.

巨文珍, 王新杰, 孙玉军. 2011. 长白落叶松林龄序列上的生物量及碳储量分配规律[J]. 生态学报, 31(4): 1139-1148.

李文华. 2011. 东北天然林研究[M]. 北京: 气象出版社.

孙玉军, 张俊, 韩爱惠, 等. 2007. 兴安落叶松(*Larix gmelini*)幼中龄林的生物量与碳汇功能[J]. 生态学报, 27(5): 1756-1762.

孙志虎, 金光泽, 牟长城. 2009. 长白落叶松人工林长期生产力维持的研究[M]. 北京: 科学出版社.

张全智. 2010. 东北六种温带森林碳密度和固碳能力[D]. 哈尔滨: 东北林业大学硕士学位论文.

Alam A, Kellomaki S, Kilpelainen A, et al. 2013. Effects of stump extraction on the carbon sequestration in Norway spruce forest ecosystems under varying thinning regimes with implications for fossil fuel substitution[J]. Global Change Biology Bioenergy, 5(4): 445-458.

Bagdon B, Huang C H. 2014. Carbon stocks and climate change: management implications in Northern Arizona ponderosa pine forests[J]. Forests, 5(4): 620-642.

Dewar R C, Cannell M G. 1992. Carbon sequestration in the trees, products and soils of forest plantations: an analysis using UK examples[J]. Tree Physiology, 11(1): 49-71.

Dwyer J M, Fensham R, Buckley Y M. 2010. Restoration thinning accelerates structural development and carbon sequestration in an endangered Australian ecosystem[J]. Journal of Applied Ecology, 47(3): 681-691.

Johnson D W, Curtis P S. 2001. Effects of forest management on soil C and N storage: meta analysis[J]. Forest Ecology and Management, 140(1): 227-238.

Kurth V J, D'Amato A W, Palik B J, et al. 2014. Fifteen-year patterns of soil carbon and nitrogen following biomass harvesting[J]. Soil Science Society of America Journal, 8(2): 624-633.

Nave L E, Vance E D, Swanston C W, et al. 2010. Harvest impacts on soil carbon storage in temperate forests[J]. Forest Ecology and Management, 259(5): 857-866.

Nunery J S, Keeton W S. 2010. Forest carbon storage in the northeastern United States: net effects of harvesting frequency, post-harvest retention, and wood products[J]. Forest Ecology and Management, 259(8): 1363-1375.

Pan Y, Birdsey R A, Fang J, et al. 2011. A large and persistent carbon sink in the world's forests[J].

Science, 333(6045): 988-993.

Powers M D, Kolka R K, Bradford J B, et al. 2012. Carbon stocks across a chronosequence of thinned and unmanaged red pine(*Pinus resinosa*)stands[J]. Ecological Applications, 22(4): 1297-1307.

Pyorala P, Kellomäki S, Peltola H. 2012. Effects of management on biomass production in Norway spruce stands and carbon balance of bioenergy use[J]. Forest Ecology and Management, 275(1): 87-97.

Ruiz-Peinado R, Bravo-Oviedo A, López-Senespleda E, et al. 2013. Do thinnings influence biomass and soil carbon stocks in Mediterranean maritime pinewoods[J]? European Journal of Forest Research, 132(2): 253-262.

Thornley J H, Cannell M G. 2000. Managing forests for wood yield and carbon storage: a theoretical study[J]. Tree Physiology, 20(7): 477-484.

Tveite B, Hanssen K H. 2013. Whole-tree thinnings in stands of Scots pine(*Pinus sylvestris*)and Norway spruce(*Picea abies*): short- and long-term growth results[J]. Forest Ecology and Management, 298(1): 52-61.

Vargas R, Allen E B, Allen M F. 2009. Effects of vegetation thinning on above- and belowground carbon in a seasonally dry tropical forest in Mexico[J]. The Journal of Tropical Biology and Conservation, 41(3): 302-311.

Zhao D H, Kane M, Teskey R, et al. 2014. Impact of management on nutrients, carbon, and energy in aboveground biomass components of mid-rotation loblolly pine(*Pinus taeda* L.)plantations[J]. Annals of Forest Science, 71(8): 843-851.

9　森林生产力

9.1　引　　言

　　森林生产力估测是陆地碳循环研究的重要组成部分，不仅直接反映森林的生产能力，而且是评估森林生态系统物质和能量循环的重要基础。森林生产力是评价森林生态系统的主要标志之一，是群落结构与功能的综合体现，森林生产力的研究由单木生长量的研究推广到林分尺度，通常以林分蓄积量、林分生长量为主要指标。

　　森林生产力与区域森林的立地条件、林分结构、树种组成等因素密切相关。气候条件不同，森林生产力差异明显。森林生产力与林分因子（如林龄、树高、郁闭度、密度等）、气候因子（如温度、降水量等）、地形因子（如海拔、坡度、坡向和坡位等）、土壤因子（如土层厚度等）都显著相关。人工中龄林的净生产力一般高于成熟林和幼龄林（许丰伟等，2013）。中国北方林（兴安落叶松林）生产力与气温呈显著负相关关系，而与降水呈弱正相关关系（赵敏和周广胜，2005）。在全球变暖条件下，我国自然植被净初级生产力（net primary productivity，NPP）均有所增加，湿润地区增加幅度大，而干旱、半干旱地区增加幅度小，限制我国自然植被 NPP 的主要因素是水分供应不足（周广胜和张新时，1996）。由于森林生产力与气候因素关系密切，气候生产力模型得到广泛应用，如贺庆棠和 Baumgartner（1986）根据我国热量和水分状况，用模型对我国各地植被气候产量做了定量估算，并绘制了植物气候产量图，估算了我国各地农业和林业气候产量及太阳能利用率；刘世荣等（1994）研究了我国森林 NPP 的地理分布，并根据生产力与气候变量间的关系，建立了森林生产力气候模型，模拟出我国森林 NPP 分布。国内还有其他学者对 NPP 估算做了大量富有成效的研究，取得了丰硕的成果，如张宪洲（1993）用模型估算了我国植被 NPP；吴正方（1997）指出 Miami 模型对温度和降水变化敏感；孙睿和朱启疆（2000）在植被 NPP 估算基础上，分析了其季节变化，得出我国陆地植被 NPP 有季节差异；方精云（2000）对中国的森林生产力进行了归纳和总结，并对其与气候变化的关系作了分析；朴世龙等（2001）利用过程模型估算了我国植被 NPP 及其分布；陈波（2001）用 2 种生产力模型对植被 NPP 对气候变化的响应作了比较。

　　关于大兴安岭森林生产力的研究主要集中于遥感途径的区域碳储量估测方

面，缺少森林生产力评价方面的研究，尤其缺少不同区域间森林生产力差异的研究。关于大兴安岭林区 NPP 的研究已有很多。这些研究多是依据相应的过程模型对 NPP 直接进行模拟分析，缺少精度评价和年际变化规律的研究。本研究以大兴安岭不同区域典型森林为对象，利用生长锥芯资料，分析不同区域典型树种的胸径连年生长量，由此估计不同区域典型森林胸径生长量、生物量和蓄积量年增加量，评价不同区域典型森林生产力差异；利用不同区域典型森林 NPP 的估算结果，评价中分辨率成像光谱仪（moderate-resolution imaging spectroradiometer，MODIS）的 NPP 产品质量，并分析其区域变化规律；在此基础上，研究 2000～2010 年不同区域典型森林 NPP 的年际变化；最后依据不同区域典型树种树根、树干、树枝和树叶中的含氮量，分析大兴安岭不同区域植被氮状况，评价氮对大兴安岭森林生产力的影响和不同区域森林植被生产力的提升潜力。通过本项研究以期为大兴安岭现有林生态效益评估和森林生产力估测研究提供基础数据，为准确计算我国东北林区的碳汇和森林生态系统对全球碳平衡的贡献量提供资料和数据。

9.2 研 究 方 法

9.2.1 临时样地设置

根据大兴安岭植被区划，于 2013 年 8～9 月和 2014 年 8 月在大兴安岭不同区域森林的典型地段设置 535 块面积为 0.01～0.06hm² 的临时样地（图 9-1），进行每木检尺，并依据临时样地经纬度信息（图 9-1），结合矢量化后的大兴安岭植被区划图，判断临时样地所属植被分区。

9.2.2 胸径连年生长量调查

依据临时样地各树种 5～10 株标准木的锥芯，利用年轮图像分析软件测量其近 5 年年轮宽，估算标准木的胸径定期（近 5 年）平均生长量。

9.2.3 优势树种胸径生长量估计

依据 535 块临时样地优势树种生长芯，利用年轮图像分析软件测量其近 5 年年轮宽，在此基础上换算为胸径年生长量，从而获得优势树种标准木的胸径定期（近 5 年）平均生长量。

利用不同区域典型林分优势树种生长锥心，测定其近 5 年年轮宽，在此基础上换算为胸径年生长量，从而获得优势树种的胸径生长量。

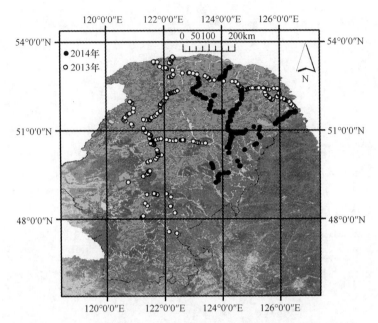

图 9-1　大兴安岭森林生产力临时样地分布图（彩图请扫封底二维码）

2013 年 374 块样地；2014 年 161 块样地

按照林分树种组成，每块样地各树种选择 5～10 株标准木，于胸径处钻取生长芯编号并记录。外业取回的生长芯在室内通风处风干后，用木槽固定，并用 200～600 目砂纸依次对生长芯进行打磨，至年轮清晰可辨，扫描后，用 WinDendro 年轮图像分析软件测量年轮宽度，用于计算胸径连年生长量。利用临时样地多株样木的生长芯结果，判断林分所处龄组。

依据年轮分析软件测得标准木近 5 年的年轮宽度数据，估算临时样地标准木近 5 年胸径生长量。利用临时样地每木检尺数据，结合单木生物量和一元材积模型，估测大兴安岭典型林分生物量、蓄积年增长量和林分年固碳量。

9.2.4　林分生产力评价

利用临时样地各树种标准木生长芯所估算出的临时样地各树种胸径近 5 年平均生长量，结合临时样地每木检尺数据，计算出临时样地每木 5 年前胸径，通过运用单木生物量模型和一元材积模型，估测临时样地 5 年前的林分生物量和蓄积量，从而估算出临时样地生物量和蓄积年增量，结合不同区域典型林木各器官含碳量测定结果，将林分生物量年增量换算为年固碳量，用于反映不同区域典型森林的生产力（仅为乔木层）。

利用大兴安岭临时样地所属植被分区结果，评价不同区域典型森林生产力差异。

9.2.5　遥感数据来源

本章所用遥感数据为 2014 年 MODIS 的各类植被指数产品,利用临时样地经纬度,在 http://e4ftl01.cr.usgs.gov 网站上获取研究期间(2014 年 5~9 月)覆盖临时样地的各类 MODIS 的植被指数产品,包括 MOD13Q1、MYD13Q1 [用于提取增强型植被指数(enhanced vegetation index,EVI)和归一化植被指数(normalized difference vegetation index,NDVI);16 天内最大值,250m 分辨率;MOD13Q1 是上午星 Terra 的数据产品,该卫星数据以 MOD 打头;MYD13Q1 是下午星 Aqua 的数据产品,该卫星数据以 MYD 打头] 和 MOD15A2 [用于提取植物吸收性光合有效辐射分量(fraction of absorbed photosynthetically active radiation,FAPAR)和叶面积指数(leaf area index,LAI);8 天内最大值;1000m 分辨率]。利用 MODIS 的各类植被指数产品,运用 ENVI 4.7 和 ArcGIS 9.3,提取前述临时样地所在像元的各类植被指数,包括 EVI、NDVI、FPAR 和 LAI。

9.2.6　植被指数与林分生产力的关系

利用临时样地乔木层年固碳量计算结果,结合 2014 年 MODIS 的各类植被指数产品,分析各类植被指数与临时样地年固碳量的关系,筛选出适宜的林分年固碳量估测模型。

本研究利用 MODIS 的植被指数时,运用 ENVI 4.7 提取出不同像元 2014 年植被指数的全年最大值,分析其与林分年固碳量间的关系。

9.2.7　典型森林年固碳量估测

依据临时样地各树种 5~10 株标准木的锥芯,利用年轮图像分析软件测量其近 5 年年轮宽,估算出标准木的胸径定期(近 5 年)平均生长量。

利用临时样地各树种标准木锥芯所估算出的临时样地各树种胸径近 5 年平均生长量,结合临时样地每木检尺数据,计算出临时样地每木 5 年前胸径,通过运用收集到的单木生物量模型,估测临时样地 5 年前的林分生物量,从而估算出临时样地生物量年增量,结合不同区域典型林木各器官含碳量测定结果,将林分生物量年增量换算为年固碳量,反映不同区域典型森林 NPP。

利用大兴安岭临时样地所属植被分区结果,评价不同区域典型森林间 NPP 差异。

利用 2012 年和 2014 年 MODIS 的各像元植被指数最大值,结合建立的年固碳量遥感估测模型,估计 2012 年和 2014 年大兴安岭森林年固碳量,分析大兴安岭森林年固碳量的时空变化。

9.2.8 典型森林生产力年际变化

获取 2000～2010 年涵盖大兴安岭的 MODIS 的历年 NPP 产品；利用临时样地经纬度信息，获取不同区域各林型的历年 NPP 信息，分析不同区域典型森林 NPP 年际变化。

9.2.9 典型森林净生态系统生产力估测

9.2.9.1 临时样地设置

临时样地概况同 9.2.1。

9.2.9.2 林分年凋落量估计

大兴安岭典型林分的组成树种基本均属落叶树种。研究结果表明，落叶占森林年凋落量的 80%左右，依据不同林型的树叶生物量估计不同林型的年凋落量，研究不同林型年凋落量变化规律。对于樟子松、云杉等常绿树种，利用针叶周转时间 4 年，结合常绿针叶树种的树叶生物量和落叶在年凋落量中的比例，估计含有常绿树种林分的年凋落量。

9.2.9.3 林分净初级生产力估测

本研究采用光能利用率模型基础上的遥感法获得不同林型的净初级生产力。具体方法为，利用 MODIS 遥感数据基础上的净初级生产力产品 MOD17A3，结合不同林型临时样地的经纬度信息，提取大兴安岭典型林分 2000～2010 年逐年 NPP，据此计算不同林型 NPP 的多年平均值。

9.2.9.4 林分净生态系统生产力

假设森林年凋落量（D）和森林异养呼吸量（Rh）相等，依据森林净生态系统生产力（net ecosystem productivity，NEP；也称森林碳汇能力）与森林净初级生产力（NPP）和森林异养呼吸量（Rh）的关系 NEP=NPP–Rh，利用森林净初级生产力和森林年凋落量（包括凋落物含碳量），计算森林的净生态系统生产力（NEP）。

9.2.10 森林生产力空间分布规律

获取 2008～2010 年涵盖大兴安岭范围的 MODIS 的 NPP 产品（MOD17A3）；结合临时样地经纬度信息，利用 ArcGIS 9.3 提取临时样地所处像元 2008～2010

年历年 NPP，并计算其平均值（2008～2010 年）；利用临时样地 NPP 地面测定结果，评价 MODIS 的 NPP 产品精度；利用涵盖大兴安岭范围的 MODIS 的 NPP 产品（2008～2010 年平均值），研究大兴安岭 NPP 空间分布规律。

获取 2008～2010 年涵盖大兴安岭范围的 MODIS 的 NPP 产品（MOD17A3）；结合临时样地经纬度信息，利用 ArcGIS 9.3 提取临时样地所处像元 2008～2010 年历年 NPP，并计算其平均值（2008～2010 年）；利用临时样地 NPP 地面测定结果，评价 MODIS 的 NPP 产品精度；利用涵盖大兴安岭范围的 MODIS 的 NPP 产品（2008～2010 年平均值），研究大兴安岭 NPP 空间分布规律。

9.3　结果与分析

9.3.1　典型森林优势树种胸径生长量

依据临时样地优势树种标准木生长芯所估测出的不同区域典型森林优势树种胸径年生长量结果见表 9-1 和图 9-2。从表 9-1 可以看出，大兴安岭各区域各树种胸径年生长量虽然均很低，但是不同树种间胸径年生长量差异仍然很明显。白桦、黑桦、人工落叶松、天然落叶松、蒙古栎、山杨、人工樟子松、天然樟子松不同龄组胸径生长量分别为 0.28～0.58cm/年、0.32～0.70cm/年、0.24～1.48cm/年、0.34～0.60cm/年、0.24～0.98cm/年、0.28～0.68cm/年、0.48～1.58cm/年、0.32～0.84cm/年。总体来看，针叶林胸径生长量高于阔叶林，人工林高于天然林，阔叶林生长量差异不显著；相同林型幼龄林胸径年生长量较高。

9.3.2　典型林分生物量和蓄积量年增量

依据临时样地各树种标准木胸径近 5 年生长量，结合临时样地每木检尺结果，估测出临时样地每木 5 年前胸径，在此基础上结合单木生物量和一元材积模型，估算出的不同区域典型林分生物量和蓄积年增长量结果见表 9-2。从表 9-2 可以看出，同一区域不同林型间生产力差异明显，蓄积年增长量方面，人工林高于天然林，阔叶林高于针叶林，但在生物量增长量方面，天然林高于人工林，针叶林高于阔叶林，即蓄积年增长量低的林型，其生物量年增长量未必低。

9.3.3　典型森林乔木层年固碳量

依据临时样地每木检尺数据所获得的不同区域典型林分年固碳量结果见

表 9-1　大兴安岭不同区域典型森林优势树种胸径年生长量（单位：cm/年）

区号	林分	幼龄林	中龄林	近熟林	成熟林	区号	林分	幼龄林	中龄林	近熟林	成熟林
Ii-1a	白桦林	0.46	0.40	0.58		VIAia-3a	落叶松人工林	0.68	0.98		
	落叶松人工林	0.70	0.24				樟子松人工林	1.06	1.12		
	落叶松天然林	0.34	0.36			Ii-2a	白桦林	0.42	0.42	0.28	0.38
	山杨林	0.48	0.28	0.44			黑桦林	0.70			
	樟子松人工林	0.88	0.48	0.58	0.56		落叶松人工林	0.46	0.50	0.64	0.64
	樟子松天然林	0.32	0.36				落叶松天然林	0.50	0.54	0.46	
Ii-2b	白桦林	0.58	0.42	0.46	0.50		蒙古栎林	0.98			
	落叶松人工林	0.58	0.48	0.44			山杨林	0.42	0.42	0.38	
	落叶松天然林	0.56	0.38	0.42	0.34		樟子松人工林	0.70	0.74	1.14	
	山杨林	0.46	0.44	0.54	0.52		樟子松天然林	0.38	0.68	0.78	0.34
	樟子松人工林	0.52	0.80	0.54		Ii-3a	白桦林	0.46	0.36	0.42	
	樟子松天然林	0.82	0.84				黑桦林	0.48	0.32	0.46	
Ii-3b	白桦林	0.54	0.44	0.50			落叶松人工林	0.82	0.54	0.46	0.62
	黑桦林	0.60	0.42	0.42			落叶松天然林	0.52	0.60	0.48	0.40
	落叶松人工林	0.90	0.74				蒙古栎林	0.34	0.30	0.40	
	落叶松天然林	0.52	0.56	0.34			山杨林	0.68	0.44	0.44	
	蒙古栎林	0.62	0.24	0.40			樟子松人工林	1.58	1.10		
	山杨林	0.66	0.58	0.66	0.44	VIAia-1c	落叶松人工林	1.48			
	樟子松人工林	1.08					蒙古栎林	0.38			
VIAia-2a	白桦林	0.48	0.42				山杨林	0.30			
	黑桦林	0.58				VIAia-2b	落叶松人工林	0.72			
	落叶松人工林	0.56	0.60	0.64			蒙古栎林	0.30			
	山杨林	0.60	0.46	0.48			樟子松人工林	0.82	0.82		

表 9-3 和图 9-3。白桦林、黑桦林、蒙古栎林、山杨林、落叶松人工林、落叶松天然林、樟子松人工林、樟子松天然林乔木年固碳量分别为 1.13～9.29t/(hm²·年)、1.91～7.45t/(hm²·年)、1.11～4.89t/(hm²·年)、0.42～10.69t/(hm²·年)、1.04～17.24t/(hm²·年)、1.71～12.81t/(hm²·年)、0.89～23.39t/(hm²·年)和 1.64～20.38t/(hm²·年)。不同区域典型森林乔木年固碳量存在明显差异，Ii-2b、Ii-3a、Ii-3b 三个区林分年固碳量明显高于其他区域。同一林型，由北向南年固碳量表现出增加趋势；同一区域不同林型间年固碳量差异明显，表现为针叶林明显高于阔叶林，其中人工林高于天然林，

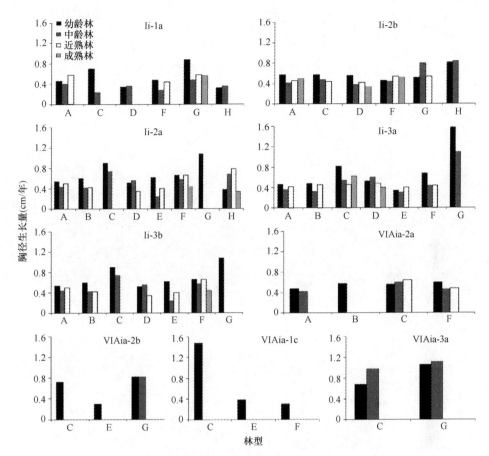

图 9-2　大兴安岭不同区域典型林分优势树种胸径生长量
A. 白桦林；B. 黑桦林；C. 落叶松人工林；D. 落叶松天然林；E. 蒙古栎林；F. 山杨林；
G. 樟子松人工林；H. 樟子松天然林

表 9-2　大兴安岭不同区域典型林分生物量和蓄积量年增长量

区域	林型	生物量年增长量 (t/hm²)				蓄积年增长量 (m³/hm²)			
		幼龄林	中龄林	近熟林	成熟林	幼龄林	中龄林	近熟林	成熟林
Ii-1a	白桦林	3.40	2.69	2.70		5.92	4.96	4.60	
	落叶松人工林	6.00	2.21			10.42	3.21		
	落叶松天然林	4.69	3.74			6.27	4.80		
	山杨林	4.35	3.38	1.72		8.84	7.51	4.12	
	樟子松人工林	3.01	2.88	3.11	1.87	8.75	8.29	8.09	4.98
	樟子松天然林	6.12	7.46			1.34	1.63		
Ii-2a	白桦林	7.29	5.93	3.01	3.35	1.93	1.47	0.75	0.87
	黑桦林	0.88				1.92			
	落叶松人工林	2.27	2.34	2.04	1.42	4.83	4.98	4.34	3.02

续表

区域	林型	生物量年增长量 (t/hm²)				蓄积年增长量 (m³/hm²)			
		幼龄林	中龄林	近熟林	成熟林	幼龄林	中龄林	近熟林	成熟林
Ii-2a	落叶松天然林	6.13	7.76	5.91		8.59	11.13	9.85	
	蒙古栎林	2.95				4.79			
	山杨林	5.34	3.43	3.01		7.70	6.21	6.77	
	樟子松人工林	6.24	4.49	3.96	3.24	17.61	12.14	10.81	8.58
	樟子松天然林	9.81	11.68	15.22	3.76	1.99	2.29	2.97	0.78
Ii-2b	白桦林	2.47	1.52	1.44	1.73	5.27	3.25	3.08	3.70
	落叶松人工林	7.24	6.09	5.84		11.44	8.81	7.66	
	落叶松天然林	10.52	7.48	8.13	3.64	12.55	9.11	8.47	5.18
	山杨林	9.49	7.15	10.12	6.97	2.69	1.70	2.19	1.45
	樟子松人工林	1.99	2.91	1.92		4.18	6.13	4.04	
	樟子松天然林	3.09	4.27			6.50	8.99		
Ii-3a	白桦林	1.54	1.45	1.41		3.30	3.09	3.01	
	黑桦林	1.50	0.84	1.55		3.28	1.83	3.39	
	落叶松人工林	4.01	2.76	2.05	2.17	8.54	5.88	4.36	4.61
	落叶松天然林	7.87	8.56	5.05	7.22	8.69	12.65	7.69	6.22
	蒙古栎林	2.18	1.00	2.50		1.15	0.58	1.51	
	山杨林	12.58	10.49	9.60	5.50	3.75	2.45	2.11	1.00
	樟子松人工林	3.03	3.83			6.38	8.05		
Ii-3b	白桦林	1.55	1.50	1.67		3.31	3.20	3.58	
	黑桦林	2.77	1.65	1.29		6.04	3.60	2.80	
	落叶松人工林	4.89	4.57			10.41	9.73		
	落叶松天然林	2.69	7.15	2.64		5.72	15.20	5.62	
	蒙古栎林	2.29	1.38	1.23		4.95	2.99	2.67	
	山杨林	2.23	1.64	2.31	2.03	4.79	3.53	4.96	4.37
	樟子松人工林	7.31				21.40			
VIAia-1c	落叶松人工林	8.21				14.90			
	蒙古栎林	2.59				2.57			
	山杨林	3.10	5.65	0.91		3.97	8.33	2.38	
VIAia-2a	白桦林	2.83	2.41			4.97	4.37		
	黑桦林	4.18				4.72			
	落叶松人工林	9.54	6.94	6.77		12.95	8.64	7.80	
	山杨林	5.40	4.93	3.82		9.21	9.39	8.17	
VIAia-2b	落叶松人工林	6.25	6.19			10.02	9.14		
	蒙古栎林	2.41				2.38			
	樟子松人工林	4.08	4.21			11.85	11.63		
VIAia-3a	落叶松人工林	8.80	9.00			13.83	26.46		
	樟子松人工林	7.53	4.28			21.99	12.53		

表 9-3　大兴安岭不同区域典型森林年固碳量（单位：t/hm²）

区域	林型	均值	标准差	最小值	最大值	区域	林型	均值	标准差	最小值	最大值
Ii-1a	白桦林	138.1	61.7	46.2	244.7	Ii-3a	樟子松人工林	295.4	84.0	156.8	416.3
	落叶松天然林	192.9	81.1	66.7	349.0		黑桦林	132.0	41.0	66.5	182.1
	樟子松天然林	131.8	97.8	43.7	366.4		蒙古栎林	122.2	61.5	59.8	219.3
	落叶松人工林	215.3	133.1	62.5	418.7		山杨林	218.6	102.2	103.6	299.2
	樟子松人工林	128.6	45.1	48.3	195.6	Ii-3b	白桦林	170.3	52.1	97.4	327.8
II-2a	白桦林	152.0	68.2	47.0	322.2		落叶松天然林	501.0	327.9	270.0	967.7
	落叶松天然林	311.5	111.0	139.0	578.9		落叶松人工林	457.9	179.8	159.2	735.0
	樟子松天然林	260.5	92.9	78.6	327.1		樟子松人工林	417.2	93.7	350.4	483.4
	落叶松人工林	242.4	81.7	40.6	423.5		黑桦林	184.6	70.4	94.8	291.5
	樟子松人工林	197.8	59.5	114.8	299.4		蒙古栎林	154.9	52.1	72.3	232.9
	黑桦林	92.0	0.0	92.0	92.0		杨树人工林	221.8	67.4	174.5	299.0
	蒙古栎林	141.6	0.0	141.6	141.6	VIAia-1c	白桦林	210.0	86.4	148.9	271.2
	山杨林	128.2	29.2	108.6	161.8		落叶松人工林	450.5	191.3	302.4	731.4
Ii-2b	白桦林	191.9	80.6	82.2	407.3		蒙古栎林	240.9	233.8	110.8	591.3
	落叶松天然林	385.2	269.4	42.0	1464.6		杨树人工林	43.8	0.0	43.8	43.8
	樟子松天然林	391.7	109.3	311.9	516.3	VIAia-2a	白桦林	203.4	67.5	115.5	318.8
	落叶松人工林	300.3	125.5	85.7	624.6		落叶松人工林	382.2	95.4	216.5	612.8
	樟子松人工林	240.7	96.7	112.8	442.3		樟子松人工林	269.1	89.9	155.7	378.6
Ii-3a	白桦林	186.6	96.2	112.4	478.1		黑桦林	200.4	24.1	173.1	218.7
	落叶松天然林	348.4	126.3	160.6	547.5		蒙古栎林	115.5	31.7	79.0	135.3
	樟子松天然林	202.3	0.0	202.3	202.3	VIAib-1b	落叶松天然林	432.4	0.0	432.4	432.4
	落叶松人工林	290.5	120.9	112.6	658.8						

落叶松林高于樟子松林；阔叶林中白桦林、山杨林年固碳量相对较高；相同分区同种林分不同龄组间固碳量存在差异，表现为幼龄林和中龄林相对较高。

9.3.4　植被指数与林分乔木层年固碳量的关系

植被指数和乔木层年固碳量之间有较为明显的相关性（表 9-4）。通过散点图（图 9-4，图 9-5）可以看出，随植被指数增加，森林年固碳量呈现一定增长趋势，

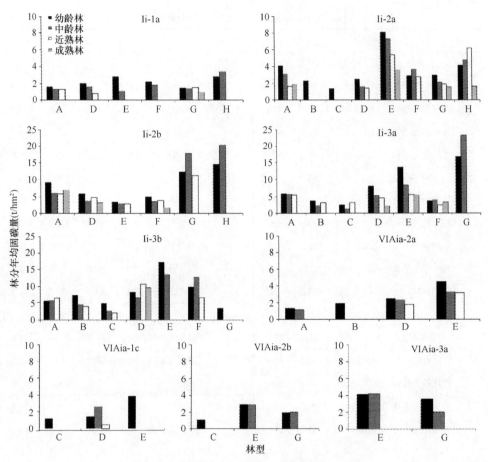

图 9-3 大兴安岭不同区域各林型乔木层年固碳量

A. 白桦林；B. 黑桦林；C. 蒙古栎林；D. 山杨林；E. 落叶松人工林；F. 落叶松天然林；

G. 樟子松人工林；H. 樟子松天然林

但森林年固碳量与植被指数之间并非呈现线性关系。部分区域乔木层年固碳量可用 EVI 植被指数进行估测（表 9-4）。

表 9-4 大兴安岭不同区域植被指数（x）与林分年固碳量（y）回归模型参数（$y=a+bx+cx^2$）

区号	植被指数	a	b	c	R^2	P
Ii-1a	EVI	−1.245 9	6.945 6	−2.316 3	0.075 4	0.078 2
	NDVI[*]	62.922	−158.209	101.623 3	0.107 9	0.024 5
Ii-2a	EVI	−2.705 1	15.720 3	−12.047 6	0.020 3	0.275 5
	NDVI[*]	9.379 8	−22.951 6	17.244 8	0.040 3	0.075 1
Ii-2b	EVI[*]	6.681 5	−18.514 6	20.417 1	0.024 7	0.201 1
	NDVI	6.335	−12.037 4	9.140 3	0.008 4	0.584 3

续表

区号	植被指数	a	b	c	R²	P
Ii-3a	EVI	−4.193 7	27.527 4	−27.112 3	0.049 6	0.117 8
	NDVI*	81.774 6	−188.635	112.056 6	0.051 4	0.108 9
Ii-3b	EVI*	7.495	−5.013 2	−4.490 2	0.095 8	0.051 2
	NDVI	3.060 5	9.684 5	−11.914 1	0.086 4	0.069 6
VIAia-1c	EVI	175.928 5	−549.881	430.614 5	0.800 5	0.039 8
	NDVI*	875.631 8	−2 050.93	1 201.529	0.800 5	0.039 8
VIAia-2a	EVI	42.239 8	−158.569	158.249 1	0.216 1	0.111 8
	NDVI*	−501.933	1 275.821	−801.795	0.508 5	0.001 7
VIAia-2b	EVI	−59.398 7	218.880 1	−192.281	0.366 7	0.202 1
	NDVI*	889.961 2	−2 066.26	1 200.451	0.380 8	0.186 9
VIAia-3a	EVI	−1 494.06	5 966.531	−5 938.06	0.617 4	0.056
	NDVI*	−182 951	448 130.7	−274 413	0.617 4	0.056

*为大兴安岭不同区域所选用的林分乔木层年固碳量预测模型

9.3.5　乔木层年固碳量空间变化

利用所建立的不同区域林分乔木层年固碳量遥感估测模型（表 9-4）对大兴安岭 2012 年和 2014 年森林乔木层年固碳量进行估计，结果见图 9-6。大兴安岭中南部年固碳量比较高，这可能是由于北方地区纬度较高，气候相对寒冷，森林生产力远不及温暖的南方。靠近山脉的地方，森林乔木层年固碳量也较高。

9.3.6　乔木层年固碳量年际间变化

从大兴安岭森林乔木层年固碳量年际间变化分布图（图 9-7）可以看出，2012 年和 2014 年森林乔木层年固碳量比较来看，大兴安岭北部森林年固碳量增加能力高于中部森林和南部森林。

9.3.7　森林生产力空间分布规律

从大兴安岭典型林型年固碳量实测值与 MODIS NPP 产品提取值的关系（图 9-8）可以看出，后者比前者高，但是成对样本 t 检验结果表明，二者间无显著差异（$P > 0.05$）。

依据 MODIS 2008～2010 年 NPP 产品，获得 2008～2010 年大兴安岭不同区域年 NPP 平均值，结果见图 9-9 和图 9-10。从图 9-9 和图 9-10 可以看出，大兴安岭自东北向西南 NPP 表现出降低趋势，即伊勒呼里山以北区域植被 NPP 高于伊勒呼里山以南区域，分析其原因可能是北部区域森林林龄远低于南部林区。

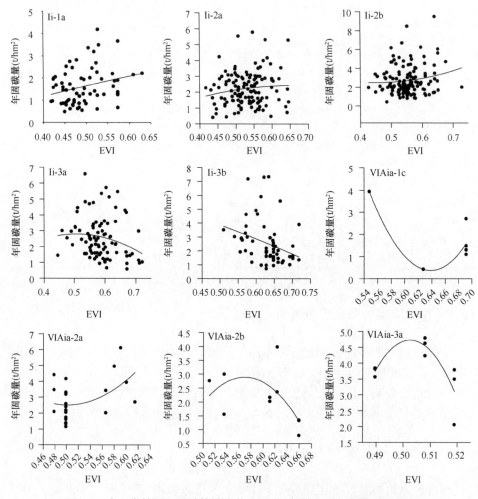

图 9-4　大兴安岭不同区域植被指数（EVI）与乔木层年固碳量的关系

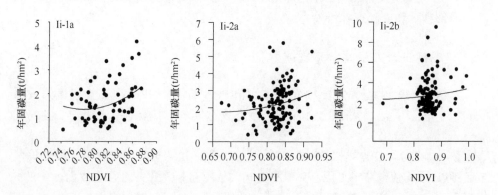

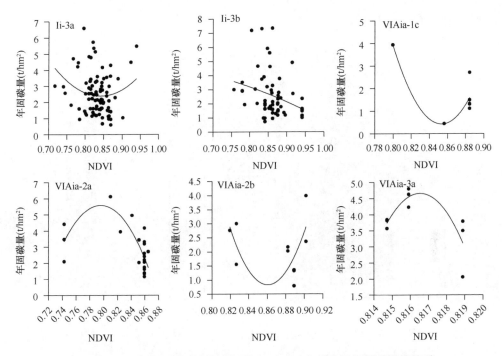

图 9-5 大兴安岭不同区域植被指数（NDVI）与乔木层年固碳量的关系

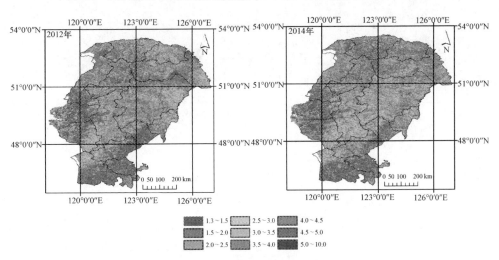

图 9-6 大兴安岭森林乔木层年固碳量[t/(hm²·年)]（彩图请扫封底二维码）

9.3.8 典型森林 NPP 年际变化

大兴安岭不同区域典型森林 NPP 年际变化结果表明（图 9-11），随时间变化，

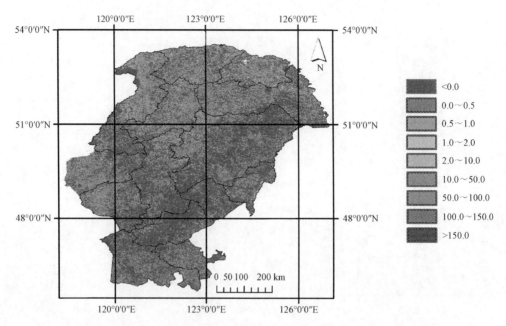

图 9-7 大兴安岭森林乔木层年固碳量不同年际（2012 年和 2014 年）间变化[t/(hm²·年)]
（彩图请扫封底二维码）

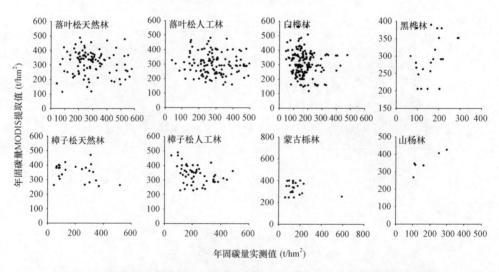

图 9-8 大兴安岭典型林型年固碳量实测值与 MODIS NPP 产品提取值的关系

各林型 NPP 表现出波动变化趋势，总体来看，白桦林 NPP 最高，杨树人工林和黑桦林较低。

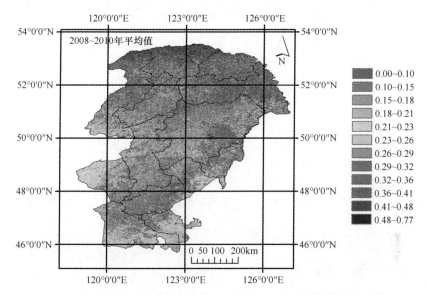

图 9-9　大兴安岭 NPP 空间分布规律[kg/(m²·年)]（彩图请扫封底二维码）

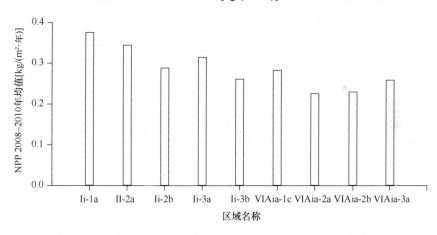

图 9-10　大兴安岭不同植被分区 NPP 区域 2008～2010 年平均值

9.3.9　典型森林净生态系统生产力

9.3.9.1　典型森林年凋落量

不同林型年凋落量的平均值、最大值和最小值数据见表 9-5。从表 9-5 可以看出，年凋落量由低到高依次为樟子松人工林、樟子松天然林、落叶松人工林、白桦林、落叶松天然林、蒙古栎林、黑桦林、杨树天然林、杨树人工林。

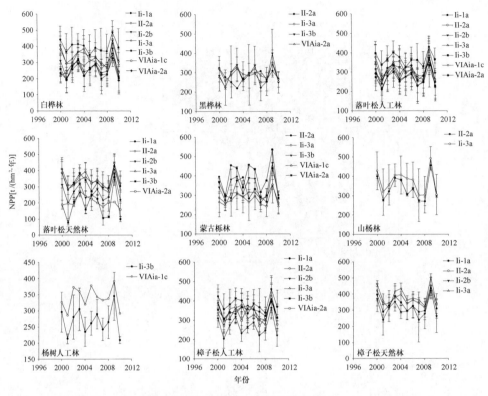

图 9-11　大兴安岭不同区域典型林分 NPP 年动态（2000～2010 年）

表 9-5　大兴安岭主要林型年凋落量

林型	年凋落量（t/hm²）			模型参数 $f = a/\{1+\exp[-(x-c)/b]\}$			R^2
	平均值	最小值	最大值	a	b	c	
白桦林	6.2633	3.4166	13.0000	20.400	246.530	438.161	0.650
黑桦林	9.7938	5.7114	16.0158	26.376	98.498	208.350	0.977
落叶松人工林	4.6347	0.4249	19.3972	15.167	221.357	638.972	0.211
落叶松天然林	7.8577	1.6374	25.6702	19.417	216.038	511.447	0.601
蒙古栎林	8.2168	4.1701	14.0152	14.011	69.779	117.117	0.894
杨树天然林	24.8919	8.2144	50.4801	65.630	257.309	507.675	0.957
杨树人工林	26.7802	17.4442	47.2044	48.719	105.629	347.627	0.997
樟子松人工林	3.1634	1.1668	5.0412	4.987	162.542	373.112	0.599
樟子松天然林	3.2300	1.4818	4.9944	4.649	179.881	297.402	0.381

　　从不同林型年凋落量与林分蓄积量的关系（图 9-12）可以看出，随着林分蓄积量的增加，落叶松人工林、落叶松天然林、蒙古栎林、杨树天然林、杨树人工林、樟子松人工林和樟子松天然林年凋落量表现出先增加后稳定的趋势；白桦林和黑桦

林的年凋落量随着林分蓄积量的增加表现出持续增加的趋势（图 9-12）。"S"形曲线模型能够反映出典型林型的年凋落量与林分蓄积量的关系（图 9-12，表 9-5）。

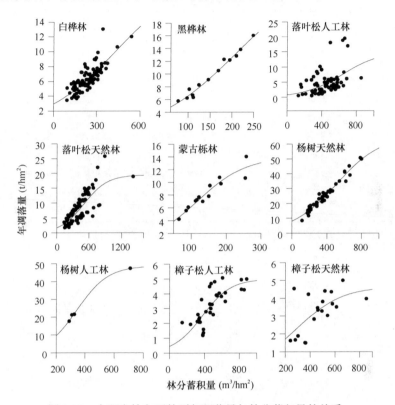

图 9-12　大兴安岭主要林型年凋落量与林分蓄积量的关系

9.3.9.2　典型森林净初级生产力

不同林型 2000～2010 年逐年 NPP 的多年平均值结果见表 9-6。从表 9-6 可以看出，净初级生产力由低到高依次为黑桦林、蒙古栎林、落叶松人工林、杨树天然林、樟子松人工林、落叶松天然林、白桦林、杨树人工林、樟子松天然林。从不同林型净初级生产力与林分蓄积量的关系图（图 9-13）可以看出，随着林分蓄积量的增加，白桦林、黑桦林、杨树天然林的净初级生产力表现出先增加后稳定的趋势；落叶松人工林和天然林表现出先稳定后降低的趋势；蒙古栎林表现出持续增长的趋势；杨树人工林和樟子松天然林表现出先升高后降低的趋势；樟子松人工林表现出先降低后升高的趋势。"S"形曲线模型 $f = a/\{1+\exp[-(x-c)/b]\}$ 能够较好地反映白桦林、黑桦林、落叶松人工林和天然林、蒙古栎林、杨树天然林的林分净初级生产力与林分蓄积量的关系（表 9-6）；多项式模型 $f = y_0+ax+bx^2$ 能够较好地反映杨树人工林、樟子松人工林和天然林的林分净初级生产力与林分蓄积量的关系（表 9-6）。

表 9-6 大兴安岭典型森林净初级生产力（2000～2010 年）

林型	净初级生产力[t/(hm².年)]			模型参数			R^2
	平均值	最小值	最大值	a	b	c（y_0）	
白桦林 [1]	3.0692	0.9038	5.0922	3.125	16.952	87.607	0.041
黑桦林 [1]	2.3231	1.4445	5.0922	2.457	28.27	79.101	0.763
落叶松人工林 [1]	2.5506	0.4219	4.8957	2.781	−152.222	837.089	0.042
落叶松天然林 [1]	2.9665	1.0494	5.0008	3.344	−215.73	904.929	0.105
蒙古栎林 [1]	2.3461	1.5963	3.4675	1765.222	520.781	3598.871	0.285
杨树天然林 [1]	2.8053	1.0070	4.8164	3.102	127.563	21.716	0.044
杨树人工林 [2]	3.2695	2.5757	3.5494	0.07	−6.85×10⁻⁵	−11.935	0.804
樟子松人工林 [2]	2.9316	1.4936	6.8037	−0.007	5.81×10⁻⁶	4.723	0.050
樟子松天然林 [2]	3.4160	2.2025	5.0922	0.004	−3.09×10⁻⁶	2.346	0.038

注：1 为 "S" 形曲线模型 $f = a / \{1 + \exp[-(x-c)/b]\}$；2 为多项式模型 $f = y_0 + ax + bx^2$

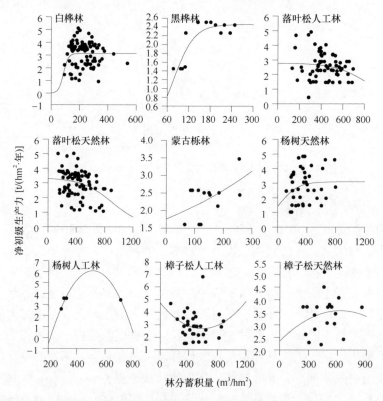

图 9-13 典型森林净初级生产力与林分蓄积量的关系

9.3.9.3 典型森林净生态系统生产力

典型森林的净生态系统生产力（NEP，又称森林碳汇能力）见表 9-7。从表 9-7 可以看出，大兴安岭典型森林的碳汇能力由强至弱依次为樟子松天然林、樟子松人工林、落叶松天然林、落叶松人工林、黑桦林、白桦林和蒙古栎林。

从不同林型碳汇能力与林分蓄积量的关系（图 9-14）可以看出，随林分蓄积量增加，各类林型均表现出先降低后稳定的趋势；指数函数模型能够较好地反映不同林型固碳能力（净生态系统生产力）与林分蓄积量的关系（图 9-14，表 9-7）。

表 9-7　典型森林净生态系统生产力（2000～2010 年）

林型	净生态系统生产力 [t/(hm²·年)]			模型参数 $y = a \times e^{-bx}$		R^2
	平均值	最小值	最大值	a	b	
白桦林	1.039	0.006	2.861	2.791	0.005	0.186
黑桦林	1.375	1.375	1.375			
落叶松人工林	1.405	0.147	3.208	2.669	0.002	0.149
落叶松天然林	1.426	0.011	3.448	4.325	0.004	0.394
蒙古栎林	0.091	0.091	0.091			
樟子松人工林	1.728	0.049	5.093	3.998	0.002	0.144
樟子松天然林	1.962	0.166	3.595	2.637	6.41×10^{-4}	0.045

9.3.10　大兴安岭 NPP 年际变化

随时间变化，大兴安岭各区域植被 NPP 均表现出波动变化趋势（图 9-15），各植被分区大多是 2009 年 NPP 高于其他年份。

从大兴安岭 NPP 汇总值（图 9-16）可以看出，随时间变化，大兴安岭 NPP 也表现出波动变化趋势，2000～2010 年大兴安岭 NPP 为 $0.7894 \times 10^8 \sim 1.2850 \times 10^8$ t/年，平均为 0.9744×10^8 t/年。

9.3.11　大兴安岭森林植被氮状况

9.3.11.1　典型树种含氮量

大兴安岭各区域典型乔木各器官含氮量结果见表 9-8。从表 9-8 可以看出，乔木各器官的含氮量大多是叶最高，其次为枝，树干含氮量和树根含氮量较低（此处

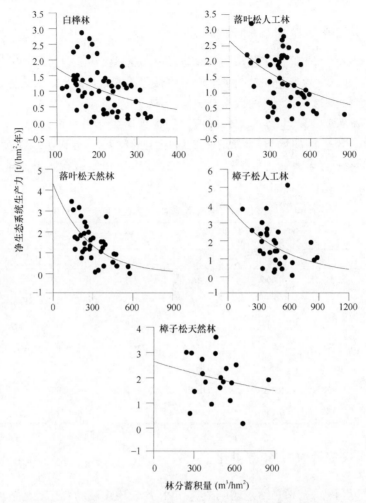

图 9-14 典型森林净生态系统生产力与林分蓄积量的关系

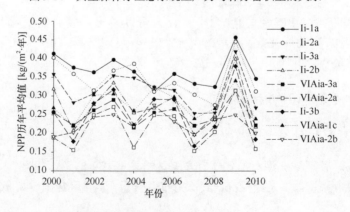

图 9-15 大兴安岭不同植被区域历年 NPP 状况 (2000～2010 年)

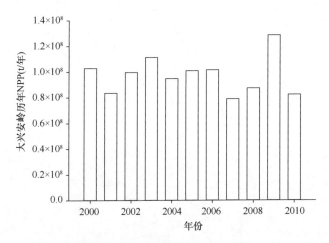

图 9-16 大兴安岭历年 NPP 状况

表 9-8 大兴安岭不同区域树种含氮量（单位：mg/g）

林业局	树种	器官	含氮量	林业局	树种	器官	含氮量	林业局	树种	器官	含氮量
阿龙山	白桦	干	4.07	阿木尔		叶	13.80	巴林	黑桦	干	8.94
		根	4.23			枝	12.43			根	8.79
		叶	23.88		落叶松	干	2.07			叶	36.04
		枝	15.19			根	2.84			枝	14.64
	落叶松	干	3.16			叶	12.75	毕拉河	白桦	干	4.13
		根	3.28			枝	7.99			根	6.02
		叶	16.48		山杨	干	3.27			叶	27.03
		枝	9.95			根	3.89			枝	12.70
	毛赤杨	干	9.25			叶	16.64		黑桦	干	2.38
		根	9.41			枝	10.05			根	6.47
		叶	36.84		偃松	干	5.71			叶	20.00
		枝	15.49			根	6.08			枝	13.01
	山杨	干	3.97			叶	12.74		落叶松	干	2.83
		根	5.11			枝	9.50			根	4.15
		叶	18.79		云杉	干	1.87			叶	16.03
		枝	10.14			根	2.11			枝	8.54
	樟子松	干	2.86			叶	11.07		蒙古栎	干	5.44
		根	3.12			枝	5.62			根	5.29
		叶	14.86		樟子松	干	2.44			叶	21.03
		枝	6.63			根	1.92			枝	7.21
阿木尔	白桦	干	1.81			叶	12.89		樟子松	干	3.24
		根	3.30			枝	7.38			根	2.83

林业局	树种	器官	含氮量	林业局	树种	器官	含氮量	林业局	树种	器官	含氮量
毕拉河	樟子松	叶	14.92	柴河	山丁子	叶	24.14	绰源	黑桦	叶	33.02
		枝	5.76			枝	10.46			枝	15.95
柴河	白桦	干	4.75		山梨	干	8.64		落叶松	干	3.80
		根	6.10			根	8.21			根	4.45
		叶	22.72			叶	29.80			叶	20.20
		枝	10.05			枝	14.32			枝	10.06
	茶条槭	干	4.53		山杨	干	3.34		山杨	干	4.90
		根	4.68			根	4.54			根	4.94
		叶	24.88			叶	24.95			叶	21.12
		枝	11.40			枝	11.91			枝	10.94
	稠李	干	13.66		小叶杨	干	5.79	大杨树	白桦	干	3.64
		根	6.54			根	9.13			根	4.77
		叶	19.79			叶	24.80			叶	22.18
		枝	14.03			枝	11.14			枝	15.33
	枫桦	干	5.54		榆树	干	9.07		落叶松	干	2.08
		根	6.66			根	9.61			根	3.19
		叶	26.27			叶	26.76			叶	16.68
		枝	14.24			枝	16.09			枝	10.24
	黄菠萝	干	10.22		樟子松	干	4.67		樟子松	干	2.03
		根	10.63			根	4.67			根	2.80
		叶	30.41			叶	15.10			叶	14.58
		枝	13.18			枝	6.87			枝	8.42
	柳树	干	7.09	绰尔	白桦	干	6.22	得耳布尔	白桦	干	8.84
		根	7.87			根	6.44			根	7.38
		叶	25.08			叶	28.99			叶	23.40
		枝	14.27			枝	17.29			枝	13.07
	落叶松	干	5.90		山杨	干	4.50		落叶松	干	2.58
		根	4.03			根	4.16			根	4.67
		叶	24.35			叶	22.77			叶	20.88
		枝	7.12			枝	10.68			枝	9.97
	蒙古栎	干	6.89	绰源	白桦	干	4.62	甘河	白桦	干	4.73
		根	7.21			根	4.76			叶	13.76
		叶	25.94			叶	28.24			枝	14.34
		枝	8.82			枝	15.15		黑桦	干	9.47
	山丁子	干	6.65		黑桦	干	8.83			根	7.22
		根	4.13			根	9.82			叶	31.27

林业局	树种	器官	含氮量	林业局	树种	器官	含氮量	林业局	树种	器官	含氮量
甘河	黑桦	枝	7.26	韩家园	落叶松	根	3.46	呼玛	蒙古栎	枝	8.37
	落叶松	干	3.24			叶	18.02		山杨	干	10.26
		根	3.37			枝	11.04			根	3.63
		叶	14.03		毛赤杨	干	10.49			叶	23.91
		枝	9.95			根	11.68			枝	17.34
	蒙古栎	干	7.31			叶	14.37		云杉	枝	7.95
		根	7.89			枝	16.15		樟子松	干	12.26
		叶	28.20		蒙古栎	干	5.01			根	6.01
		枝	7.90			根	6.17			叶	29.13
	山杨	干	5.28			叶	16.59			枝	8.62
		根	5.55			枝	10.29	呼中	白桦	干	10.49
		叶	16.59		山杨	干	2.32			根	8.51
		枝	12.84			根	2.04			叶	24.71
	樟子松	干	2.86			叶	20.23			枝	15.32
		根	20.20			枝	3.82		落叶松	干	2.60
		叶	16.38		樟子松	根	1.94			根	6.42
		枝	7.73			枝	7.19			叶	12.81
根河	白桦	干	4.56	呼玛	白桦	干	4.40			枝	8.28
		根	7.22			根	6.19		山杨	干	3.38
		叶	30.32			叶	19.12			根	2.61
		枝	15.60			枝	13.31			叶	9.40
	落叶松	干	5.31		枫桦	干	14.78			枝	7.87
		根	7.06			根	7.60		偃松	干	8.30
		叶	26.02			叶	18.43			根	15.98
		枝	9.30			枝	15.40			叶	15.12
	偃松	叶	13.36		黑桦	干	14.99			枝	14.22
		枝	7.73			根	15.31		樟子松	干	1.19
韩家园	白桦	干	4.41			叶	25.64			根	12.05
		根	6.00			枝	22.13			叶	6.10
		叶	16.34		落叶松	干	3.08			枝	3.19
		枝	14.79			根	3.97	吉文	白桦	干	3.30
	黑桦	干	5.35			叶	16.82			根	7.70
		根	8.14			枝	10.10			叶	17.44
		叶	17.37		蒙古栎	干	6.17			枝	11.92
		枝	16.21			根	8.14		黑桦	干	7.46
	落叶松	干	2.49			叶	21.11			根	8.69

林业局	树种	器官	含氮量	林业局	树种	器官	含氮量	林业局	树种	器官	含氮量
吉文	黑桦	叶	35.09	加格达奇	蒙古栎	叶	26.70	克一河	落叶松	叶	19.08
		枝	18.12			枝	8.82			枝	10.42
	落叶松	干	3.13		山杨	干	5.39		蒙古栎	干	9.23
		根	3.51			根	4.38			根	10.25
		叶	15.29			叶	18.89			叶	41.18
		枝	10.01			枝	10.59			枝	9.74
	蒙古栎	干	6.23		樟子松	干	2.98		山杨	干	4.55
		根	8.24			根	3.08			根	4.99
		叶	28.48			叶	13.54			叶	13.90
		枝	7.83			枝	7.36			枝	11.09
	山杨	干	16.55	金河	白桦	干	4.67		云杉	干	4.09
		根	6.51			根	5.76			根	4.70
		叶	23.37			叶	21.49			叶	13.86
		枝	13.22			枝	14.11			枝	7.73
	樟子松	干	3.10		落叶松	干	3.54		樟子松	干	3.27
		根	3.00			根	3.75			根	6.58
		叶	18.28			叶	20.76			叶	14.07
		枝	7.60			枝	9.85			枝	7.87
加格达奇	白桦	干	5.02		毛赤杨	干	13.90	库都尔	白桦	干	5.52
		根	4.85			根	11.28			根	7.24
		叶	16.49			叶	28.17			叶	36.09
		枝	12.47			枝	13.35			枝	17.33
	黑桦	干	3.78		山杨	干	3.21		落叶松	干	5.30
		根	6.50			根	3.85			根	5.22
		叶	26.45			叶	20.39			叶	28.13
		枝	15.26			枝	11.77			枝	12.22
	落叶松	干	2.83		樟子松	干	2.86		山杨	干	3.94
		根	2.46			根	4.41			根	5.29
		叶	16.35			叶	12.78			叶	28.95
		枝	9.05			枝	5.96			枝	13.98
	毛赤杨	干	9.81	克一河	白桦	干	4.57	满归	白桦	干	4.48
		根	12.23			根	12.67			根	5.78
		叶	42.31			叶	20.08			叶	31.34
		枝	17.54			枝	16.11			枝	14.72
	蒙古栎	干	6.18		落叶松	干	3.23		落叶松	干	4.29
		根	8.18			根	3.74			根	4.63

林业局	树种	器官	含氮量	林业局	树种	器官	含氮量	林业局	树种	器官	含氮量
满归	落叶松	叶	22.46	莫尔道嘎	樟子松	叶	11.35	南木	蒙古栎	叶	25.98
		枝	9.98			枝	11.73			枝	8.95
	山杨	干	3.64	漠河	白桦	干	5.26		山杨	干	3.72
		根	3.95			根	4.91			根	4.61
		叶	20.98			叶	16.26			叶	18.76
		枝	7.90			枝	13.25			枝	8.07
	樟子松	干	2.17		落叶松	干	2.66		樟子松	干	3.43
		根	4.64			根	3.68			根	3.24
		叶	15.19			叶	14.77			叶	16.73
		枝	6.97			枝	10.56			枝	8.29
免渡河	落叶松	干	3.51		毛赤杨	干	11.81	十八站	白桦	干	3.96
		根	3.65			根	12.52			根	6.15
		叶	27.66			叶	37.07			叶	22.80
		枝	9.70			枝	18.33			枝	15.41
	樟子松	干	3.53		山杨	干	2.42		黑桦	干	5.74
		根	3.89			根	3.68			根	7.47
		叶	15.35			叶	17.52			叶	15.13
		枝	8.92			枝	14.36			枝	15.78
莫尔道嘎	白桦	干	5.64		偃松	干	4.48		落叶松	干	2.19
		根	6.61			根	5.71			根	3.04
		叶	27.17			叶	12.19			叶	16.49
		枝	14.39			枝	8.02			枝	10.87
	落叶松	干	5.93		樟子松	干	2.44		毛赤杨	干	5.52
		根	6.39			根	3.42			根	9.47
		叶	11.36			叶	13.11			叶	33.01
		枝	11.39			枝	8.28			枝	17.92
	毛赤杨	干	8.89	南木	白桦	干	4.84		蒙古栎	干	6.30
		根	10.13			根	6.34			根	7.48
		叶	31.71			叶	28.00			叶	25.28
		枝	17.36			枝	10.48			枝	9.98
	山杨	干	5.12		落叶松	干	3.58		山杨	干	7.02
		根	4.43			根	4.16			根	6.44
		叶	15.84			叶	21.20			叶	23.65
		枝	11.21			枝	7.71			枝	14.61
	樟子松	干	4.28		蒙古栎	干	6.35		樟子松	干	2.36
		根	4.44			根	7.35			根	3.62

林业局	树种	器官	含氮量	林业局	树种	器官	含氮量	林业局	树种	器官	含氮量
十八站	樟子松	叶	15.43	塔河	枫桦	根	6.68	图里河	山杨	干	3.69
		枝	7.79			叶	17.58			根	3.07
松岭	白桦	干	6.25			枝	16.18			叶	20.85
		根	5.71		落叶松	干	2.95			枝	10.34
		叶	16.56			根	5.05		樟子松	干	2.68
		枝	13.95			叶	17.24			根	4.02
	黑桦	干	6.30			枝	8.75			叶	19.21
		根	7.87		毛赤杨	干	7.80			枝	9.07
		叶	16.27			根	8.94	图强	白桦	干	3.75
		枝	10.13			叶	35.97			根	5.11
	落叶松	干	3.56			枝	17.95			叶	16.66
		根	3.37		蒙古栎	干	5.10			枝	11.04
		叶	14.10			根	7.31		落叶松	干	2.42
		枝	9.79			叶	26.84			根	3.88
	蒙古栎	干	8.11			枝	7.53			叶	12.32
		根	7.47		山杨	干	5.34			枝	8.14
		叶	12.84			根	5.09		小叶杨	干	4.84
		枝	9.94			叶	20.14			根	10.93
	山杨	干	3.26			枝	13.85			叶	22.45
		根	3.15		云杉	干	3.66			枝	15.43
		叶	16.04			根	3.66		樟子松	干	2.81
		枝	8.78			叶	15.12			根	3.13
	云杉	干	4.36			枝	7.56			叶	16.43
		根	3.58		樟子松	干	3.02			枝	9.51
		叶	14.29			根	4.41	乌尔旗汗	白桦	干	4.99
		枝	9.64			叶	12.56			根	6.27
	樟子松	干	3.01			枝	7.45			叶	25.26
		根	4.83	图里河	白桦	干	5.17			枝	13.13
		叶	17.95			根	6.21		落叶松	干	3.20
		枝	7.76			叶	36.44			根	3.20
塔河	白桦	干	6.31			枝	14.51			叶	21.20
		根	6.08		落叶松	干	3.58			枝	10.69
		叶	18.86			根	2.25		山杨	干	6.90
		枝	16.23			叶	21.71			根	6.00
	枫桦	干	6.68			枝	9.00			叶	20.77

林业局	树种	器官	含氮量	林业局	树种	器官	含氮量	林业局	树种	器官	含氮量
乌尔旗汗	山杨	枝	11.48	乌奴耳	蒙古栎	叶	23.10	新林	山杨	根	4.38
	樟子松	干	4.12			枝	16.19			叶	14.76
		根	4.10		山杨	干	3.38			枝	11.12
		叶	17.41			根	4.84		樟子松	干	4.94
		枝	7.82			叶	21.53			根	5.65
乌奴耳	白桦	干	8.62			枝	10.10			叶	14.71
		根	9.77		樟子松	干	5.37			枝	7.73
		叶	26.47			根	8.19	伊图里河	白桦	干	5.58
		枝	10.78			叶	12.49			根	5.53
	枫桦	干	6.18			枝	7.88			叶	24.16
		根	6.49	新林	白桦	干	6.25			枝	15.25
		叶	24.56			根	10.80		落叶松	干	3.38
		枝	14.90			叶	17.90			根	4.76
	黑桦	干	4.98			枝	11.30			叶	23.33
		根	4.43		落叶松	干	2.55			枝	10.29
		叶	23.39			根	3.33		山杨	干	3.20
		枝	15.53			叶	15.60			根	4.12
	落叶松	干	5.92			枝	7.95			叶	23.08
		根	6.09		毛赤杨	干	10.30			枝	12.96
		叶	20.45			根	11.98		樟子松	干	2.90
		枝	8.66			叶	41.80			根	3.55
	蒙古栎	干	7.92			枝	19.59			叶	17.70
		根	7.87		山杨	干	6.12			枝	9.11

树根是指根桩）。总体来看，各区域阔叶树种含氮量高于同区域针叶树种同一器官含氮量。

典型树种各器官含氮量随经纬度和海拔变化的研究结果表明（图 9-17～图9-26），随经纬度和海拔变化，各树种各器官的表现趋势不同。白桦作为大兴安岭主要阔叶树种，各器官含氮量随经纬度和海拔增加，白桦树干含氮量近似恒定，树枝含氮量表现出增加趋势，而树根中的含氮量表现出先增加后降低的趋势；树叶含氮量随海拔增高而增加，随经度增加而降低，随纬度增加表现出先增加后降低的趋势。落叶松作为大兴安岭主要针叶树种，各器官含氮量随经纬度和海拔变化表现趋势不同，树干含氮量随海拔增加而增加，随经纬度增加而降低，树根含氮量近似恒定，树叶含氮量随纬度增加而降低，随海拔增加而增加，随经度增加表现出先降低后升高的趋势；树枝含氮量随经纬度和海拔变化，表现出近似恒定的变化趋势。

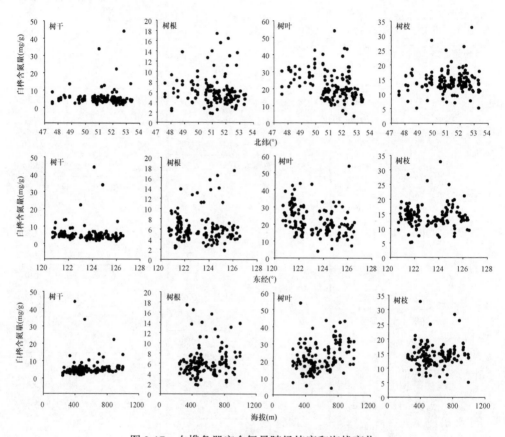

图 9-17　白桦各器官含氮量随经纬度和海拔变化

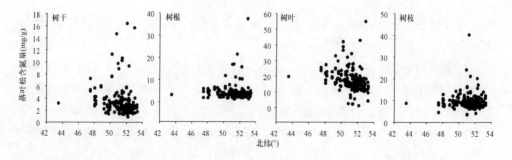

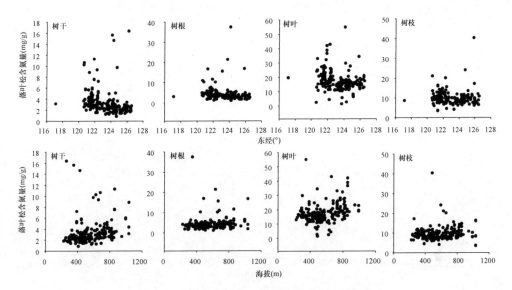

图 9-18　落叶松各器官含氮量随经纬度和海拔变化

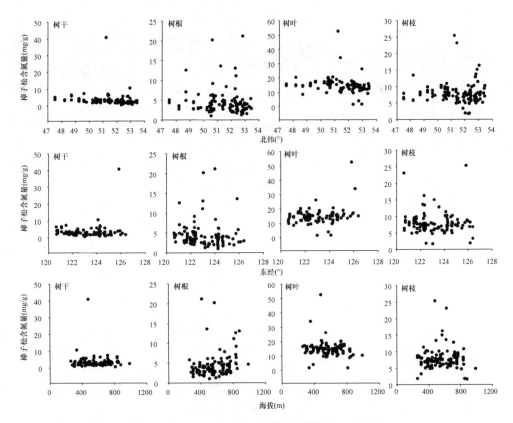

图 9-19　樟子松各器官含氮量随经纬度和海拔变化

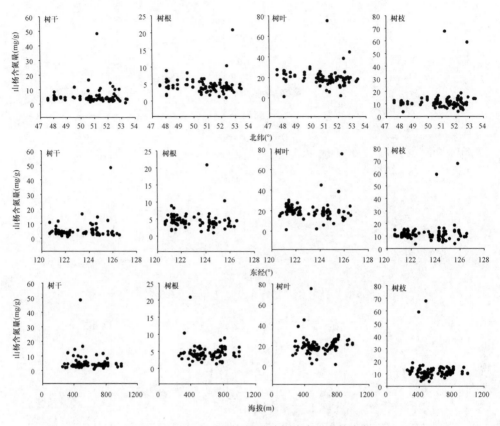

图 9-20　山杨各器官含氮量随经纬度和海拔变化

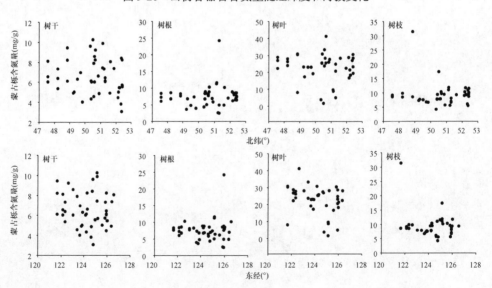

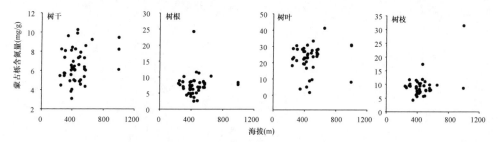

图 9-21　蒙古栎各器官含氮量随经纬度和海拔变化

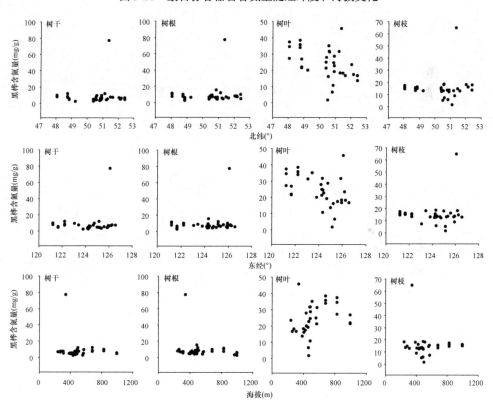

图 9-22　黑桦各器官含氮量随经纬度和海拔变化

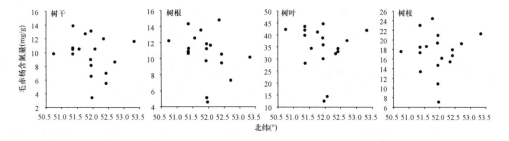

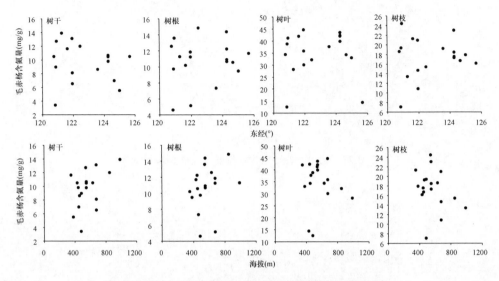

图 9-23　毛赤杨各器官含氮量随经纬度和海拔变化

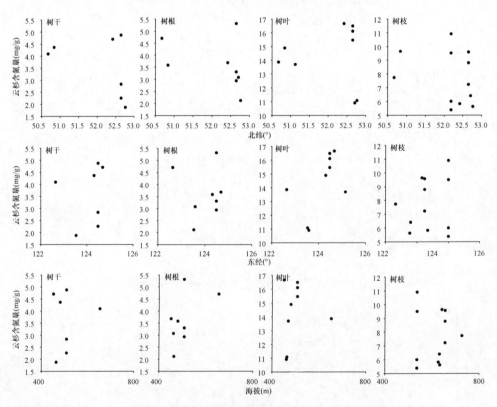

图 9-24　云杉各器官含氮量随经纬度和海拔变化

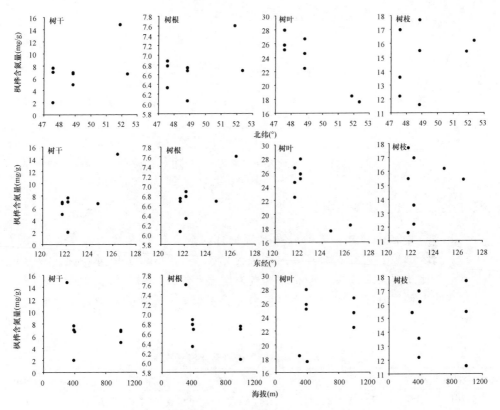

图 9-25　枫桦各器官含氮量随经纬度和海拔变化

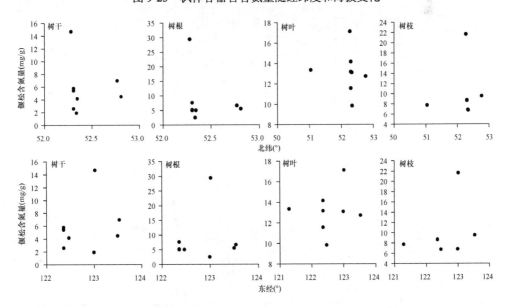

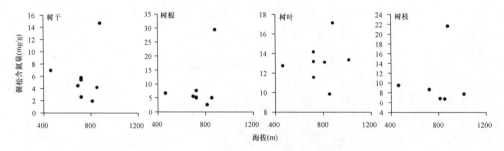

图 9-26 偃松各器官含氮量随经纬度和海拔变化

9.3.11.2 不同区域乔木碳氮比

植物各器官碳氮比,尤其是树叶碳氮比是衡量植物氮匮缺程度的重要指标。不同区域主要树种各器官碳氮比状况见表 9-9。从表 9-9 可以看出,不同树种碳氮比状况大多为树干最高,其次为树根和树枝,树叶碳氮比最低。同一区域不同树种树叶碳氮比差异明显,各区域基本均为阔叶树种的碳氮比低于针叶树种。

表 9-9 不同区域各树种各器官碳氮比

林业局	树种	器官	碳氮比	林业局	树种	器官	碳氮比	林业局	树种	器官	碳氮比
阿龙山	白桦	干	11.9	阿龙山	樟子松	干	17.1	阿木尔	偃松	干	9.6
		根	11.3			根	16.2			根	8.6
		叶	2.1			叶	3.1			叶	3.2
		枝	3.2			枝	7.1			枝	4.9
	落叶松	干	15.3	阿木尔	白桦	干	26.2		云杉	干	26.5
		根	14.0			根	13.8			根	22.2
		叶	2.8			叶	3.3			叶	4.1
		枝	4.9			枝	4.0			枝	8.8
	毛赤杨	干	5.6		落叶松	干	25.9		樟子松	干	26.4
		根	5.9			根	17.6			根	27.1
		叶	1.3			叶	4.1			叶	4.0
		枝	3.3			枝	6.5			枝	7.4
	山杨	干	12.4		山杨	干	14.7	巴林	黑桦	干	4.6
		根	9.1			根	12.8			根	4.8
		叶	2.5			叶	3.0			叶	1.2
		枝	4.8			枝	4.7			枝	2.9

林业局	树种	器官	碳氮比	林业局	树种	器官	碳氮比	林业局	树种	器官	碳氮比
毕拉河	白桦	干	13.1	柴河	黄菠萝	干	5.1	柴河	樟子松	干	9.6
		根	8.6			根	4.8			根	9.5
		叶	1.8			叶	1.5			叶	2.8
		枝	3.9			枝	3.4			枝	6.3
	黑桦	干	19.0		柳树	干	6.6	绰尔	白桦	干	7.0
		根	7.4			根	5.7			根	7.0
		叶	2.4			叶	1.7			叶	1.5
		枝	3.8			枝	3.1			枝	2.5
	落叶松	干	18.5		落叶松	干	7.5		山杨	干	10.0
		根	13.0			根	13.6			根	10.5
		叶	3.0			叶	1.7			叶	1.9
		枝	5.8			枝	6.7			枝	4.2
	蒙古栎	干	8.6		蒙古栎	干	6.7	绰源	白桦	干	9.6
		根	9.2			根	6.3			根	13.4
		叶	2.2			叶	1.8			叶	1.7
		枝	6.2			枝	5.0			枝	3.0
	樟子松	干	14.8		山丁子	干	6.7		黑桦	干	5.1
		根	17.1			根	10.6			根	4.6
		叶	3.2			叶	1.8			叶	1.4
		枝	8.4			枝	4.3			枝	2.8
柴河	白桦	干	12.4		山梨	干	5.4		落叶松	干	12.4
		根	7.2			根	5.6			根	12.0
		叶	2.1			叶	1.6			叶	2.3
		枝	4.3			枝	3.1			枝	4.5
	茶条槭	干	11.0		山杨	干	13.9		山杨	干	10.1
		根	9.9			根	9.8			根	12.1
		叶	1.7			叶	1.8			叶	6.7
		枝	3.9			枝	3.8			枝	4.0
	稠李	干	3.0		小叶杨	干	7.4	大杨树	白桦	干	13.4
		根	6.2			根	4.5			根	9.5
		叶	2.2			叶	1.7			叶	2.1
		枝	3.1			枝	4.1			枝	3.2
	枫桦	干	11.5		榆树	干	4.8		落叶松	干	25.5
		根	6.5			根	4.6			根	15.1
		叶	1.7			叶	1.8			叶	3.0
		枝	3.2			枝	2.6			枝	4.7

续表

林业局	树种	器官	碳氮比	林业局	树种	器官	碳氮比	林业局	树种	器官	碳氮比
大杨树	樟子松	干	24.0	根河	白桦	根	6.0	呼玛	白桦	根	8.7
		根	17.7			叶	1.5			叶	3.0
		叶	3.4			枝	3.0			枝	3.6
		枝	6.1		落叶松	干	9.8		枫桦	干	2.9
得耳布尔	白桦	干	6.0			根	11.9			根	5.9
		根	6.6			叶	1.7			叶	2.5
		叶	2.1			枝	6.7			枝	2.8
		枝	3.6		偃松	叶	3.7		黑桦	干	6.8
	落叶松	干	18.5			枝	6.0			根	6.6
		根	10.2	韩家园	白桦	干	10.0			叶	2.1
		叶	2.3			根	7.5			枝	3.3
		枝	4.7			叶	2.9		落叶松	干	20.7
甘河	白桦	干	9.7			枝	2.9			根	15.8
		叶	3.7		黑桦	干	8.6			叶	2.9
		枝	3.3			根	5.7			枝	5.7
	黑桦	干	4.9			叶	2.5		蒙古栎	干	7.3
		根	6.7			枝	3.1			根	8.4
		叶	1.5		落叶松	干	18.5			叶	2.8
		枝	6.8			根	13.0			枝	5.6
	落叶松	干	14.0			叶	2.4		山杨	干	14.8
		根	14.6			枝	4.1			根	13.3
		叶	3.3		毛赤杨	干	4.0			叶	2.7
		枝	4.6			根	3.9			枝	3.8
	蒙古栎	干	6.5			叶	3.0		云杉	枝	5.8
		根	6.0			枝	2.8		樟子松	干	14.3
		叶	1.6		蒙古栎	干	8.6			根	11.5
		枝	5.4			根	7.0			叶	2.1
	山杨	干	8.6			叶	2.8			枝	9.2
		根	8.7			枝	4.2	呼中	白桦	干	6.8
		叶	2.8		山杨	干	20.0			根	6.7
		枝	3.5			根	22.9			叶	2.5
	樟子松	干	16.1			叶	2.1			枝	3.4
		根	2.3			枝	11.7		落叶松	干	22.0
		叶	2.8		樟子松	根	22.6			根	12.2
		枝	6.4			枝	6.1			叶	6.8
根河	白桦	干	10.1	呼玛	白桦	干	13.5			枝	6.3

林业局	树种	器官	碳氮比	林业局	树种	器官	碳氮比	林业局	树种	器官	碳氮比
呼中	山杨	干	13.8	加格达奇	白桦	干	9.5	金河	毛赤杨	干	3.4
		根	24.0			根	11.7			根	4.4
		叶	12.6			叶	3.0			叶	1.6
		枝	6.0			枝	3.7			枝	3.5
	偃松	干	14.2		黑桦	干	13.5		山杨	干	15.0
		根	10.6			根	8.2			根	12.8
		叶	3.3			叶	1.8			叶	2.3
		枝	5.0			枝	3.2			枝	4.2
	樟子松	干	49.3		落叶松	干	18.5		樟子松	干	18.0
		根	4.1			根	20.5			根	10.5
		叶	18.6			叶	2.9			叶	3.8
		枝	20.0			枝	5.4			枝	8.4
吉文	白桦	干	14.2		毛赤杨	干	5.2	克一河	白桦	干	9.6
		根	5.7			根	3.7			根	3.5
		叶	2.7			叶	1.1			叶	2.6
		枝	4.0			枝	2.6			枝	2.6
	黑桦	干	6.3		蒙古栎	干	8.2		落叶松	干	12.9
		根	5.3			根	5.8			根	12.6
		叶	1.3			叶	1.8			叶	2.3
		枝	2.6			枝	5.4			枝	4.8
	落叶松	干	15.0		山杨	干	10.1		蒙古栎	干	5.2
		根	12.0			根	13.4			根	3.9
		叶	3.3			叶	2.5			叶	1.1
		枝	4.8			枝	4.8			枝	4.8
	蒙古栎	干	8.2		樟子松	干	18.4		山杨	干	10.1
		根	6.3			根	20.3			根	9.8
		叶	1.7			叶	4.0			叶	3.4
		枝	5.9			枝	6.8			枝	4.4
	山杨	干	2.6	金河	白桦	干	10.4		云杉	干	10.5
		根	6.9			根	9.6			根	8.1
		叶	1.8			叶	2.3			叶	3.1
		枝	3.7			枝	3.4			枝	5.7
	樟子松	干	15.1		落叶松	干	14.0		樟子松	干	14.5
		根	17.5			根	14.0			根	7.2
		叶	2.6			叶	2.4			叶	3.4
		枝	5.8			枝	5.0			枝	6.4

林业局	树种	器官	碳氮比	林业局	树种	器官	碳氮比	林业局	树种	器官	碳氮比
库都尔	白桦	干	7.9	莫尔道嘎	白桦	干	9.3	漠河	偃松	干	11.8
		根	6.5			根	7.8			根	8.5
		叶	1.2			叶	1.9			叶	4.0
		枝	2.7			枝	3.5			枝	6.2
	落叶松	干	11.9		落叶松	干	10.7		樟子松	干	22.8
		根	11.3			根	9.0			根	16.0
		叶	1.8			叶	8.6			叶	3.9
		枝	3.8			枝	4.9			枝	7.9
	山杨	干	11.9		毛赤杨	干	7.2	南木	白桦	干	9.2
		根	8.9			根	5.9			根	7.0
		叶	1.7			叶	1.9			叶	1.6
		枝	3.2			枝	3.4			枝	4.4
满归	白桦	干	10.8		山杨	干	11.4		落叶松	干	12.3
		根	7.9			根	11.1			根	11.2
		叶	1.8			叶	3.1			叶	2.1
		枝	3.3			枝	4.4			枝	5.7
	落叶松	干	13.6		樟子松	干	13.4		蒙古栎	干	7.0
		根	13.3			根	10.4			根	6.3
		叶	2.5			叶	3.9			叶	1.7
		枝	5.6			枝	5.9			枝	4.6
	山杨	干	13.0	漠河	白桦	干	11.4		山杨	干	12.0
		根	11.8			根	10.7			根	10.2
		叶	2.3			叶	3.3			叶	2.4
		枝	5.9			枝	4.2			枝	7.3
	樟子松	干	22.6		落叶松	干	20.2		樟子松	干	13.0
		根	12.3			根	16.3			根	14.3
		叶	3.2			叶	4.1			叶	2.7
		枝	6.8			枝	4.9			枝	6.2
免渡河	落叶松	干	13.1		毛赤杨	干	3.8	十八站	白桦	干	12.8
		根	12.6			根	3.9			根	9.0
		叶	1.7			叶	1.3			叶	3.4
		枝	5.1			枝	2.6			枝	3.2
	樟子松	干	13.4		山杨	干	26.8		黑桦	干	8.4
		根	12.0			根	14.0			根	7.5
		叶	2.9			叶	2.7			叶	3.0
		枝	5.2			枝	3.5			枝	3.1

林业局	树种	器官	碳氮比	林业局	树种	器官	碳氮比	林业局	树种	器官	碳氮比
十八站	落叶松	干	23.2	松岭	山杨	干	16.0	塔河	云杉	干	14.2
		根	17.9			根	16.4			根	13.3
		叶	3.0			叶	3.2			叶	3.2
		枝	4.6			枝	5.3			枝	6.5
	毛赤杨	干	9.6		云杉	干	11.6		樟子松	干	23.4
		根	5.7			根	13.6			根	16.2
		叶	1.7			叶	3.2			叶	5.9
		枝	2.9			枝	5.1			枝	6.9
	蒙古栎	干	8.0		樟子松	干	16.2	图里河	白桦	干	8.7
		根	6.7			根	9.8			根	7.3
		叶	2.0			叶	2.6			叶	1.2
		枝	4.8			枝	6.0			枝	3.0
	山杨	干	8.3	塔河	白桦	干	13.1		落叶松	干	12.9
		根	8.4			根	9.6			根	19.6
		叶	2.2			叶	3.0			叶	2.1
		枝	3.5			枝	3.2			枝	4.8
	樟子松	干	23.9		枫桦	干	6.9		山杨	干	13.3
		根	15.3			根	7.2			根	16.0
		叶	3.3			叶	2.6			叶	2.1
		枝	6.4			枝	2.8			枝	4.5
松岭	白桦	干	11.7		落叶松	干	23.0		樟子松	干	16.9
		根	11.2			根	14.7			根	12.4
		叶	3.1			叶	3.1			叶	2.2
		枝	3.7			枝	5.6			枝	5.0
	黑桦	干	8.8		毛赤杨	干	6.2	图强	白桦	干	15.2
		根	7.1			根	5.4			根	10.7
		叶	6.2			叶	1.3			叶	3.3
		枝	7.3			枝	2.6			枝	4.7
	落叶松	干	20.2		蒙古栎	干	10.7		落叶松	干	22.4
		根	16.4			根	6.6			根	14.1
		叶	4.8			叶	1.7			叶	4.1
		枝	5.4			枝	6.9			枝	6.8
	蒙古栎	干	6.1		山杨	干	13.8		小叶杨	干	11.4
		根	7.1			根	14.7			根	4.8
		叶	9.1			叶	2.7			叶	2.2
		枝	5.8			枝	5.0			枝	3.4

林业局	树种	器官	碳氮比	林业局	树种	器官	碳氮比	林业局	树种	器官	碳氮比
图强	樟子松	干	24.4	乌奴耳	黑桦	干	9.0	新林	毛赤杨	干	4.6
		根	18.5			根	10.8			根	4.1
		叶	3.8			叶	1.8			叶	1.2
		枝	6.1			枝	2.7			枝	2.5
乌尔旗汗	白桦	干	9.5		落叶松	干	7.1		山杨	干	8.9
		根	7.5			根	7.2			根	11.0
		叶	1.8			叶	2.2			叶	3.9
		枝	3.7			枝	4.9			枝	4.8
	落叶松	干	14.1		蒙古栎	干	5.6		樟子松	干	11.4
		根	15.7			根	5.3			根	9.6
		叶	2.1			叶	2.7			叶	3.5
		枝	4.6			枝	3.8			枝	6.6
	山杨	干	8.3		山杨	干	13.2	伊图里河	白桦	干	8.7
		根	8.2			根	8.5			根	8.9
		叶	2.2			叶	2.0			叶	2.0
		枝	4.1			枝	4.2			枝	3.0
	樟子松	干	13.0		樟子松	干	8.9		落叶松	干	14.4
		根	12.2			根	6.2			根	10.2
		叶	2.5			叶	3.8			叶	2.0
		枝	5.4			枝	5.6			枝	4.3
乌奴耳	白桦	干	5.5	新林	白桦	干	7.6		山杨	干	17.6
		根	4.6			根	5.3			根	12.0
		叶	1.7			叶	2.8			叶	2.0
		枝	4.8			枝	4.7			枝	3.6
	枫桦	干	7.2		落叶松	干	19.4		樟子松	干	15.6
		根	6.6			根	14.9			根	14.2
		叶	1.8			叶	3.2			叶	2.4
		枝	3.1			枝	6.3			枝	5.0

　　大兴安岭同一树种各器官碳氮比随经纬度和海拔的变化趋势见图 9-27～图 9-36。从碳氮比随经纬度和海拔的变化趋势可以初步分析出不同区域的氮元素状况,如白桦树叶碳氮比随纬度增加呈增加趋势,表明北部地区与南部地区相比,白桦生长所需氮元素不足。随经度变化,白桦树叶碳氮比近似恒定,表明经度方向上氮元素对白桦生长影响不大,可能主要是水分因素影响白桦生长。随海拔增加,树干碳氮比降低,表明高海拔地区白桦树干中的氮元素含量相对较高。

落叶松树叶碳氮比随纬度增加亦呈增加趋势，表明大兴安岭南部地区落叶松生长所需的氮元素相比北方相对充足。

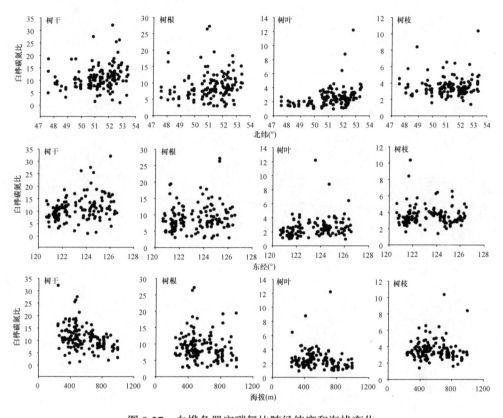

图 9-27 白桦各器官碳氮比随经纬度和海拔变化

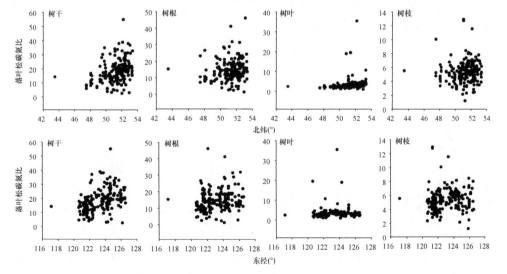

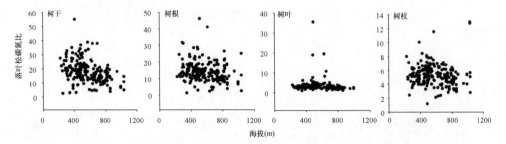

图 9-28 落叶松各器官碳氮比随经纬度和海拔变化

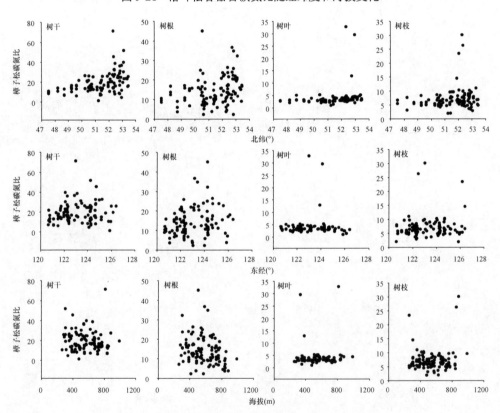

图 9-29 樟子松各器官碳氮比随经纬度和海拔变化

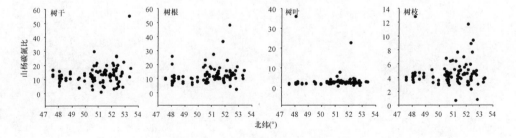

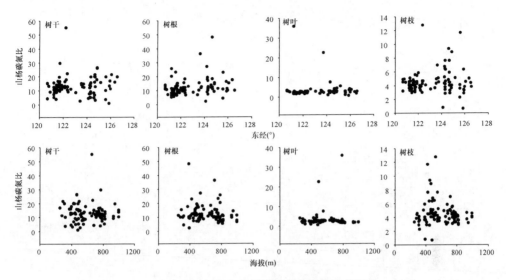

图 9-30　山杨各器官碳氮比随经纬度和海拔变化

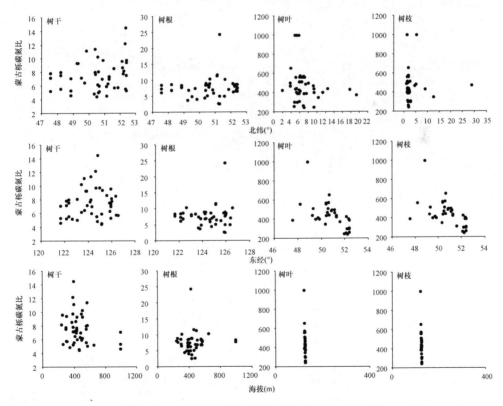

图 9-31　蒙古栎各器官碳氮比随经纬度和海拔变化

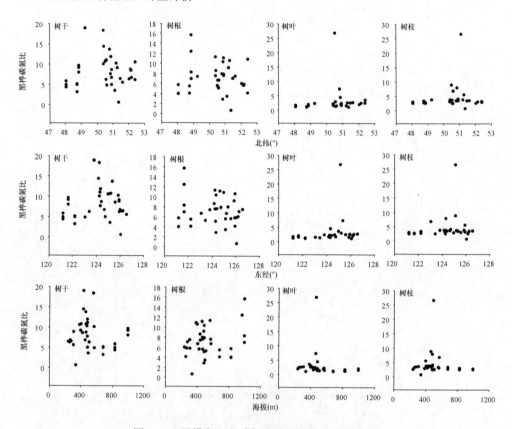

图 9-32　黑桦各器官碳氮比随经纬度和海拔变化

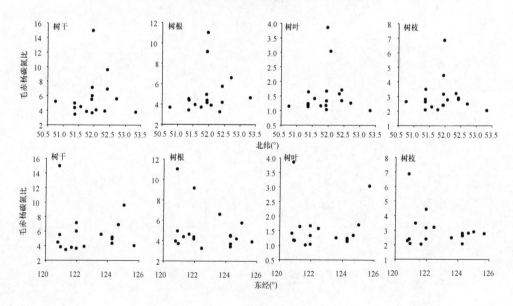

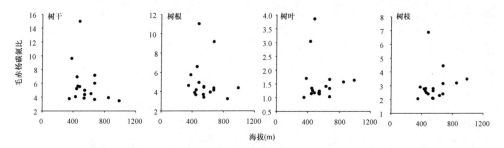

图 9-33 毛赤杨各器官碳氮比随经纬度和海拔变化

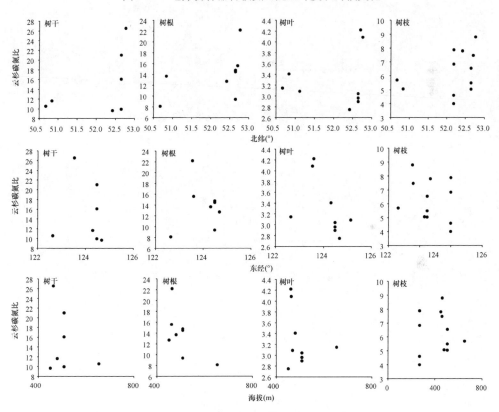

图 9-34 云杉各器官碳氮比随经纬度和海拔变化

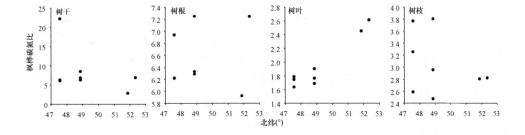

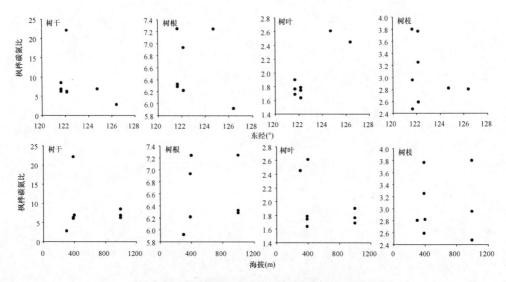

图 9-35　枫桦各器官碳氮比随经纬度和海拔变化

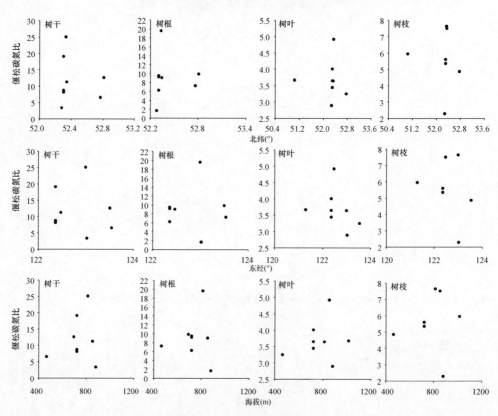

图 9-36　偃松各器官碳氮比随经纬度和海拔变化

9.4 小 结

（1）不同区域不同林型生产力差异明显

人工林胸径年生长量高于天然林，天然阔叶林高于天然针叶林，针叶树种人工林胸径生长量高于天然林，阔叶树种间生长量差异不显著。蓄积年增长量方面，人工林高于天然林，阔叶林高于针叶林，但在生物量增长量方面，天然林高于人工林，针叶林高于阔叶林，即蓄积年增长量低的林型，其生物量年增长量未必低。

（2）不同林型的净初级生产力不同且随林分蓄积量的变化其变化趋势亦不同

不同林型的净初级生产力由低到高依次为黑桦林、蒙古栎林、落叶松人工林、杨树天然林、樟子松人工林、落叶松天然林、白桦林、杨树人工林、樟子松天然林。随着林分蓄积的增加，白桦林、黑桦林、杨树天然林的净初级生产力表现出先增加后稳定的趋势；落叶松人工林和落叶松天然林表现出先稳定后降低的趋势；蒙古栎林表现出持续增长的趋势；杨树人工林和樟子松天然林表现出先升高后降低的趋势；樟子松人工林表现出先降低后升高的趋势。"S"形曲线模型能够较好地反映白桦林、黑桦林、落叶松人工林、落叶松天然林、蒙古栎林、杨树天然林的林分净初级生产力与林分蓄积量的关系；多项式模型能够较好地反映杨树人工林、樟子松人工林和樟子松天然林的林分净初级生产力与林分蓄积量的关系。

（3）不同林型的年凋落量不同且随林分蓄积量的变化其变化趋势亦不同

年凋落量由低到高依次为樟子松人工林、樟子松天然林、落叶松人工林、白桦林、落叶松天然林、蒙古栎林、黑桦林、杨树天然林、杨树人工林。随着林分蓄积量的增加，落叶松人工林、落叶松天然林、蒙古栎林、杨树天然林、杨树人工林、樟子松人工林和樟子松天然林年凋落量表现出先增加后稳定的趋势；白桦林和黑桦林的年凋落量随着林分蓄积量的增加表现出持续增加的趋势。"S"形曲线模型能够反映出典型林型的年凋落量与林分蓄积量的关系。

（4）不同林型的净生态系统生产力不同

典型森林的碳汇能力由强至弱依次为樟子松天然林、樟子松人工林、落叶松天然林、落叶松人工林、黑桦林、白桦林和蒙古栎林。随林分蓄积量增加各类林型均表现出先降低后稳定的趋势；指数函数模型能够较好地反映不同林型固碳能力与林分蓄积量的关系。

（5）不同区域典型林分年固碳量存在明显差异

由北向南年固碳量表现出增加趋势，Ii-2b、Ii-3a 和 Ii-3b 区林分年固碳量明显高于其他区域；同一区域不同林型间年固碳量差异明显，表现为针叶林明显高于阔叶林，其中人工林高于天然林，落叶松林高于樟子松林；阔叶林中白桦林、山杨林年固碳量较高；同一林分不同龄组间固碳量存在差异，均表现为幼龄林和中龄林相对较高。

（6）大兴安岭 NPP 时空变化规律明显

大兴安岭自东北向西南 NPP 表现出降低趋势；随时间变化，大兴安岭各区域植被 NPP 表现出波动变化趋势，各植被分区大多是 2009 年 NPP 高于其他年份；随时间变化，大兴安岭 NPP 表现出波动变化趋势，2000~2010 年大兴安岭 NPP 为 0.7894×10^8~1.2850×10^8t/年，平均为 0.9744×10^8t/年；不同区域各林型 NPP 随时间变化表现出波动变化趋势。

参 考 文 献

陈波. 2001. 陆地植被净第一性生产力对全球气候变化响应研究的进展[J]. 浙江林学院学报, 18(4): 445-449.

方精云. 2000. 中国森林生产力及其对全球气候变化的响应[J]. 植物生态学报, 24(5): 513-517.

贺庆棠, Baumgartner A. 1986. 中国植被的可能生产力: 农业和林业的气候产量[J]. 北京林业大学学报, (2): 84-98.

刘世荣, 徐德应, 王兵. 1994. 气候变化对中国森林生产力的影响 II. 中国森林第一性生产力的模拟[J]. 林业科学研究, 7(4): 425-430.

朴世龙, 方精云, 郭庆华. 2001. 利用 CASA 模型估算我国植被净第一性生产力[J]. 植物生态学报, 25(5): 603-608.

孙睿, 朱启疆. 2000. 中国陆地植被净第一性生产力及季节变化研究[J]. 地理学报, 55(1): 36-45.

吴正方. 1997. 东北地区净第一性生产力对气候变暖的响应研究[J]. 经济地理, 17(4): 49-55.

许丰伟, 高艳平, 何可权, 等. 2013. 马尾松不同林龄林分生物量与净生产力研究[J]. 湖北农业科学, 52(8): 1853-1858.

张宪洲. 1993. 我国自然植被净第一性生产力的估算与分布[J]. 资源科学, (1): 15-21.

赵敏, 周广胜. 2005. 中国北方林生产力变化趋势及其影响因子分析[J]. 西北植物学报, 25(3): 466-471.

周广胜, 张新时. 1996. 全球气候变化的中国自然植被的净第一性生产力研究[J]. 植物生态学报, 20(1): 11-19.

编 后 记

  《博士后文库》(以下简称《文库》)是汇集自然科学领域博士后研究人员优秀学术成果的系列丛书。《文库》致力于打造专属于博士后学术创新的旗舰品牌,营造博士后百花齐放的学术氛围,提升博士后优秀成果的学术和社会影响力。

  《文库》出版资助工作开展以来,得到了全国博士后管委会办公室、中国博士后科学基金会、中国科学院、科学出版社等有关单位领导的大力支持,众多热心博士后事业的专家学者给予积极的建议,工作人员做了大量艰苦细致的工作。在此,我们一并表示感谢!

《博士后文库》编委会